U0142122

創新與創業管理

五南圖書出版公司 印行

# 吳理事長序：創新與創業讓生活過的更美好！

　　我與林永禎教授認識於 2009 年，當時林教授參加 IIP 國際傑出發明家獎（International Inventor Prize）活動。林教授以擔任中華系統性創新學會監事等創新社團之服務、獲得明新科技大學 97 年度傑出通識教育教師獎與多年從事創新教學成果，獲得頒發國際傑出發明家「發明國光獎章」，以 5 年內 27 件專利與 4 件國際創新競賽金牌而獲得頒發國際傑出發明家「發明終身成就獎」，並於 2013 年 4 月獲立法院王金平院長接見。當時我是台灣國際發明得獎協會秘書長，因此對林教授留下深刻印象。之後林教授又以更多專利與國際創新競賽金牌等創新成果，獲得國際傑出發明家評審委員會「2013 國際傑出發明家名人堂」，此為國際傑出發明家最高榮譽（全國僅 6 名獲獎），並於 2013 年 12 月接受吳敦義副總統頒獎，當時新聞媒體都有不少報導。此外，林教授 2010 年起每年都帶領學生參加中華創新發明學會所舉辦之「國際創新發明大會」創新發明競賽，與帶領學生參加智慧財產局所公告之「著名國際發明展」創新發明競賽，得到許多金牌獎，因為這些都是我深

度參與的活動，因此很佩服林教授的研發與教學能量。「中華創新發明學會」成立於 2009 年 7 月 16 日，是臺灣第一個關於創新發明的社團法人組織，學會主要肩負推廣臺灣專利發明、專利發明向下扎根教育、參與並創造專利發明國際事項的積極任務。林教授所做的正與學會的發展方向不謀而合。

林教授在明新科技大學除了教授創新創業相關課程、擔任多年三創中心主任之外，2013 年起每年辦理全國性創新創業競賽，並鼓勵學生創新課程成果參加創新創業競賽，其指導學生歷年都有優異表現。前年其指導之研究生更因參加多項國內外創新發明競賽獲獎表現優異，獲得第 15 屆「技職之光」的技職傑出獎，這也是明新科大首位獲得技職之光技職傑出獎的學生。這些都是承蒙林教授舉辦競賽都有邀請我擔任評審，所以我才有機會知道。

在知識經濟時代，以創新能力提高技術研發與軟性創意的附加價值，以創業能力實現創新成果在日常生活展現實用價值，都是社會進步的重要因素。我國產業未來不斷朝向高值化的方向轉型，跨領域、有創意的人才是必要的人力資產。培育能夠以創新為基礎的創業人才更是國家經濟發展的要務。我國產業從製造代工轉向品牌經營，唯有透過「創新」產生具競爭優勢的知識與技術，進一步鼓勵並實現於「創業」創造實用價值，才能不斷為我國產業注入活水。這「創新」與「創業」的

基礎，就在於有許多學生能在學校接受「創新」與「創業」的
教育，林教授找尋一批具有理論基礎與實務經驗的學者專家共
同撰寫此書，就提供「創新」與「創業」教育很好的材料，讓
有心教導創新與創業的老師有系統性、容易教學的材料，讓有
心學習創新與創業的學生有實用性、容易學習的範本，林教授
的貢獻十分巨大。

　　本書分為八章，首先，是創新與創業概述，介紹本書撰
寫的架構，讓本書比一般的創新與創業書內容更有邏輯性，各
單元間的關係更清楚。第二章，發覺問題與需求，讓讀者了解
找尋創新與創業方向的方式、如何評估創新與創業的需求、如
何初步產生創新創業構想。介紹什麼是創新問題情境問卷，並
能將自己不滿意與創新思考過程用此一個格式去描述出來。介
紹什麼是產品操作問題情境分析，並能將自己的問題細節與創
新思考過程用此一個格式去描述出來。第三章，設計思考，
架構以「設計思考五大步驟」為主，依照設計思考五大步驟依
序展開說明。強化學生「以人為本」的創新思維，「洞察顧客
需求」與「提出解決方案」的能力，讓學生學習解決「以人為
中心」的問題分析與解決思維。第四章，傳統的創新方法，介
紹什麼是傳統的創新方法，以及這些創新方法的起源與創新的
方式。介紹什麼是腦力激盪法，並能實際操作運用。介紹奔
馳法，並能實際操作運用 SCAMPER 七種方法產生創意。介

紹心智圖法，並能以手繪、電腦軟體或手機 App 實際操作運用。介紹曼陀羅九宮格思考法，並能發散與收斂創新想法。讓學生了解上述各種傳統創新方法之異同，並依照實際需求選用合適之方法。第五章，現代的創新方法 TRIZ，介紹什麼是TRIZ？此創新方法的起源與創新的方式。介紹發明原理與發明原理的子原理與運用案例。介紹技術矛盾、技術參數、矛盾矩陣。介紹如何利用這三十九個技術參數，查矛盾矩陣，得到發明原理。介紹物理矛盾，解決物理矛盾的三種方法，分離矛盾的四種做法。第六章，專利概念及專利申請，介紹什麼是智慧財產權。介紹專利制度的精神、專利制度的起源與專利執行的方式。介紹知識產權保護的態樣、專利種類與標的，並了解新穎性及創造性的判斷準則。介紹知識產權與創新的關係，能在創新週期的不同階段搭配使用不同的知識產權來進行佈局。介紹在市場上如何主張知識產權，不受侵權而保有商業利益與先機。讓學生了解專利申請方式及研發者需注意的事項；為什麼要進行專利檢索，並認識各國專利資料庫及免費線上檢索網站；了解專利檢索欄位的意義及關鍵字的設定方法；實際演練檢索流程，以熟悉檢索介面及解讀檢索結果；看懂專利說明書及學習專利明書撰寫原則。第七章，創新創業競賽介紹，介紹何謂創意、創新與創業；向成功創業者學習創新創業新思維；

善用「創客空間」與「群眾募資」資源；如何準備「發明競賽」及增加「獲獎率」；國內外各項發明展、設計展及創意競賽；了解從創意、創新到創業的成功案例。第八章，創業案例，介紹首創冷凍麵包網購宅配並獲國際烘焙暨設備展超人氣商品第一名的法蘭司蛋糕公司、高滿意度零售業講師的心澄山風企管顧問公司、深耕中部海線社區衛教與身心靈醫療服務的和敬堂中醫診所、將遊戲化概念帶入各行業且幫故宮博物院開發第一款桌遊的創創文化科技公司、高良率印刷工藝且包裝設計別出心裁的廣色域印刷設計公司、推廣會計專才於財務分析且為業主制定經營策略的直誠企業管理顧問公司，案例皆由創辦人或共同創辦人撰寫，為第一手資料。除了總主筆林永禎教授有25年以上教學經驗之外、其他各章作者賴文正、劉基欽、林秀蓁、王蓓茹皆具15年以上教學或實務經驗，多年專業精華編撰而成書，精采可期。

　　本人翻閱這本教科書的草稿內容，理論與實務兼具，文字流暢，淺顯易懂，是很好的教材，顯示作者群的用心，值得推薦。很高興能看到一本用心寫作的教科書，這是對教育學生極好的貢獻。

　　林教授給我的第一印象是誠懇踏實、對創新發明充滿熱情，他幾次邀請我去明新科技大學對老師、學生分享創新方

法、成果與經驗，是有使命感推動創新與創業的好老師，當林教授希望我幫他寫序的時候。我非常的樂意幫助他。也希望對創新與創業有興趣的人都有機會從本書中得到幫助。

中華創新發明學會理事長

2021 年 8 月 8 日

# 吳副總序：Innovate or die（不創新，就等死！）

　　COVID-19 已經肆虐全球一年半以上，新冠病毒不斷出現新的變異株，雖然很多國家的人民已經打過疫苗，全世界疫情依然嚴峻、各國確診人數時高時低，疫情發展並未趨緩。國內很多企業，尤其是餐飲業、交通旅遊觀光業，是疫情海嘯第一波受影響最嚴重的產業，有些受嚴重影響的企業不敵長期虧損而關門，有些企業依然可以照常存活，更有些企業收益較疫情之前高。這些存活下來的企業在疫情肆虐下不是進行數位轉型就是進行經營模式的變革，無論是轉型或是變革都是「創新」，正印證了彼得杜拉克的名言：「Innovate or die.」（不創新，就等死！）

　　本書在「不創新就等死；創新者會存活」的嚴峻疫情環境下出版別具意義。本書總主筆也是作者之一的林永禎老師憨厚老實的外表下，有一個滿懷創意的靈魂。林老師創意無限，他積極參加世界各國的發明展包括：美國發明展、俄羅斯發明展等共獲得 64 個國際性獎項，更因而獲頒「全球百大創新科技卓越研發獎」，得到發明界同好的高度肯定。他通過國際萃思協會（MATRIZ）認證為高級專家，教授 TRIZ 指導碩士 40 餘

人，發表 TRIZ 論文 100 多篇，申請通過台灣、中國、美國的專利超過 50 件。他將創新發明、參加發明展的經驗以及這些年教授創新課程的內容化為文字整理成書，希望有機會對創新創業具有興趣的讀者助上一臂之力。

企業的核心競爭力不外「人無我有，人有我快，人快我廉，人廉我優，人優我轉」。在知識經濟時代，台灣企業面對內需不足，必須向世界拓展市場的競爭型態，更需要積極建立企業的核心競爭力。其中「人無我有」、「人優我轉」是最重要的核心競爭力，也都必須靠「創新」才能完成，作者就是要藉由本書傳達建立「人無我有」、「人優我轉」創新手法的心得和祕訣。

為了方便閱讀，作者貼心地在每個章節都列出學習目標和內容架構，讓讀者能夠先見林再見樹。本書兼顧理論和實務，書中介紹設計思考的五大步驟的詳細執行要點包括：探索需求、詮釋需求、概念發想、原型實驗、後續推展；書中也介紹六個不同類型創業的優良實務案例——法蘭斯蛋糕、心澄山風管顧、和敬堂中醫診所、創創文化科技、廣色域印刷設計以及直誠管顧的創業故事，方便讀者進行標竿學習，作者從每個案例中整理「創業需要做的幾件事」和「千萬不要做的事」，這些都是六個案例創業者的血淚教訓所化成的經驗，讓有意創業的讀者可以快速地向典範學習邁向成功，避免犯太多錯走太多

冤枉路。

　　本書也介紹創新常會使用到的手法，包括傳統的創新方法和現代的系統式創新法 TRIZ。傳統的手法容易上手相對簡單，遇到比較單純的問題可以使用；如果遇到較為複雜的難題，希望全面性解決，作者建議使用 TRIZ 系統創新法，相對的需要投入較多的時間去學習才能熟練運用。從書中可以學到 TRIZ 的精髓，包括：技術矛盾、物理矛盾、39 個技術參數和 40 個發明原理的用法，讀者可以系統化地學習並且培養自己成為舉一反十的發明家。申請專利是保護創意、創新的必要手段，作者在書中簡介智慧財產權、專利申請要注意的事項及專利申請書撰寫的原則，方便創新發明後申請專利的參考，也是一本申請專利的工具書。

　　書中每個章節的最後面都有重點摘要和本章習題，適合當成教材讓學生研習，也適合企業界的員工用讀書會的方式來萃取書中的精華，在企業內部播下創新的種子、發芽生根建立創新的文化，更適合計畫要創業的讀者從作者的經驗一步一腳印全面獲得創新、創業的「眉角」。

聯華電子股份有限公司前副總經理

中華民國品質學會經營品質委員會主任委員

# 自 序

## 藉著激發創意、創新成果、創業銷售，開創你的新事業

您知道研發一杯珍珠奶茶也能揚名國際嗎？現在珍珠奶茶不只代表一杯飲料，更是一種生活文化，一種屬於台灣在地生活的記憶與驕傲，一種台灣庶民飲食生活的美好體驗，一種傳達珍珠奶茶文化給全世界的人共享美好的情懷。

在知識經濟時代，以創意帶動經濟成長，提高生活品質，已是全球各國發展的方向。不論是技術創新或文化創意，以創新能力提高技術研發與軟性創意的附加價值，在各個經濟成長迅速的國家都扮演重要角色。台灣產業未來不斷朝向高值化的方向轉型，跨領域、有創意的人才是必要的人力資產。培育能夠以創新為基礎的創業人才更是國家經濟發展的要務。

因應知識經濟來臨，面對全球化競爭環境的各項挑戰，各國莫不致力於強化知識創造、流通與加值能力之政策，其中尤其聚焦於發展創業活動，以提升經濟發展與創新能力；同時，我國產業從製造代工轉向品牌經營之際，唯有透過「創新」獲取具競爭優勢的知識與技術，進而鼓勵並成就「創業」的可

能，方能不斷為我國產業注入活水。

　　大學校院是知識經濟最重要的生產者，並引導國家研發技術的創新，需要不斷提供產業向前發展的動力與支持，並培育具有創意與創業精神的人才。因此，於教學活動中，導入創新創業的方法與精神極為重要。目前我國創新創業教育風氣逐漸成形，各大專校院除了舉辦創新創業競賽活動鼓勵學生激發創意及實踐創業構想，也開設許多創新創業課程推動創新創業教育，然而，以教學研究為主的大學校院功能中，創新創業課程與訓練的質量雖大幅增加，但其中是否建立明確創新創業精神及課程目標、導入跨領域創新創業相關專業知識，並結合企業實務，尚有努力及提升的空間。

　　今日的企業面臨許多世界性的問題，因此比以往更迫切需要新的改變與作法。好的創意可以應用到企業內部的企畫、研發、生產、銷售及服務等工作及部門上。因此，營運創新、經營模式創新、技術創新、產品創新、製程創新、行銷與業務創新及服務創新，都有賴於有好的開始：有效的創意激發。

　　目前每年將近三十萬大專畢業生走出校園尋找職業，在粥少僧多的情況下，求職競爭十分激烈。時有全球經濟景氣低迷，疫情爆發，失業率高等情況，大專畢業生必須鼓起勇氣開拓新的服務機會，由就業轉變為創業，就總體經濟而言，唯有創業才能帶動就業市場，維持經濟社會之活力，為社會帶來更多的效益，並促進國家社會經濟繁榮。

　　創新創業課程是有系統的知識，是指導專業管理的有效工具，可以培養學生建立創新創業精神。講授創新創業的技能，以提升學生創新創業能力及未來職場之競爭力，實現創造有價值之願景，邁向成功之路，是重要而神聖的使命。此乃為本書寫作之動機。

　　本書內容主要是提供一般大學生了解創新創業的基礎知識與參考案例，從發覺問題與掌握需求出發，介紹「創意」點子激發、「創新」成果應用、「創業」產品銷售的「三創」觀念。

　　李開復曾經提到過：「創新固然重要，但有用的創新更重要」。創新為什麼會沒用，大多是沒有掌握社會的需求，沒有掌握目標顧客想要什麼樣的產品或服務。創新的出發點不外乎要解決所遭遇的問題，發覺問題可以說是創新的起點。想改善產品，要了解這個產品在實際使用中，所發生問題的細節，才能對症下藥，這方面本書有提供了一些工具表格，而且設計思考的出發點也是了解問題。本書的設計思考與坊間所寫的方式有些不同，具有自己的特色。

　　激發創意有好幾百種方法，本書挑選幾種比較有代表性的來介紹，分為傳統、現代兩類，兩類是相對的，傳統的創意創新方法這裡指流傳比較久已經許多人使用的方法，現代的創意創新方法這裡指流傳比較短比較少人使用的方法。傳統與現代的創新方法兩者之間的差異，主要存在於傳統的創新方法比較容易上手，運用上相對簡單，當我們遇到的是較輕微或較為

單純的問題，不妨直接使用，可以快速上手產生創新的想法。然而，如果遇到的是較為複雜的難題，希望得到問題較全面的了解與根本解決之道，則建議使用 TRIZ 創新法，其系統性較強，但相對的，也需要投入較多時間學習，方能熟練運用。大家可根據自己所遇到問題的屬性與需求，選擇最適合的快速或全面分析的方法。當然最重要的是讀者能從閱讀當中學習到激發創意的方法，倒是不用執著於傳統、現代的分類。

專利是鼓勵創新的長期手段，賦予專利權人獨家開發權，並使其能夠通過製造、使用或銷售包含該專利所涵蓋技術的產品或工藝來利用該發明。專利制度是確保自由獲取信息和保護發明人利益之間的一種妥協，這樣的模式有助於保障發明人的權益並促進相關技術領域的技術發展。我國每年支付許多專利權利金給國外，對於專利的觀念，想要創新創業的人也應該有基本的了解，因此本書介紹了專利檢索與評估、專利申請兩個部分。

參加競賽一方面可藉由比賽的歷練，讓創意產品創業成果被大眾廣為看見與接受，增加其曝光度，同時藉由評審及大眾給的回饋意見，修正產品或新創企業讓它變得更完美。另一面可藉由競賽獲得一筆資金，成立一個開發團隊，學習從創意激發、創新成果到市場驗證至創業銷售的過程，深化創新創業扎根，是值得去做的事。

本書最後介紹六個由創辦人或共同創辦人所撰寫，不同類

型的創業案例，是第一手的資料，創業家多無寫作經驗，反覆與本人討論修改多次，是個辛苦的過程，其中介紹公司經營目標、領域及理念、經營策略及核心競爭力、目標市場分析與行銷策略等資訊。歸納這些創辦人所認爲企業新創時很重要的幾件事爲：對的商業模式、財務規劃成本控管、愼選合夥人與合作模式、適當的人事安排與控制成本、全力開發客戶、重視使用者體驗、整合與活用資源等。這些創辦人所認爲企業新創時千萬不要做的幾件事爲：不要違反法令、不要爲業績疏忽生產品質、不要忽略客戶關係、不要設備裝潢成本太高、不要涉入不熟領域等。

　　本書邀請許多作者一起來完成，各位作者在該主題領域都有多年的理論與實務經驗，希望能提供想要創新創業的讀者一個踏入創新創業的基礎認識，不至於貿然進行創新創業會手忙腳亂成效不佳。由於一本書的分量也不能太多讓讀者難以消化，與創業有關的商業模式、創業計畫書，就等未來有機會再出版。

　　祝福所有讀者能從書中得到一些幫助，使創新創業之路更順利。

明新學校財團法人明新科技大學管理研究所教授

2022 年 2 月 1 日

# 作者簡介

### 林永禎

現任明新科技大學管理研究所教授兼
三創中心主任，教育部 100 年度特殊
優秀人才彈性薪資獎設計文創類獲獎
人（全國唯二），明新科技大學 110

年度特殊優秀人才彈性薪資獲獎教師，主授 TRIZ、創新創業
管理課程。大學教授 26 年，曾指導學生獲第 15 屆「技職之
光」，指導創新論文碩士畢業學生約 45 人。辦過 14 場全國
性創新或創業競賽，發表論文 100 多篇，通過中美台專利超過
50 件，獲 65 個國際性的創新獎項。MATRIZ 認證三級專家及
在台分會會長，中華民國傑出發明家交流協會理事，刊物《海
峽科技與產業》與《中國創新夢》（與諾貝爾醫學獎屠呦呦
並列）之封面人物。

### 賴文正

現任明志科技大學電子系助理教授，
常受邀至各大學演講及擔任創意發明

競賽評審。曾任國立臺灣科技大學、長庚大學、建國科技大學校友總會理事及顧問，創新發明聯合總會、中華創新發明學會、台灣發明協會理事，台灣智略專利師事務所顧問。通過發明專利 7 件、新型專利 13 件，國際級發明展金、銀、銅牌 60 面以上，2012 及 2015 年獲時任副總統吳敦義先生總統府接見。執行 107-108 年度教育部教學實踐研究計畫，並擔任教育部苗圃計畫「設計思考」課程訓練老師。

## 劉基欽

現任勉覺創新管理顧問有限公司創辦人與創新顧問，前中國生產力中心專業講師。劉老師擔任多年企業管理顧問，曾多次至美國 Innosight、UCLA、SBI 引進最新的「創新管理方法論」，回台灣在地化後，透過演講、寫作、培訓及企業輔導等方式，協助企業解決問題與提升員工能力。劉老師講課理論扎實並擁有豐富實務經驗，在課程設計上以企業需求與目的為設計起點，以學員的需求為課程主軸，並透過由淺而深、分段說明與分段演練等方式講授，是位理論與實務兼具的實力派老師！

### 林秀蓁博士

爲 MATRIZ 三級認證專家，目前擔任台灣國際科文創新教育發展協會科學素養教育顧問。在技術學院幼兒保育系任教15年，積極從事跨領域創新研發，爲台灣文創產業觀光發展協會及易經創意發展協會之共同發起人，並參與撰寫多本  大專教科用書，擔任創新競賽評審。指導學生獲得全國創新創業競賽金牌與全國幼兒科學暨創意教具競賽優選，本身也榮獲 2019 年全國大專校院推動 ODF-CNS15251 競賽第二名。近年來致力於推廣 TRIZ、BizTRIZ 與易經，期許透過科學化系統性創新，激發獨特的問題解析策略。

### 王蓓茹

爲德馨科技服務有限公司總經理、愛眾科技有限公司執行長。歷任睿思智慧財產權事務所智權主任、連邦國際專利商標事務所專利工程師、鉅得生技股份有限公司研發部經理、General  Nutrition Center（GNC）營養師、中華民國專技高考營養師、智財管理制度（TIPS）自評員。

## 高垂琮

爲法蘭司蛋糕有限公司總經理，公司首創
冷凍麵包網購宅配商機，並獲國際烘焙暨
設備展超人氣商品第一名，多次親送麵包
到醫院關心不便回家的醫護人員。

## 葉樹正

爲心澄山風企管顧問公司總經理，
前嘉存生醫公司總經理。擁有十年
日商化妝品公司行銷主管經驗，從
基層業務做起到品牌戰略負責人，
不論是銷售、服務到網路行銷及品

牌管理均有實務經驗，能夠提供最實用的教學和建議。此外，熱
情幽默的風格和有趣有創意的教學，能讓學員有效學習不想睡。

## 王勇懿醫師

爲沙鹿和敬堂中醫診所院長。本著
醫理眞傳，知病探源，脈理求眞，
使用道地藥材，致力於人智醫學與
兒童發展，長期深耕中部海線地區
社區衛教與身心靈醫療服務與支持
民眾。

## 郭芝辰

為創創文化科技股份有限公司共同創辦人兼營運長，積極進行教育遊戲 3.0 之推廣，公司獲得委託設計開發故宮博物院第一款桌遊。

## 杜建緯

為廣色域印刷設計有限公司負責人，追求多變而精準的印刷工藝，良率高達 99.5%，包裝設計別出心裁，更提供客戶協同宣傳的服務，追求與客戶雙贏共榮的境界。

## 李雅筑

為直誠企業管理顧問股份有限公司創辦人，是會計師，也是創業家，但更喜歡稱自己營運診療師，藉由與人聊天，建立人與人之間的連結，致力推廣會計專才於財務分析，協助業主制定經營策略，於專業與人性間取得平衡。

# 目錄

# 第一章 創新與創業概述

林永禎

## 學習目標

1. 了解創新與創業的重要觀念。
2. 了解創新與創業的重要階段。
3. 介紹「創意」點子激發、「創新」成果應用、「創業」產品銷售的「三創」觀念
4. 介紹比較完整的創新與創業流程圖

## 本章架構

　　本章所介紹的內容，可以組成如下圖的創新與創業流程圖，這也是本書撰寫的架構圖。本書希望比一般的創新與創業書內容更有邏輯性，各單元間的關係更清楚。

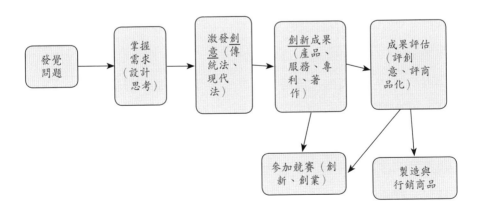

從創新與創業的過程，我（本書總主筆林永禎教授）歸納爲發覺問題、掌握需求、激發創意、創新成果、成果評估、創業商品（製造）、展示商品（行銷、參賽）等幾個階段，這也是本書的描寫內容。本書期望能幫助想要創新創業的人事先規劃準備、提供創業不久的人一些檢核點，使創新創業更順利。以下依序加以說明重點內容。

## 1.1 發覺問題

創新的出發點不外乎要解決所遭遇的問題，發覺問題可以說是創新的起點。「顧客情境列舉問題表」列出某族群在某種情況（時空環境）下，想要解決什麼問題（心理需求、生理問題），藉由表格，填滿表格項目，就把問題內涵思考一遍，是一種檢查核對表格的方式。例如：冬天在天冷的情況下，想要吃到熱騰騰的外送便當的問題。

「重要、頻率、痛點評估問題表」從重要性、發生頻率、如未被滿足時情緒大小三個方面評估某個群組所遭遇問題對她們痛苦的程度。列出某族群某問題之重要性（1 爲不重要，5 爲很重要）、發生頻率（1 爲很少發生，5 爲經常發生）、如未被滿足時情緒大小（1 爲很小情緒，5 爲很大情緒），再來則可計算痛苦等級分數（「∑得分」爲重要性、發生頻率、情緒大小三者相乘），算出之分數可與其他族群之問題做比較排序。例如：「冬天叫外送便當的人」這個群組所遭遇問題對她們痛苦的程度。你觀察訪問一些冬天叫便當的人之情況，判斷這件事的重要性爲 3（中等的影響程度）、發生頻率爲 5（一定常會發生，冬天便當放久一定會冷）、如未被滿足時情緒大小

為 3（吃冷便當心情不好，但有便當吃還不致心情太差），則可計算痛苦等級分數「∑得分」（重要性 3、發生頻率 5、情緒大小 3 三者相乘得到 45）。

「技術選擇問題表」是從市場規模、技術門檻兩個方面評估某種產品或服務的賺錢機會。列出能解決某種問題的產品或服務有多大市場，某族群某問題需要解決的技術問題難易度。市場規模分為 5 級（1 為少數人需要並願意付錢，5 為全世界都需要並願意付錢）、技術門檻分為 5 級（1 為很難做出，你要有類似台積電等高科技公司的研發技術才能做出這個新產品，5 為很容易做出，甚至很容易找到幫你代工的廠商，你下個訂單就能拿到產品），再來則可計算等級分數（「∑得分」為市場規模、技術門檻兩者相乘），算出之分數可與其他族群之問題做比較排序。

## 1.2 掌握需求

### 1.2.1 有用的創新

李開復曾經在《做最好的自己》一書中就提到過，「創新固然重要，但有用的創新更重要」。創新為什麼會沒用，大多是沒有掌握社會的需求，沒有掌握目標顧客想要什麼樣的產品或服務。

有許多發明家，花費許多時間、金錢，做出自己的創新產品，卻是沒有順利賣出，造成入不敷出，生活困苦。更令人心痛的情況是滿懷熱情，做出創新產品，參加國際競賽得獎的肯定，卻仍然血本無歸。

　　現代社會科技發展日新月異，人人都在談創新。什麼才是最好的創新？什麼才是眞正能改變人們生活的有用的創新？李開復提出思考和實踐的五項創新準則爲：一、洞悉未來；二、打破陳規；三、追求簡約；四、以人爲本；五、承受風險。創新需要了解使用者目前的問題與需求，但是更不能忽視「未來」的需求。要做到洞察未來，固然應該重視顧客意見，但是也不能完全只聽取顧客的意見，因爲顧客通常不可能有足夠的前瞻性，也不可能完全理解技術的發展規律。所以，創新者需要有洞察未來的才智，能根據目前的市場情況和使用者的需求，結合技術的發展規律，對未來做出正確的預測和判斷。

## 1.2.2 產品操作問題情境分析

　　解決一個產品的問題，要了解這個產品在實際使用中，所發生問題的細節，才能對症下藥，不會整體問題混雜在一起，不知道從何下手。「產品操作問題情境分析」這個工具是藉由觀察、描述一個產品（設備）在實際使用中，所發生問題的細節〔問題情境、人、事、時（時段或情況）、地、物〕來找出各種問題的發生點（問題點），再將問題點拆解爲問題細項（子問題）來進行分析，考量各問題細項使用上之問題需求（子需求），產生各問題需求之解決問題方向（子解答），最後再整合各子解答成爲整體解答（總解答）。

　　例如：餐廳兒童椅使用產生許多不方便的情況，「產品操作問題情境分析」描述爲：1 問題情境（餐廳顧客兒童椅使用不便）、2 人（服務生、餐廳顧客大人與兒童）、3 事（兒童椅使用不便）、4

時／情況（用餐時間、有兒童時）、5 地（飯店餐廳）、6 物（兒童椅）、7 問題點（椅子：(1) 非常重，(2) 兒童易從椅子溜下不安全，(3) 非常占空間）、8 問題需求（椅子：(1) 減重，(2) 增加固定性，(3) 減少占空間）、9 想到的點子（椅子：(1) 使用輕材料，(2) 增加安全帶，(3) 讓骨架可折疊）。

## 1.3 設計思考

　　設計思考是以人為本的創新方法，是創意問題解決的流程，在運用過程中會考慮人的需求、行為，也考量科技或商業的可行性。設計思考包含以人為中心、強調合作、創意發想與動手做等四大特色。設計思考包含五大步驟（階段）：(1) 探索使用者需求；(2) 詮釋使用者需求，找出創新的挑戰；(3) 創意概念發想；(4) 原型實驗；(5) 後續推展。

　　設計思考會列在此處是因為前兩個步驟是在發覺問題與掌握需求，是影響創新成敗的重要因素，第三步驟產生創意的部分，在設計思考中方法較簡單，本書另有許多傳統、現代的激發創意方法，後兩個步驟是在做出樣品與試用修改，一般工業設計也有類似觀念，通常設計與販賣產品的企業也有自己的運作方式，因此對於本書的內容，貢獻相對比較大的在發覺問題與掌握需求，因此列在本章此處。

### 1.3.1 探索使用者需求

　　設計思考第 1 步會先選擇初步的題目（稱這題目為設計挑戰）來研究。設計挑戰格式為「我們如何才有可能（How Might We?）讓『某目標族群』，能夠『完成某件事或做什麼』的方法」。例如，我們如何設計一個讓「素食者」能夠「在 Costco 有更好購物體驗」的方法。在訂定設計挑戰（HMW）時，不要讓設計挑戰太大，導致難以回答，也不要讓設計挑戰太小，導致沒有創意發想的空間，我們運用影響性、多元性與相關脈絡與限制來判斷設計挑戰的適切性。一旦設計挑戰確定下來後，接下來就要考量要選擇什麼樣的使用者研究方法。使用者研究是了解一個產品／服務現有或是潛在的使用者，及其使用情境，行為模式和需求的方法。使用者訪談是與受訪者相互學習而互相改變的過程，也是一種動態互動與共創的歷程。使用者訪談是有特定目的的會話，訪談者與受訪者間的會話，焦點在受訪者對於自己經驗的感受，而用他／她自己的話表達出來。一般而言，訪談大綱可以從五大構面，分別是 (1) 背景與人口統計；(2) 經驗與行為；(3) 意見與價值；(4) 感受與感官；(5) 知識等構面去發想。在脈絡訪查中，可以從活動（A）、環境（E）、交互（I）、對象／物件（O）、用戶（U）等五大面向觀察。

### 1.3.2 詮釋使用者需求

　　在第 1 步後，會得到許多研究所得知的資料，須進一步整理與分析成所需的資訊，產生洞察。洞察（insight）指的是從訪談及整理

過程中，所發現的觀點或看法，通常是一段簡潔的陳述，一個好的洞察，建議採取「清楚定義的對象＋以動詞表示的需求＋需求產生原因或需求現階段無法被滿足原因」之格式呈現。首先，團隊要找一個可以討論的空間，這個空間要有可以張貼便利貼或空白大型海報的牆面，若沒有適當的牆面，也可找大桌子，供團隊成員將記錄到的資訊，透過便利貼張貼在牆上或大桌子上。團隊成員在彼此分享的過程中，可以分享手邊筆記、照片與感想，並與團隊成員分享在訪談過程中聽到有趣的故事。記得在團隊成員分享故事時，請盡量明確與寫清楚，說明人、事、時、地、物。

### 1.3.3 概念發想

第 3 步驟：概念發想。挑選出新的設計挑戰後，下個步驟就是以設計挑戰做為腦力激盪的題目。在腦力激盪會議時，IDEO 公司建議遵循的原則：(1) 延遲判斷；(2) 鼓勵瘋狂的想法；(3) 以其他與會者的構想為基礎，發展新的點子；(4) 專注主題；(5) 同一時刻一個對話；(6) 視覺化點子；(7) 要求品質。

發想出點子之後，將評估創意點子。在點子評估階段時，常利用「最可能成功的」與「最創新的」兩指標來評估點子。

### 1.3.4 原型實驗

第 4 步驟：原型實驗。團隊可能會有許多關於使用者使用產品或體驗服務的細節問題，要決定那一部分要做成原型，以及需要用什麼

樣的原型及測試方式，來釐清這些問題。在專案剛開始的階段，原型的製作可以秉持剛好就好、駭客精神及魔法效果等三個原則。原型的製作，因測試目的不同，而有不同的類型，其後續測試方式也有所不同。

### 1.3.5 後續推展

第五步驟：後續推展。本步驟主要目標，在於將第四步驟測試過的點子實做出來，並將產品或服務推上市場，團隊可以把解決方案寫在便利貼上，然後運用 2x2 創新矩陣評估點子，看看點子大多落在那個象限，若某象限有較少的點子，可再腦力激盪加以補強。發想創意的點子與將點子落地做出來是兩件事。團隊必須擬定行動計畫，將點子落地實做出來。

## 1.4 激發創意

激發創意有好幾百種方法，無法一一介紹，只能挑選幾種比較有代表性的來介紹，比較有代表性不外乎比較多人使用或是效果比較好，在介紹創意創新（由於常有人認為產生新點子也是創新，有人認為要具體成果才是創新，所以這裡創意創新就沒有嚴謹畫分，但是有大致的畫分使得在創新到創業中的階段比較明確）方法分為傳統、現代兩類，兩類是相對的，傳統的創意創新方法這裡指流傳比較久已經許多人使用的方法，現代的創意創新方法這裡指流傳比較短比較少人使用的方法。傳統與現代的創新方法兩者之間的差異，主要存在於傳

統的創新方法比較容易上手，運用上相對簡單，當我們遇到的是較輕微或較為單純的問題，不妨直接使用傳統的創新方法，可以快速上手產生創新的想法。然而，如果遇到的是較為複雜的難題，希望得到問題較全面的了解與根本解決之道，則建議使用另一種 TRIZ 創新法，其系統性較強，但相對的，也需要投入較多時間學習，方能熟練運用。大家可根據自己所遇到問題的屬性與需求，選擇最適合的快速或全面分析的方法。當然最重要的是讀者能從閱讀當中學習到激發創意的方法，倒是不用執著於傳統、現代的分類。

## 1.4.1 傳統的創新方法

　　傳統的創新方法也有很多，根據方法的普遍性與功能性，在此僅挑選其中四種實用性廣且易於上手的方法作為主軸。這四種方法分別是：「腦力激盪法」、「奔馳法」、「心智圖法」、「曼陀羅九宮格思考法」。

## 1.腦力激盪法

　　「腦力激盪法」是 Osborn 於 1938 年提出，主張參與者儘量發表腦中和主題相關看法，強調過程中不批評與不打斷，以利創新點子的激發，過程中想法多多益善，最後再對每個點子一一評估，從而產生嶄新的觀點與解法。腦力激盪法深植人心，首先，它已應用在全球許多地方，普遍為人所熟知，知名度非常高；其次，腦力激盪使用簡便，若非從比較嚴謹的角度思考與執行，大多數人幾乎已習慣將腦力激盪一詞視為日常用語，泛指創意發想。在此處的「腦力激盪法」讀

者也可以與在設計思考處的「腦力激盪法」互相參照，獲得更完整觀念與技巧。

## 2. 奔馳法

「奔馳法」（SCAMPER）由 Bob Eberle 於 1971 年提出。包含了 S、C、A、M、P、E、R 七個創新思考向度的「奔馳法」（SCAMPER），分別是：「替代」（Substitute）、「合併」（Combine）、「借用」（Adapt）、「修改」（Modify/Magnify）、「其他用途」（Put to other uses）、「消除」（Eliminate/Minify）與「調整」（Rearrange/Reverse）七個向度，引導人們卡住的時候，可以從以上幾個方向激發創新想法。

## 3. 心智圖法

心智圖法是 Tony Buzan 於 1970 年代提出來的，用來快速激發靈感與創意思考能力，它可以在一張紙上就窺見全貌，讓人見樹又見林。既有利於發散思考向外擴展，又可作為歸納收斂整理之用。多年來，隨著全球使用人數增多，心智圖法也產生了各種應用與變形：除了徒手繪製，也可透過電腦軟體或手機 App 繪製；除了原先主張的若干原則，也可以看到不少並未完全遵守的個人化作法。透過中心主題與旁支關鍵字詞之架構，無限向外擴展延伸；繪製心智圖的同時，大腦中的認知結構也同步整理，所以，有助於透過心智圖繪製的過程，將外在的新訊息內化，其價值不在於心智圖多美，而在於整理自己心智的功能。在臺灣一般用「心智圖」指稱完成的作品，用「心智

圖法」指稱這套方法。

## 4. 曼陀羅九宮格思考法

「曼陀羅思考法」，是日人今泉浩晃受到藏傳佛教的「曼陀羅」（Mandala）啟發得到的靈感，發想出以九宮矩陣為基礎，向外輻射發散，快速產生 8*8，也就是 64 個想法。曼陀羅九宮格，原作為筆記之用，然因其具備圖像、發散、收斂、系統、平衡等特性，後來更常被用來創意發想或問題解決思考，而有了「曼陀羅九宮格思考術（法）」之稱。曼陀羅九宮格易於操作使用，隨著使用者的增加，產生許多不同的變形與發展，甚至可以用九宮格為自己貼標籤，透過探索、盤點、檢視、認識自己的優點、缺點、強項、弱項、興趣、專長、個性、特質等八個標籤，學會愛與欣賞自己。

## 1.4.2 現代的創新方法

現代的創新方法這裏是指 TRIZ 創新法，因為本書的篇幅有限，只教幾個簡單的 TRIZ 工具，讓讀者容易掌握。TRIZ 意義為「創意問題的解決理論」。這是阿奇舒勒審核前蘇聯海軍專利時，分析多件專利，在其中挑出四萬件他認為具有較佳創新方法的專利來研究，所歸納出創新的基本原理。他發現每一個具有創意的專利，基本上都是在解決矛盾衝突，因為若不是一個矛盾問題的話，順著問題的相反方向去解決，就可以得到還不錯的效果。TRIZ 解題的邏輯跟一般比較不一樣，是把問題直接去想成符合 TRIZ 的問題類型，當找到符合 TRIZ 的某一問題類型時，對於每一種 TRIZ 的問題類型，就能找出

TRIZ 的解決方案，這不是一個具體的方案，是一個概念啟發方向的方案，但是這概念啟發方向的方案以前的人不容易想到，不容易找到創新的切入點去突破，若採用一般邏輯直接想解決方案時，解決的難度較高，不容易想出來。

## 1. 發明原理

　　40 個發明原理是 40 個幫助指引創新思考方向的構思創意做法。它在解決問題的系統裡，是最後會用到的，它是最後提供你思考啟發點的方向，應用在解決技術矛盾及物理矛盾時會用到發明原理。不同的書，發明原理翻譯的名稱會稍有不同。在 TRIZ 初期幾乎只用到 40 個發明原理來解決問題產生具體的方案。

　　40 個發明原理分別為 1. 分割。2. 分離、萃取或抽出。3. 改變局部特性。4. 非對稱化。5. 整合或合併。6. 一物多用。7. 套疊。8. 重量補償。9. 預先的反作用。10. 預先的行動。11. 預先防範／補償。12. 等位能化。13. 反向運作或另一個方向。14. 曲化。15. 動態化。16. 不足或過度的動作。17. 空間維度變化／移到新空間。18. 物件振動。19. 週期動作。20. 連續的有效作用。21. 快速行動。22. 轉害為利。23. 回饋。24. 利用中介物。25. 自助或自我服務。26. 複製／替代。27. 廉價替代品／拋棄式。28. 替換運作原理／系統替代／利用其他來感知。29. 使用氣體或液體／使用流體。30. 使用彈性殼或薄膜。31. 孔隙化／多孔材料。32. 改變顏色。33. 同質化。34. 消失與再生。35. 改變特性／物理、化學狀態改變／參數改變。36. 形態轉變的作用。37. 熱膨脹的作用。38. 加速氧化。39. 惰性環境。40. 複合材料。

## 2. 技術矛盾與技術參數

　　技術矛盾指一種問題，當你想要改善一個狀況，所以做了某個動作使想要的改善發生，但是又產生另外一個不好的情況，例如，桌子它不夠厚，當放一個重的設備上去的時候，桌子可能會損壞，所以把桌子做厚一點，這樣放重點的設備上去，比較不會容易壞。但把桌子做得更厚之後桌子就會愈來愈重，成本愈來愈高。這是雖然改善了桌子強度的特性，但是惡化了桌子重量的特性。這種為了改善系統的某一個參數，常常會導致系統的另外一個參數變得不好情況，就是「技術矛盾」。

　　在阿舒勒研究時候，發覺有很多的專利，解決了「技術矛盾」問題，這就是有創意的專利。當他分析這些特性的時候，發覺物質的特性很多，他把這些特性歸類，取一個代表共通性的名字，就找出 39 個技術參數（或翻譯為工程參數）。他認為利用這 39 個技術參數，就能夠描述所有他專利當中所發現技術的特性。所以在應用這個解決特性衝突的問題時，就先找出是哪兩個特性的衝突，接下來再去想以前解決這兩種特性衝突的是用哪些方法是比較有效率的？當你找出這樣一個規則之後，以後要解決這些衝突矛盾就不會那麼困難。矛盾矩陣又稱為衝突矩陣，是阿奇舒勒將 39 個通用技術參數與 40 條發明原理去比對有創意的專利內容，建立起對應的關係，整理成 39×39 的矛盾矩陣表，是阿奇舒勒對 250 萬份專利進行研究後所取得的成果。

　　解決特性衝突的時候，先找出到底是哪兩個特性的衝突，找到對應的 39 個技術參數，查矛盾矩陣表，得到比較常用來解決這種衝突的發明原理，利用這些發明原理幫助指引創新思考方向的構思創意做法。

### 3. 物理矛盾與分離策略

物理矛盾可叫自身衝突，同一個參數間的衝突稱為物理矛盾。同一個參數就是像桌子做得比較薄強度不夠，但做厚一點會變重，所以這衝突就是桌子你想要薄又想要厚，所以桌子的厚度就同一個參數，面對同一個參數有不同的要求，這個不同的要求是不能同時達到的，這種情況叫物理矛盾。解決物理矛盾的策略（方法）有三種：(1) 分離衝突需求；(2) 滿足衝突需；(3) 繞過衝突需求。以往最主要策略就是用分離衝突需求。

傳統的分離衝突需求有四種做法（分離方式）：(1) 從空間分離；(2) 時間分離；(3) 關聯分離；(4) 系統層級的分離。

空間分離就是說如果兩個衝突的需求，你能夠找到它不重疊的位置、不重疊的空間來隔開的話，這時就可以在空間上分離衝突的需求。所以同一參數的兩個不同需求，假設這兩個不同的需求，一個是 +A、一個是 -A，你能夠把它找到一個分界能夠切得開，使得衝突的需求在不同的位置、不同的空間都能滿足。空間分離有六個發明原理常使用：分割、分離／取出／萃取、改變局部特性／局部品質、套疊／巢狀結構、非對稱化、空間維度變化／移到新的空間。

時間分離的方法為衝突的需求可以放在不同的時間，可以用時間來把它分離。時間分離有五個發明原理常使用：預先的反作用、預先的行動、預先防範／補償、動態化、消失與再生。

關聯分離時衝突的需求它是對不同的超系統元件，超系統元件就是它周遭的這些零件，所以衝突的需求是在不同的周遭對象的時候，就可以用關聯分離。關聯分離有六個發明原理常使用：改變局部特

性、空間維度變化／移到新的空間、週期動作、孔隙化／多孔材料、改變顏色跟複合材料。

　　系統層級分離為衝突的需求可以放在不同的系統層級（系統、子系統、超系統是不同的系統層級）來隔開。意即若在系統層級有衝突的需求，但是如果把其中一個需求放到子系統的零件部分，或者是它的超系統的周遭環境時候，在不同系統層級衝突就能夠分得開的話，那這樣就可以用系統層級分離。系統層級的分離有四個發明原理常使用：分割、整合／合併、等位能化、同質化。

# 1.5 專利概念及專利申請

　　創新的成果可以是產品、服務、專利、著作等，具體的產品、服務之設計牽涉到不同的專業領域差異很大，也包括到前面的發覺問題與掌握需求、激發創意等，於是不在此介紹。著作也是創新成果，但是一般所談的創新，比較沒有關注著作的部分。於是這裡的創新成果就較多介紹專利的部分。

## 1.5.1 智慧財產權

　　智慧財產權（Intellectual Property Right, IPR 或 IP），是經由人類智慧的創造性產出，例如發明、文學藝術作品、設計、商業中使用的符號、名稱和圖像，其能產生財產上之價值，並由法律保護其財產價值。智慧財產權主要分為：營業祕密（trade secrets）、商標權（trademarks）、著作權（copyrights）、專利權（patents）。

### 1.5.2 專利種類

專利是鼓勵創新的長期手段，賦予專利權人獨家開發權，並使其能夠通過製造、使用或銷售包含該專利所涵蓋技術的產品或工藝來利用該發明。專利制度是確保自由獲取信息和保護發明人利益之間的一種妥協，這樣的模式有助於保障發明人的權益並促進相關技術領域的技術發展。

我國現行專利可分為發明專利、新型專利及設計專利，一個發明創作可能同時受到多種類的專利保護，在商品化階段可靈活運用得到最經濟有效的權利保護。發明專利保護之標的為物之發明及方法；新型專利必須為具體表現於物品上之形狀、構造或組合的創作，設計專利則是指對物品全部或部分之形狀、花紋、色彩或其結合，透過視覺訴求的創作。

發明是指使用技術來解決特定的問題，可以是產品或過程。發明完成時，其發明人可以向專利局申請專利。發明專利所需的技術特性要求，是以使用自然法則來實現該發明的目的，只有符合發明要求的技術方案才能獲得專利，專利是描述發明的法律文件，並賦予發明人或其繼承人財產權。

### 1.5.3 專利檢索與評估

進行專利檢索是創新的第一步，經過檢索過程進一步檢視並確保發明的創新性及可行性後，就可以開始申請專利，而專利檢索提供的歷史信息或技術靈感，能幫助發明人建構更好、更強大的專利申請範

圍，並促使專利申請案更順利的通過審查歷程。

　　可專利性評估係根據前案檢索的結果進行分析，從微觀的面向比對競爭者的技術與自身的差異，設定研發提案申請專利的門檻，並站在取得專利權及商業價值的角度訂定權利範圍及布局策略。評估的項目包括新穎性、進步性（非顯而易見性）、前瞻性、可行性及布局性，以增加專利強度和價值。

## 1.5.4 專利申請

　　專利申請之前的工作包括詳實描述發明內容及進行前案檢索並製作前案資料比對表，首先以文字、製圖、照片、實驗數據等描述發明的整體及特徵，並說明發明的技術手段及目的後，於專利局資料庫及學術論文資料庫進行檢索，篩選出技術最為接近的案件後，再以「前案技術資料比對表」分析找出本發明不同於先前技術的特徵。

　　專利申請文件的撰寫應配合各國專利專責機關所要求的專利申請文件格式，以嚴密的邏輯建構出一個涵蓋完整的專利權利。進行的順序建議為：繪製及編排圖式、擬定專利範圍、撰寫專利名稱、撰寫摘要及說明書。

# 1.6 創新創業競賽介紹

## 1.6.1 從創意、創新到創業

　　所謂的「創意」是新而有用的想法，舊元素新組合，可以使用

「奔馳法」（SCAMPER）或 TRIZ 來產生創意；而「創新」則是指實踐的成果。創新的類型包括：產品、製程、組織、策略、市場等。「創業」是一種投資努力與時間以開創事業的過程，必須冒財務、心理及社會的風險，最後得到金錢報酬與個人的滿足感。

宏碁集團創辦人施振榮董事長提醒：「創業」是要為社會創造價值，要創造價值就需要以「創新」的方式才能成功。這說明了「創新」的重要性，同時「創業」的核心價值就是帶給社會便利與高品質的生活目標。創業成功是無法複製的，每個人在創業時都有相對應的時空背景與各種艱鉅的條件，然而「創造價值」、「利益平衡」、「永續經營」才是成功的三大核心理念。

施董事長也提到，創業要能成功要先有「新微笑曲線」（強調的是藉由跨領域整合，才能在新經濟中創造新的體驗並共享資源，如此才能創造新價值）的觀念，同時在新經濟時代裡，「體驗經濟」與「共享經濟」將會主導新經濟的未來發展。以「體驗經濟」來說，是從用戶體驗做為產品及服務的最終體現，關鍵在於能否為用戶創造最高價值，讓用戶有美好的體驗，願意買單。

馬雲創業之路四個字：(1)「整」。你能整合多少資源、多少渠道，就會擁有多少財富；(2)「借」。造船過河，不如借船過河。趨勢無法阻擋，要學會借勢；(3)「學」。古人云：富不學，富不長；窮不學、窮不盡。贏在學習，勝在改變；(4)「變」。想要改變口袋，先改變腦袋。社會一直在淘汰有學歷的人，但不會淘汰有學習能力，願意改變自己的人。

## 1.6.2 如何準備「創新創業競賽」

　　「創新創業競賽」主要有兩個目的：1. 希望藉由比賽的歷練，讓創意產品被大眾廣爲看見與接受，增加其曝光度，同時藉由評審及大眾給的回饋意見，修正產品讓它變得更完美。2. 可藉由競賽獲得一筆資金，成立一個開發團隊，學習從創意創新、創業啟發、創業實作到市場驗證的過程，深化創新創業扎根，例如：教育部推動「大學校院創新創業扎根計畫」，建構「大學校院創業實戰學習平臺」。

　　參展目標爲：(1) 能夠受到評審的青睞與肯定獲獎，並且吸引觀眾的注目，從中找到商機或合作的夥伴；(2) 開拓視野並觀察各國不同創新發明之想法，累積自己的實力激發更多的發明。

　　報名及準備過程需注意：(1) 作品在報名表中須選擇「產品種類」，應選擇最適合自己產品的種類，若產品適用 2 種以上類別，可選擇相對競爭件數較少之類別，以增加獲獎機會；(2) 須注意作品的外觀與操作是不是兼顧美觀與便利性，如果在操作過程中不順暢，對於評估這項產品的委員難免會耗費許多時間在等待，對於雙方來說都不是理想的結果。

　　行前確認：(1) 各種必備工具準備有沒有齊全，例如：螺絲起子這種工具是否能帶上飛機要先問清楚，以免到現場無法使用相關用具做維修與應用，造成無法呈現應有的表現造成的遺憾；(2) 參賽者是否能順利出入境，例如：兵役問題須先申請並準備好證明單，到機場時後會一併做檢驗等。

　　須特別注意，專利法第二十條規定：陳列於政府主辦或認可之展

覽會，致發生申請前已陳列於展覽會之情形，於展覽之日起六個月內申請專利者，不喪失新穎性。

### 1.6.3 如何增加「獲獎率」

1. 參展注意事項：(1)「語言」須考慮自身的英文能力或聘請現場翻譯；(2)「作品」應符合市場趨勢以及當地的實用性；(3)「視覺」應達到 5C（清晰、簡潔、正確、具體、慎重），同時桌面布置整體擺設也很重要。

2. 張貼海報：(1) 海報是你在解說中能夠有效利用的資源之一，盡量讓海報能夠完整呈現給大家看到，不僅是對評審或是觀眾；一時緊張忘記還能夠藉由海報重新整理自己的思緒；(2) 如果有附上圖片或是流程，也更簡單就能吸收與理解，或許有人沒準備實體作品；但沒有人沒準備海報！所以我們張貼的時候一定使海報整齊、乾淨，盡量不要讓殘膠裸露在外或是遮蔽到內容影響觀感。

3. 作品之擺放：(1) 參展所提供的桌子面積有限，所以擺設作品與其他輔助工具也須先安排好，如果有名片建議能放在作品前面方便有興趣的民眾做拿取；(2) 如果有廠商有意願合作，這時候名片就顯得格外重要，如果能夠進一步的發展商機也是比賽中另外的收穫。

4. 地理位置：(1) 先環顧四週，看看周邊各自為哪所學校或是廠商的攤位，先互相有個認識，有利之後參展期間相互的照應；(2) 評審來前就可以聽到風聲，幫助自己提早進入狀態，以至於講解過程不會過於緊張亂了步驟；(3) 評審結束之後也能互相幫忙顧攤，有需要

上廁所或是去參觀其他攤位就能夠輪流去休息，對於參加人數不多的攤位，需要特別留意這個問題。

5. 互相溝通：(1) 如果有請翻譯，需要溝通好各自的工作，可以請翻譯介紹給你聽一遍是否與原意有所出入，直到你認為可以即可，當然自己本身如果可以，最好也先知道如何用英文作介紹；(2) 對於各國參觀的發明家或是廠商跟觀眾，像是以韓國為例，可以跟翻譯學習韓文問候語是怎麼說，對於韓國當地人來說也會倍感親切。

6. 勤加練習：(1) 通常評審前幾個小時就會開放民眾入場，好好利用這種機會，看到有人有興趣就練習介紹的方式，或許剛開始會不流暢，但這幾小時的時間也能充分理解自己的問題；(2) 民眾有提的問題解釋的不夠清楚，在正式開始前都是你改進的好機會，或是還沒開放入場前，也能介紹給左鄰右舍的朋友當作很好的練習，也不失為一個認識彼此作品的方式。

7. 慢條斯理：(1) 當評審快來之前，深吸一口氣再開始是不錯的方式，緩和自己緊張的情緒相對就降低出錯的機會；(2) 當輪到自己的時候，記得保持親切的微笑，並且有禮貌地打聲招呼，主要聽清楚評審詢問什麼問題，不要答非所問含糊不清，如果一時慌張解釋不被認同就得不償失了。

8. 產品要夠生活化與實用，對安全性上也要一併兼顧保障使用上的無虞，才能吸引觀眾，得到裁判的認可。

9. 許多獲獎作品大多是已商品化的產品，受到市場的認可也更具潛力。因此，是否有準備實體作品或是道具供評審使用與操作，以及隨行翻譯，要互相做好溝通與分配工作等，都是獲獎之要領。

10.若產品屬較高科技方面的原理與技術，應及早與翻譯溝通，使其盡量完全了解其原理，在評審關鍵問題上才能應對如流，有好的表現。

# 1.7 創業案例

了解六個不同類型創業案例：有首創冷凍麵包網購宅配商機與獲得國際烘焙暨設備展超人氣商品第一名的法蘭司蛋糕有限公司、服務零售業講師滿意度高超的心澄山風企管顧問有限公司、長期深耕中部海線地區社區，受到當地媽媽們肯定的和敬堂中醫診所、將遊戲化的概念帶入各行各業讓更多人受惠並獲得委託設計開發故宮博物院第一款桌遊的創創文化科技股份有限公司、提供客戶擁有最具競爭力優質產品並為客戶創造價值的廣色域印刷設計有限公司、致力推廣會計專才於財務分析並協助業主制定經營策略的直誠企業管理顧問有限公司。這些案例都是由創辦人或共同創辦人所撰寫，是第一手的資料，介紹公司經營目標、領域及理念，創業團隊介紹，產品或服務之創新性，營運模式、經營策略及核心競爭力、經營管理特色及與競爭者差異分析、目標市場分析與行銷策略等資訊。這些案例中隱含著創新的元素，其中法蘭司公司在瀕臨倒閉時，靠一款新麵包讓公司逆轉重生的過程更充滿驚奇。

### 1.7.1 企業新創時很重要需要做的事

　　歸納這些創辦人所認為企業新創時很重要需要做的幾件事為：對的商業模式、想清楚公司的價值主張、財務規劃成本控管、慎選合夥人與合作模式、適當的人事安排與控制成本、全力開發客戶、重視使用者體驗、整合與活用資源、定期的溝通、以識別度差異性增加競爭力、累積人脈及廣結善緣、堅持到底、不斷努力學習、總做最壞的打算並往最好的方向。

### 1.7.2 企業新創時千萬不要做的事

　　這些創辦人所認為企業新創時千萬不要做的幾件事為：不要違反法令、不要為業績疏忽生產品質、不要忽略客戶關係、不要設備裝潢成本太高、不要光說不練、不要衝動花錢、不要過度擴張、不要涉入不熟領域、借貸本息不能遲繳、勿忘記跌倒的經驗。

# 第二章　發覺問題與需求

林永禛

## 學習目標

1. 了解找尋創新與創業方向的方式。
2. 了解如何評估創新與創業的需求。
3. 了解如何初步產生創新創業構想。
4. 了解什麼是創新問題情境問卷，並能將你的不滿意與創新思考過程用此一個格式去描述出來。
5. 了解什麼是產品操作問題情境分析，並能將你的問題細節與創新思考過程用此一個格式去描述出來。

## 本章架構

　　本章所介紹的內容，可以組成如下圖的問題與需求評估流程圖，這也是本章撰寫的架構圖。

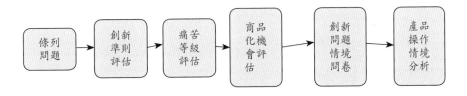

## 亮點個案

### 全台最早即時外送平台

2012 年時 foodpanda 進入台灣，隨後 2016 年 Uber Eats 也跟著登台，使得台灣餐飲外送市場開始蓬勃發展，後續雖然也有其他加入的平台，目前看起來台灣外送平台產業是形成兩大龍頭對抗情況。

餐飲外送原本是為了滿足不方便外出買餐、用餐的人，方便取得食物滿足生理需求，藉由付出少量外送服務費得到生活上的便利，因此而產生的一種服務。隨著 2020 年全球疫情持續惡化，餐飲外送平台產業成為最耀眼的流通產業。這種經營方式，以外送平台為核心，外送員將餐飲業者的食物送給顧客收取服務費用，全球許多國家（包括台灣在內）的餐飲業經營模式與店鋪型態都產生了很大的轉變。

2020 年受到疫情影響帶動，台灣外送平台產業規模 2020 年第一季與第二季分別成長至新台幣 21.7 億與 34.0 億元，同期成長率高達 326% 與 276%，2020 年台灣餐飲外送平台產業將可能突破成為全年百億規模的產業類別。

資料來源：

文潔琳、蕭閔云（2020），「foodpanda、Uber Eats 在窮忙？台灣餐飲外送白熱化，4 大關鍵情報看懂產業版圖」，數位時代。

在創新與創業的過程中，最開始要先找尋創新與創業的方向，了

解如何評估創新與創業的需求，如果創業家所創企業的產品或服務社會上需要的人很少，那麼創業失敗的機會很大。網路有篇文章說創業一年內就倒閉的機率高達 90%，而存活下來的 10% 中，又有 90% 會在五年內倒閉。這個數據經過查證後並不是真實狀況，事實上 5 年後新的企業約有 3～4 成破產或結束營業，能存活的企業數量是 6～7 成（市場先生，2019）。重要的不是存活機率有多少，而是如果你創業如何增加存活率。這樣說來，掌握市場需求，避開承擔了遠超出自己能承擔的風險，十分重要。

創新與創業的開始，發覺社會上許多人會遭遇到的問題，掌握遭遇問題人們的需求、幫他們解決問題，這樣你所創的企業就對社會有貢獻，也會有許多人會因為你幫他們解決問題，願意付錢購買你的產品或服務，這麼一來你的企業就有機會持續下去。以下來介紹發覺社會上許多人會遭遇到的問題、掌握遭遇問題人們的需求的觀念與工具，幫助大家更容易了解。

## 2.1 創新準則

### 2.1.1 有用的創新

李開復曾經在《做最好的自己》一書（2016b）中就提到過，「創新固然重要，但有用的創新更重要」。創新為什麼會沒用，大多是沒有掌握社會的需求，沒有掌握目標顧客想要什麼樣的產品或服務。

有許多發明家，花費許多時間、金錢，做出自己的創新產品，卻

是沒有順利賣出，造成入不敷出，生活困苦。更令人心痛的情況是滿懷熱情，做出創新產品，參加國際競賽有得獎的肯定，卻仍然血本無歸。

現代社會科技發展日新月異，人人都在談創新。什麼才是最好的創新？什麼才是真正能改變人們生活的有用的創新？

## 2.1.2 五項創新準則

李開復提出思考和實踐的五項創新準則為：一、洞悉未來；二、打破陳規；三、追求簡約；四、以人為本；五、承受風險。（2016a）

首先談到「洞悉未來」。創新需要了解使用者目前的問題與需求，但是更不能忽視「未來」的需求。要做到洞察未來，固然應該重視顧客意見，但是也不能完全只聽取顧客的意見，因為顧客通常前瞻性不夠，也無法完全理解技術的發展規律。所以，創新者要能洞察未來，要能基於目前的市場和顧客的需求，結合技術的變化趨勢，對未來做出適當的預測和判斷。汽車還沒有發明出來之前，去做市場需求調查，得到的結果可能是「更快的馬車」，因為顧客心中沒有汽車的概念，是無法調查出汽車這個需求的。

其次談到「打破陳規」。創新最大的障礙就是僵化的思想，老闆希望員工好好的創新，但是，是在老闆指定的做事方法下創新，這樣再怎麼樣的天才也無能為力。人們常帶著個人過去的背景與習慣的思考模式，從發生事情的空間／時間／介面 來看問題，這樣是難以跳出問題的限制。愛因斯坦說過：「面臨重要問題時，我們若停留在發

生問題時的思想高度，是無法解決問題的。」所以要跳出框架，打破陳規，需要借助工具，有許多方法工具可以幫助我們打破陳規框架限制。要在室內練習長跑，需要長的跑道，通常這需要大的體育館才辦得到，有人打破這個陳規框架的限制，發明了跑步機，於是你可以在原地跑，跑很久，不需要長的跑道就可以辦到。

　　追求簡約也是通向創新的趨勢。很多時候複雜的東西並不一定比簡單的東西更好，最簡單有用的東西，才是大家所喜歡的，也才能得到最大的市場，真正厲害的人，總能把複雜變簡單，發揮最大的功效。把大的變小也是一種簡約，我老家的舊收音機超過 100cm 長 30cm 寬 50cm 高，非常笨重，現在收音機不到它十分之一的尺寸，功能更強大。1946 年，電腦剛發明出來時，是以真空管為電子元件的自動電腦，它的長度為 50 呎，寬 30 呎（占地約 42 坪），重 30 噸，共用了 18800 個真空管，體積占滿整個大房間，耗電量高（電腦使用時全鎮家家戶戶的電燈都變暗！），記憶容量非常低（只有 100 多個字）。後續電腦的發展趨勢：體積愈來愈小、記憶容量愈來愈大、運算速度愈來愈快、準確性愈來愈高、功能愈來愈多、耗電量愈來愈省、價格愈來愈便宜，目前許多可以放到 A4 信封袋的平板電腦，功能比當初占滿整個大房間的電腦強大非常多。

　　以人為本包含企業重視培養與留住人才，創新以人的需求出發。創新人才是企業保持持久的創新能力的關鍵，一個最有創新能力的研發人員和一個平常的工程師相比，他們的生產力卻可能差距幾十倍以上。如果企業能夠吸引、聘用許多個天才的創新者，便能在最激烈的競爭環境中能脫穎而出。據說，Google 聘請人才，不看專長、

不看公司哪裡有職缺，只要是人才，就可以聘用，為了吸引和留住人才，提供最好的工作環境與待遇，給予他們最大的信任。創新也是以人的需求出發，即使發明了功能強大、價格便宜、造型優美的產品，沒有符合顧客的需要，還是賣不出去，無用武之地。

最後，承受風險也是創新過程中的重點。所有的創新都存在著風險，經常會遇到失敗，需要用正確的心態看待失敗。把失敗當做一次最好的學習機會。Google 有 20% 自由時間可以做任何自己想做的事，雖然其中大部分的創新工作都失敗了，但是，也有許多的創新成果持續的產生，讓 Google 充滿創新能量，不斷推陳出新。若沒有這許許多多的失敗，就沒有這麼多成功的創新脫穎而出。沒有接受和承擔風險的心態與能力，就無法營造出真正鼓勵創新的環境，進而產生持續不斷的創新成果。如果你每次都打安全牌，做你熟悉的事，只選擇那些十拿九穩，沒有什麼創新價值的項目來做，你不會遇到失敗，但是就創新而言你是失敗的。因為你是在迴避風險，不敢創新。

### 表 2.1 　五項創新準則

| 種類 | 說明 | 舉例 |
|------|------|------|
| 洞悉未來 | 基於目前的市場和顧客的需求，結合技術的變化趨勢，對未來做出適當的預測和判斷。 | 若只做市場需求調查，會得到顧客想要更快的馬車，顧客沒想到要更先進的汽車。 |
| 打破陳規 | 需要借助工具，有許多方法工具可以幫助我們打破陳規框架限制。 | 跑步機可以在原地長距離跑步，不需要長的跑道就可以辦到。 |

表 2.1　五項創新準則（續）

| 種類 | 說明 | 舉例 |
|---|---|---|
| 追求簡約 | 最簡單有用的東西，才是大家所喜歡的，也才能得到最大的市場。 | 目前 A4 大小的平板電腦，功能比當初占滿整個大房間的電腦強大非常多。 |
| 以人為本 | 企業重視培養與留住人才，創新以人的需求出發。 | Google 聘人不看專長、是否有職缺，只要是人才，就可以聘用。提供最好的工作環境與待遇，給予最大的信任。 |
| 承受風險 | 所有創新都有風險，要把失敗當做最好的學習機會。不能接受和承擔風險，就無法營造出真正鼓勵創新的環境，產生持續創新成果。 | Google 有 20% 自由時間可做任何事，雖然大部分創新工作都失敗，但有許多的創新成果持續的產生，讓 Google 充滿創新能量，不斷推陳出新。 |

圖 2.1　A4 大小的平板電腦照片

圖 2.2　A4 大小的平板電腦照片

## 2.2 問題與需求評估

要評估所遇到的問題與需求可以使用下列三種分析表來進行：

### 2.2.1 列舉問題

列出某族群在某種情況（時空環境）下，想要解決什麼問題（心理需求、生理問題），例如：冬天在天冷的情況下，想要吃到熱騰騰的外送便當的問題。以下為本書採用的表格。此表與第三章設計思考洞察說明表類似，此表內容較多，洞察說明表較簡明扼要。

表 2.2　顧客情境列舉問題表格

| 項目編號 | 顧客（族群） | at | 某種情況下（時空環境） | want | Insight 洞見解決什麼問題（心） | 解決什麼問題（身）解決難以〔　〕的問題 |
|---|---|---|---|---|---|---|
| 01 | 〔　〕 | 在 | 在〔　〕之時 | 想要 | 〔　〕 | 難以〔　〕的問題 |
| 02 | | | | | | |
| 03 | | | | | | |
| 04 | | | | | | |

　　藉由表格，填滿表格項目，就把問題內涵思考一遍，是一種檢查核對表格的方式。

　　我們可以利用這個表在生活或工作中找問題，填入表中思考創新方向。例如下表，一個人或團隊，可以觀察周遭的一些問題，將覺得有些發展性的問題填寫在下表中，當作進一步思考的基礎。

表 2.3　顧客情境列舉問題表舉例

| 項目編號 | 顧客（族群） | at | 某種情況下（時空環境） | want | Insight 洞見解決什麼問題（心） | 解決什麼問題（身）解決難以〔　〕的問題 |
|---|---|---|---|---|---|---|
| 01 | 〔冬天叫外送便當的人〕 | 在 | 〔天氣冷〕情況下 | 想要 | 〔好吃的〕 | 無法〔吃到熱騰騰的飯〕的問題 |
| 02 | 〔到餐廳吃飯的人〕 | 在 | 〔帶著幼兒〕情況下 | 想要 | 〔愉悅用餐〕 | （一直抱著小朋友）難以〔順利（整潔、不慢、手不酸）用餐〕的問題 |

表 2.3　顧客情境列舉問題表舉例（續）

| 項目編號 | 顧客（族群） | at | 某種情況下（時空環境） | want | Insight 洞見解決什麼問題（心） | 解決什麼問題（身）解決難以〔　〕的問題 |
|---|---|---|---|---|---|---|
| 03 | 〔喝咖啡的人〕 | 在 | 〔西雅圖〕情況下 | 想要 | 〔好喝的咖啡〕 | 難以〔喝到義大利拿鐵咖啡〕的問題 |
| 04 | 〔盲人〕 | 在 | 〔看不見〕情況下 | 想要 | 〔安心的〕 | 無法〔知道食物溫度〕的問題 |

　　通常表格為了整理與呈現較多資訊量，因此在表格內所寫的比較是精簡的文字或關鍵詞，要讓讀者清楚了解表格的所有內涵，應該對內容再加以更多說明。

　　這裡說明表 2.3 內容：

　　編號 1 是觀察到「冬天叫外送便當的人」這個群組所遭遇到的問題。當冬天天氣冷時，外送便當經過一段時間，便當是會變冷的。冷便當沒有熱便當好吃，這情況下叫外送便當的人，心理需求是想要好吃的食物，生理問題是解決便當會變冷的問題。

　　編號 2 是觀察到「帶幼兒到餐廳吃飯的人」這個群組所遭遇到的問題。帶著幼兒到餐廳吃飯時，幼兒容易動來動去、打翻桌上食物、哭鬧。帶幼兒到餐廳吃飯的人心理需求是想要輕鬆愉快的吃飯，生理問題是解決一直抱著幼童難以順利（整潔、不慢、手不酸）的用餐的問題。

　　編號 3 是觀察到「在西雅圖喝咖啡的人」這個群組所遭遇到的問題。當初拿鐵咖啡還沒有引進西雅圖時，喝咖啡的人，在西雅圖是

喝不到拿鐵咖啡的，有位咖啡商霍華‧蕭茲因為出差在義大利喝到拿鐵咖啡，覺得很好喝，回到西雅圖，喝不到義大利拿鐵咖啡，非常懷念拿鐵咖啡的好喝，這情況下霍華‧蕭茲的心理需求是想要好喝的咖啡，生理問題是解決喝不到義大利拿鐵咖啡的問題。

　　編號 4 是觀察到「盲人」這個群組所遭遇到的問題。當眼睛看不到時，是容易吃到太燙太冰的食物，像是喝到滾燙的熱湯口腔內會燙傷破皮起水泡，影響到後續吃飯喝水都很痛苦，所以盲人希望吃喝食物之前能先知道食物的溫度，就能避免吃到太燙太冰的食物。這情況下，盲人心理需求是想要安心的飲食，生理問題是解決無法知道食物溫度的問題。

圖 2.3　咖啡機沖泡出拿鐵咖啡

## 2.2.2 以痛苦等級（重要性、發生頻率、痛點）評估問題

在此是從重要性（事件發生時影響大小）、發生頻率（事件是否常發生）、如未被滿足時情緒大小（事件發生對當事人情緒影響大小）三個方面評估某個群組（表中之「顧客」指被評估的群組。因為對創業者而言，所要評估的就是被其提供產品或服務的顧客。）所遭遇問題對她們痛苦的程度。列出某族群某問題之重要性（1 為不重要，5 為很重要）、發生頻率（1 為很少發生，5 為經常發生）、如未被滿足時情緒大小（1 為很小情緒，5 為很大情緒），再來則可計算痛苦等級分數（「∑得分」為重要性、發生頻率、情緒大小三者相乘），算出之分數可與其他族群之問題做比較排序。

表 2.4　**顧客痛苦等級（重要、頻率、痛點）評估問題表格**

| 項目編號 | 顧客問題 | 重要性（不重要1～5 很重要） | 發生頻率（很少發生1～5 經常發生） | 如未被滿足時（很小情緒1～5很大情緒）#痛點 | ∑得分 | 排序 |
|---|---|---|---|---|---|---|
| 01 | | | | | | |
| 02 | | | | | | |
| 03 | | | | | | |
| 04 | | | | | | |

為使讀者對本節三個評估表有整體運用概念，表 2.3、表 2.5、表 2.7 都舉同樣 4 個例子來說明。

表 2.5　**顧客痛苦等級（重要、頻率、痛點）評估問題表舉例**

| 項目編號 | 顧客問題 | 重要性（不重要 1～5 很重要） | 發生頻率（很少發生 1～5 經常發生） | 如未被滿足時（很小情緒 1～5 很大情緒）＃痛點 | Σ得分 | 排序 |
|---|---|---|---|---|---|---|
| 1 | 〔叫外送便當的人〕在〔天氣冷情況〕情況下想要溫暖的〔吃到熱騰騰的飯〕 | 3 | 5 | 3 心情不好 | 45 | 2* |
| 2 | 〔到餐廳吃飯的人〕在〔帶著幼兒〕情況下想要愉悅的〔用餐〕 | 2 | 2 | 2 稍有困擾 | 8 | 3 |
| 3 | 〔喝咖啡的人〕在〔西雅圖〕想要〔喝到義大利拿鐵咖啡〕 | 1 | 1 | 1 還好 | 1 | 4 |
| 4 | 〔盲人〕在〔看不見〕情況下想要〔知道食物溫度〕 | 5 | 2 | 5 會很痛苦 | 50 | 1* |

這裡說明表 2.5 內容：

編號 1 是評估「冬天叫外送便當的人」這個群組所遭遇問題對她們痛苦的程度。你觀察訪問一些冬天叫便當的人之情況，判斷這件事的重要性為 3（中等的影響程度）、發生頻率為 5（一定常會發生，

冬天便當放久一定會冷）、如未被滿足時情緒大小為 3（吃冷便當心情不好，但有便當吃還不致心情太差），則可計算痛苦等級分數（重要性 3、發生頻率 5、情緒大小 3 三者相乘得到 45），算出之分數可與後面編號 2-4 之其他族群之問題做比較排序。

　　編號 2 是評估「帶幼兒到餐廳吃飯的人」這個群組所遭遇問題對她們痛苦的程度。你觀察訪問一些帶幼兒到餐廳吃飯的人之情況，判斷這件事的重要性為 2（小的影響程度）、發生頻率為 2（不常會發生）、如未被滿足時情緒大小為 2（稍有困擾，認為小孩無法控制自己是正常，只是會干擾旁人吃飯，不好意思），則可計算痛苦等級分數（重要性 2、發生頻率 2、情緒大小 2 三者相乘得到 8），算出之分數可與前面編號 1，後面編號 3～4 之其他族群之問題做比較排序。

　　編號 3 是評估「在西雅圖喝不到義大利拿鐵咖啡的人」這個群組所遭遇問題對她們痛苦的程度。你觀察訪問一些西雅圖喝咖啡的人，判斷這件事的重要性為 1（很小的影響程度，大部分在西雅圖喝咖啡的人，原本是不知道義大利拿鐵咖啡，沒喝對他們沒影響）、發生頻率為 1（極少會發生，沒有想到要喝）、如未被滿足時情緒大小為 1（覺得還好，沒有感覺什麼情緒），則可計算痛苦等級分數（重要性 1、發生頻率 1、情緒大小 1 三者相乘得到 1），算出之分數可與前面編號 1-2，後面編號 4 之其他族群之問題做比較排序。

　　編號 4 是評估「盲人」這個群組所遭遇問題對她們痛苦的程度。你觀察訪問一些看不見的人之情況，判斷知道食物溫度這件事的重要性為 5（極大的影響程度，若喝到滾燙的湯口腔內會燙傷，影響到後續吃飯喝水）、發生頻率為 2（不常會發生）、如未被滿足時情緒大

小爲 5（覺得會很痛苦，吃飯喝水都會痛），則可計算痛苦等級分數（重要性 5、發生頻率 2、情緒大小 5 三者相乘得到 50），算出之分數可與前面編號 1-3 之其他族群之問題做比較排序。

排序結果第一名爲「盲人在看不見情況下想要知道食物溫度」，如果研發人員能幫盲人解決這個問題，盲人應該會很感謝你，如果你賣產品，他應該願意買。

排序結果第二名爲「冬天叫外送便當的人想要吃到熱騰騰的飯」如果研發人員能幫冬天叫外送便當的人解決這個問題，他們應該會願意付點錢給你，如果你有產品解決這個問題，他應該願意買。

## 2.2.3 以商品化機會（市場、技術）選擇問題

在此是以市場多寡、技術難易兩方面來評估產品或服務的商品化機會高或低。

### 1. 商品化機會（市場、技術）評估選擇之目的與方向

商品化機會（市場、技術）評估選擇之目的是爲了找研發方向，在進一步投入研發創新之前，能先初步評估一下市場規模、技術門檻，有助於增加未來做成商品之機會。有兩個思考方向：

(1)泛用型產品：大眾廣泛會使用的東西，適用於大眾市場的。

創新創業者可以自己想你自己會不會花錢買這種東西？這種東西對你幫助大不大？

(2)平常技術可能解決的：如果需要高深的技術才能做出的產品，不適合剛開始創業的中小企業。開始創業的中小企業的產品，最好是平常技術可能解決的；不然就要找技術合作的企業，但會受制於人。

## 2.商品化機會（市場、技術）選擇評估表

在此是從市場規模（解決某種問題的產品或服務有多少人會願意付點錢購買）、技術門檻（以中小企業的角度評估要解決某種問題的技術容不容易做到）兩個方面評估某種產品或服務的賺錢機會。列出能解決某種問題的產品或服務有多大市場，某族群某問題需要解決的技術問題難易度。市場規模分為5級（1為少數人需要並願意付錢，5為全世界都需要並願意付錢）、技術門檻分為5級（1為很難做出，你要有類似台積電等高科技公司的研發技術才能做出這個新產品，5為很容易做出，甚至很容易找到幫你代工的廠商，你下個訂單就能拿到產品），再來則可計算等級分數（「∑得分」為市場規模、技術門檻兩者相乘），算出之分數可與其他族群之問題做比較排序。

### 表 2.6 商品化機會（市場、技術）選擇問題表格

| 項目編號 | 顧客問題 | 需要解決的（技術）問題、痛點 | 市場規模（少數人1～5 全世界） | 技術門檻（很難做1～5 很容易做） | ∑得分 | 排序 |
|---|---|---|---|---|---|---|
| 1 | 〔某群組〕在〔某不利條件〕情況下想要滿足〔心理需求〕〔生理需求〕 | 做（設計）出具有滿足〔生、心理需求〕的裝置（方案） | | | | |
| 2 | | | | | | |

表 2.6　商品化機會（市場、技術）選擇問題表格（續）

| 項目編號 | 顧客問題 | 需要解決的（技術）問題、痛點 | 市場規模（少數人1～5 全世界） | 技術門檻（很難做 1～5 很容易做） | Σ得分 | 排序 |
|---|---|---|---|---|---|---|
| 3 | | | | | | |
| 4 | | | | | | |

表 2.7　商品化機會（市場、技術）選擇問題表舉例

| 項目編號 | 顧客問題 | 需要解決的（技術）問題、痛點 | 市場規模（少數人1～5全世界） | 技術門檻（很難做 1～5 很容易做） | Σ得分 | 排序 |
|---|---|---|---|---|---|---|
| 1 | 〔叫外送便當的人〕在〔天冷情況〕情況下想要溫暖的〔吃到熱騰騰的飯〕 | 做出維持食物溫度的裝置 | 4 | 4 | 16 | 2* |
| 2 | 〔到餐廳吃飯的人〕在〔帶著幼兒〕情況下想要愉悅的〔用餐〕 | 做出方便使用的兒童座椅 | 3 | 3 | 9 | 3 |

表 2.7　商品化機會（市場、技術）選擇問題表舉例（續）

| 項目編號 | 顧客問題 | 需要解決的（技術）問題、痛點 | 市場規模（少數人1～5全世界） | 技術門檻（很難做1～5很容易做） | Σ得分 | 排序 |
|---|---|---|---|---|---|---|
| 3 | 〔喝咖啡的人〕在〔西雅圖〕想要〔喝到義大利拿鐵咖啡〕 | 學習做出拿鐵咖啡 | 5 | 5 | 25 | 1* |
| 4 | 〔盲人〕在〔看不見〕情況下想要〔知道食物溫度〕 | 做出盲人用量食物溫度的裝置 | 1 | 2 | 2 | 4 |

這裡說明表 2.7 內容：

編號 1 是評估如果「做出維持食物溫度的裝置」未來成為商品之機會如何。假設你評估維持食物溫度裝置的市場規模為 4（冬天需要叫便當人口占總人口的比例很高，吃飯是大家都需要的），技術門檻為 4（設計製造維持食物溫度裝置很容易，為低等技術需求），則可計算成為商品機會之等級分數（市場規模 4、技術門檻 4 兩者相乘得到 16），算出之分數可與後面編號 2-4 之其他族群之問題做比較排序。

編號 2 是評估如果「做出方便使用的兒童座椅」未來成為商品之機會如何。

假設你評估方便使用的兒童座椅的市場規模為 3（父母、祖父母都可能帶幼兒到餐廳吃飯，父母、祖父母占總人口的比例中等），技

術門檻爲 3（設計製造方便使用的兒童座椅不是很難也不是很容易，爲中等技術需求），則可計算成爲商品機會之等級分數（市場規模 3、技術門檻 3 兩者相乘得到 9），算出之分數可與前面編號 1，後面編號 3-4 之其他族群之問題做比較排序。

編號 3 是評估如果「學習做出拿鐵咖啡」未來拿鐵咖啡成爲商品之機會如何。假設你評估喝拿鐵咖啡的市場規模爲 5（人人都可能每天來喝一杯，歐洲、亞洲、美洲都會有人喜歡喝），技術門檻爲 5（學習做出拿鐵咖啡很容易，去研習兩週就能沖泡出美味、美觀的拿鐵咖啡），則可計算成爲商品機會之等級分數（市場規模 5、技術門檻 5 兩者相乘得到 25），算出之分數可與前面編號 1-2，後面編號 4 之其他族群之問題做比較排序。

編號 4 是評估如果「做出盲人用量食物溫度的裝置」未來成爲商品之機會如何。假設你評估盲人用量食物溫度裝置的市場規模爲 1（盲人占總人口的比例極低，可能只有 5%），技術門檻爲 2（設計製造幫盲人用量食物溫度裝置很難，爲高等技術需求），則可計算成爲商品機會之等級分數（市場規模 1、技術門檻 2 兩者相乘得到 2），算出之分數可與前面編號 1～3 之其他族群之問題做比較排序。

排序結果第一名爲「學習做出拿鐵咖啡」如果開發這拿鐵咖啡產品來賣，應該會有許多人會常來買去喝，成爲商品機會最大，目前看來星巴克、85℃、統一超商等許多商店都有賣拿鐵咖啡，拿鐵咖啡應該是很受歡迎的商品。

排序結果第二名爲「做出維持食物溫度的裝置」如果研發人員能開發出多天維持便當內食物溫度的裝置（便當盒等），應該會有人願

意多付點錢在冬天吃到熱騰騰的便當。

　　排序的結果，表 2.7 商品化機會（市場、技術）選擇問題表與表 2.5 痛苦等級（重要、頻率、痛點）評估問題表的排序結果是不同的。如果是這樣可以優先依照表 2.7 的排序來選擇所要開發的商品。可以說表 2.5 選出來的是「叫好」的商品，表 2.7 選出來的是「叫座」的商品。例如：「學習做出拿鐵咖啡」是「叫座不叫好」的商品，「做出盲人用量食物溫度的裝置」是「叫好不叫座」的商品。

## 2.3 創新問題情境問卷

　　有具體問題需要創新改良，創新會比較有焦點，這方面 TRIZ 有一個工具可以使用：創新問題情境問卷是英文 Innovation Situation Questionnaire 的翻譯，英文簡寫為 ISQ。它是 TRIZ 理論為幫助創新者了解欲創新改良之對象與情境，所提出的各種問題與資訊，創新者在回答上面各種問題時，可對問題有更清晰的認識，並可能因此產生新的想法或方案。

### 2.3.1 問卷的組成

　　創新問題情境問卷是一個表格，表格中依序要創新者思考下列 6 個問題，並盡量描述出來：

　　1. 描述目前需要的創新情況。

　　2. a. 這情況裏有哪些東西（情境組件），b. 描述一個需要改進

的東西當系統（待改進組件）。要選的待改組件，限於你能改變的部分，如果選了你不能改變的組件（例如：你沒有對改變組件有決定權、影響力、改變技術等），即使想出改變設計或方案，也難以執行。

3. 描述一個 a.關鍵問題及 b.改進的目標。

4. 列出評估未來產生解決方案之標準（5-10 項評估標準）。

5. 描述是否有已知解決方案來解決此問題／挑戰？如果有，適用性如何？若不適合說明為何不適合。

6. 描述是否有自己提出任何改進的新點子？如果有，適用性如何？若不適合說明為何不適合。

其中，改進的目標、評估未來產生解決方案之標準的清單，最後將用來評估所產生新的想法或方案。

問卷 6 個部分組成如表 2.8 之工作表格，讓創新者逐步思考問題與初步解答。

### 表 2.8　創新問題情境問卷工作表格

| 問題 | 回答 |
|---|---|
| 1. 請自由描述目前需要的創新情況：（ex. 某種情況下，某種設備、物品的使用，產生某種缺點、困擾或不夠滿意） | |
| 2. a 在 1 這情況裏有哪些東西（情境組件）<br>b 描述 a 之中一個需要、想要改進的系統（待改進組件）〔限於你能改變的部分〕 | |

表 2.8　創新問題情境問卷工作表格（續）

| 問題 | 回答 |
|---|---|
| 3. 描述 1 之中一個 a 關鍵問題及 b 改進的目標（通常關鍵問題是達成改進目標的問題／挑戰） | |
| 4. 列出評估未來產生解決方案之標準（用什麼項目判斷是否達成改進目標之需要，解決所遭遇問題）。5-10 項評估標準。越具體越好。 | |
| 5. 是否有已知其他領域／行業解決此類問題／挑戰之解決方案？如果有，列出來並且每項具體說明是否適用於你的情況？若不適合為何不適用？ | |
| 6. 是否有自己提出任何改進的新點子？如果有，描述已想到的點子：針對每個點子具體說明是否適用於你的情況。 | |

## 2.3.2 問卷的運用案例

　　創新者為什麼要創新一定有一個動機，你對什麼事情不滿意，創新問題情境問卷就等於是將你的不滿意用某一個格式去描述出來。這個描述方式比較能幫助你創新。創新問題情境問卷格式的樣子，在這邊舉一個某一新竹市餐飲業者外送便當的問題為運用案例。這個案例

是延續表 2.3、表 2.5、表 2.7 而來，當初此餐飲業者從表 2.7 中要選擇時，覺得排序 1 的做拿鐵咖啡雖然有商機，但要再增加賣拿鐵咖啡預算、人手、場地，目前難以支應，因此選排序第 2 之做保溫便當設計當做進一步創新的方向。

表 2.9　外送便當創新問題情境問卷工作表舉例

| 問題 | 回答 |
|---|---|
| 1. 請自由描述目前需要的創新情況：〔ex. 某種情況下，某種設備、物品的使用，產生某種缺點、困擾或不夠滿意〕 | 天氣冷時便當外送過程容易冷掉，外送便當數量大時，便當盒容易壓扁，帆布袋容易損壞。 |
| 2. a 這情況裏有哪些東西，b 描述一個需要改進的東西當系統（產品）〔限於你能改變的部分〕（ex. 你設計新的高鐵訂票系統，但是你執行的可能性很低）〕 | 2a. 情境組件：便當盒、外送帆布袋、食物、機車、送餐人員。<br>2b. 待改進組件：外送帆布袋。 |
| 3. 描述一個 a 關鍵問題及 b 改進的目標〔通常關鍵問題是達成改進目標的問題／挑戰〕 | 3a(a) 食物不保溫：天氣冷時便當外送過程容易冷掉。<br>3b(a) 希望便當的保溫效果更好。<br>3a(b) 便當盒易變形：外送量大時，便當盒容易壓扁。<br>3b(b) 希望運送時，便當保持外觀的完整性。<br>3a(c) 帆布袋損壞：載重時，稍微碰撞即從車縫線裂開。<br>3b(c) 希望帆布袋耐用。 |

表 2.9　外送便當創新問題情境問卷工作表舉例（續）

| 問題 | 回答 |
|---|---|
| 4. 列出評估未來產生解決方案之標準（5-10 項評估標準）。越具體越好。 | 4a. 便當保溫效果要好，1 小時不冷掉（食物高於 36℃）。（#1 袋保溫）<br>4b. 便當能保持外觀的完整性。（#2 袋保護）<br>4c. 運送之容器不能過於龐大及過重，帆布袋長 76cm，寬 42cm，高 40cm，8Kg（含內襯木板）。（#3 袋尺寸）<br>4d. 每個外送帆布袋改良成本不宜過高，2000 元以內。（#4 袋成本）<br>4e. 堅固，不會因稍碰撞就整個車縫線裂開。（#5 袋損壞）<br>4f. 承載的內部空間要夠大，但外部體積不宜過大。（#3 袋尺寸） |
| 5. 是否有已知其他領域／行業解決此類問題／挑戰之解決方案？（ex. 查 Google、淘寶網或專利資料庫保溫產品）如果有，列出來並且每項具體說明是否適用於你的情況？若不適合為何不適用？ | 5a. 有飯店用保溫箱運送食物，但外部體積大，內部空間小。（#1 袋保溫、#3 袋尺寸）<br>5b. 有 Pizza 用電熱器運送，但便當重量多，電熱器成本高且耗材增加。（#1 袋保溫、#4 袋成本）<br>5c. 有 Pizza 用保溫袋運送，但便當重量多，保溫袋成本高。（1 袋保溫、#4 袋成本） |
| 6. 是否有自己提出任何新的（自己的設計：構造、材質、使用方式與查得到的設計有明顯不同才是創新）改進點子嗎？如果有，描述已想到的點子；針對每個點子具體說明是否適用於你的情況（點子滿意嗎？若不滿意，針對每個點子具體說明為何它不適用於你的情況）。 | 6a. 在現有的外送帆布袋內裡加薄的硬保麗龍板。（#1 袋保溫、#2 袋保護、#3 袋尺寸、#4 袋成本）<br>6b. 車縫線的地方再加強，外包帆布再車過。（#5 袋損壞）<br><br>\*\*\*點子滿意 |

步驟 1

　　首先描述一下你需要創新的情況，在括號下，寫出在某種情況下、某種設備、物品的使用、產生的缺點、困擾或不夠滿意。在這裡林永禎教授有個學生他提出一個問題，他（指學生，後面都是）是旅館管理系畢業的，家裡是開便當店，他遇到問題是，天氣冷時外送的便當容易冷掉，而且當外送便當的數量變多時，下層的便當容易被上層的便當壓扁壓壞，飯菜容易跑出來。在運送的過程中帆布袋的線容易碰到外界的東西，接觸到後容易裂開，導致便當會掉在路上。所以這是他在外送便當時所遇到的問題。

步驟 2

　　再來的話分 2a, 2b 兩個部分，2a 看看在步驟 1 這情況裡面呢有哪些相關牽涉到的東西？2b 在相關東西中描述一個你想要改進的東西？在這以系統這個名詞，運用在系統創新裡，指的是產品或設備。中括號裡寫的「限於你能改變的部分」，意思是如果你設計的東西是你無法去做改變的，那麼你設計完成後是無法執行的，這在後面括號中舉例來說明，例如你覺得高鐵訂票系統有些不夠理想之處，於是你設計一個新的高鐵訂票系統。當你設計完成後，你設計的高鐵訂票系統應該是只有你自己欣賞而已，因為高鐵公司會採用你的設計可能性很低。

步驟 3

　　分 3a, 3b 兩個部分，3a 是描述一個關鍵問題，3b 是改進的目標。在這裡，他想要改進一個帆布袋，所以就描述它：這個帆布袋的問題是什麼？

　　第 1 個關鍵問題 3a(a) 是因為帆布袋它的保溫效果不好，天氣冷時如果送出去的距離比較遠的話便當會冷掉。

　　第 2 個關鍵問題 3a(b) 是，當便當量大時，放在帆布袋裡面的便當容易變形及壓到，因此希望帆布袋對這件事有幫助。

　　第 3 個關鍵問題 3a(c) 是，帆布袋容易損壞，載重時，稍微碰撞一下會造成車縫線容易裂開。

　　第 1 個改進目標 3b(a) 是，希望便當的保溫效果更好。因為天氣冷時便當容易冷掉。

　　第 2 個改進目標 3b(b) 是，希望便當保持外觀的完整性，因為放在帆布袋下面的便當容易變形及壓到。

　　第 3 個改進目標 3b(c) 是，希望帆布袋耐用，因為帆布袋容易損壞。

## 步驟 4

　　列出評估未來產生解決方案之標準（需要達到的主要需求跟條件）。

　　第 1 個 4a. 是，便當的保溫效果要好，但保溫效果好這個是形容詞，所以形容詞若有數據的話會更好，例如一小時不冷掉。「不冷掉」是形容詞不具體，每個人對不冷掉可能標準都不同。要達到大家容易判斷是否「不冷掉」，可以用量測便當中食物的溫度來做標準，例如人體的體溫大約 36 度，若食物的溫度高於 36 度，吃的人就不會覺得冷，提出 36 度這個數據是有一個具體數據可以參考。所以不冷掉就是便當內食物的溫度高於 36 度。在數據方面用經過一小時時間的溫度看合不合理？若認為叫便當要送一個小時不合理，可以改成較

合理的半小時。研究者利用把具體數據寫出來，就容易看得出來它合不合理。

第 2 個 4b. 是，要能保持便當外觀的完整性，就是沒有明顯的形狀的變化。

第 3 個 4c. 是，就是運送的容器不能過於龐大及過重，具體的話，指的是帆布袋的長度、寬度、高度及重量，這個重量包括它裡面的襯木。

第 4 個 4d 是，提出這個問題的人他不希望改良的成本太貴，那麼太貴是多少呢？他有一個標準，就是不要超過 2,000 元。至少在初估一個改良方案估一估不要超過 2,000 元。

第 5 個 4e. 是，就是要堅固，堅固的定義就是不要一碰撞就整個帆布袋裂開。

第 6 個 4f. 是，就是空間要大，但是外面不要太大，裡面空間要大能裝比較多便當，但外面體積大的話就容易被別的東西碰撞。

所以初步列評估標準的時候，至少列 5-10 條，如果列更多條會覺得有太多東西要注意；列太少條可能會漏掉一些重要考慮事項。

### 步驟 5

想要看看是否已經有解決方案來解決這個問題，可運用 Google 查詢，去淘寶網或專利資料庫去查保溫產品，看看有沒有可以用的方案？或者觀察、詢問同行，你是外送便當，像是外送食物的有什麼方案？像飯店、PIZZA 店是否要送食物給客人。把找到的方案列出來。

第 1 個找到的 5a. 是，在喜來登飯店是用保溫箱保溫食物。從廚房送到客房，從廚房經過一段距離送到客房，過程可能就要 20 分

鐘，所以房務員就用保溫箱推送食物，但是大飯店的保溫箱能拿來送便當嗎？創新者覺得不適合，因為那個保溫箱是在飯店內送餐的，它的設計是用推的，不是機動性的，比較適合室內。

第 2 個找到的 5b. 是，有 Pizza 店用電熱器運送，送 Pizza 的機動性跟這個案例很像，都是騎機車在送，但 Pizza 的數量少不會像送便當會送比較多個，電熱器的成本也比較高。由於便當的毛利不像 Pizza 的毛利那麼高，因為 Pizza 的毛利較高，所以它可用電熱器，但便當的毛利相對低，若用這個方案會造成成本太高。

第 3 個找到的 5c. 是，有 Pizza 用保溫袋運送，但保溫袋的成本也比較高。由於便當的毛利相對低，若用這個方案會造成成本太高。

在這個步驟創新者可以查詢 Google 網頁、淘寶網或專利資料庫，查看目前有沒有解決類似「保溫產品」問題的方案，創新者可以參考查詢到的方案，修改成符合自己問題需要的解決方案。

### 步驟 6

是否有提出任何新的改進點子？所謂新的就是說自己所設計的構造、材質、使用方式跟所查到的別人的設計有明顯的不同。因為有人會去找一個別人所做的方式來解決他的問題，這樣的話是有可能解決問題的，如果你查到別人的設計，那就歸到第五項。比如說 Pizza 店的電熱器成本付擔的起，那就可以用來拿來外送你的便當。雖然這樣可以解決你的問題，但那就不是新的，那是別人用過的方法。

第六步，自己是否有提出任何新的改良的點子，如果有的話這個點子是什麼樣子？這個點子滿意嗎？如果不滿意的話？為什麼不滿意？所以第六欄右邊，第 1 個點子 6a，創新者想到他的方式是在現

有的外送帆布袋裡面增加薄的硬的保麗龍板，這樣的話能讓便當彼此碰撞到的力量比較小。

　　第 2 個點子 6b，創新者想到，帆布袋車縫線在碰撞的時候容易裂開，於是就採事先預防的方法，那就是在還沒有裂開之前，另外再加縫兩三次車縫線，因為帆布袋車線的地方容易裂開，所以在車線的地方先加縫了。

　　在這裡，創新者對自己的點子很滿意，所以這個問題就在這裡告一個段落。如果不滿意呢？我們就會增加後面要教的發明原理、技術矛盾與技術參數、物理矛盾與分離策略來分析問題，產生新的解答。

圖 2.4　現有最常用的外送帆布袋外送便當照片

# 2.4 產品操作問題情境分析

　　解決一個產品的問題，要了解這個產品在實際使用中，所發生問題的細節，才能對症下藥，不會整體問題混雜在一起，不知道從何下手。「產品操作問題情境分析」是作者從英文 Operations Scenario Analysis / Operations Situation Analysis 翻譯而來，英文簡寫為 OSA。這個工具是藉由逐步思考表格上的問題，幫助創新者分析問題資訊細節，引導向問題需求，最後產生創意設計。

## 2.4.1 問題分析的組成

　　「產品操作問題情境分析」這個工具是藉由觀察、描述一個產品（設備）在實際使用中，所發生問題的細節〔問題情境、人、事、時（時段或情況）、地、物〕來找出各種問題的發生點（問題點），再將問題點拆解為問題細項（子問題）來進行分析，考量各問題細項使用上之問題需求（子需求），產生各問題需求之解決問題方向（子解答），最後再整合各子解答成為整體解答（總解答）。

　　例如：餐廳兒童椅使用產生許多不方便的情況，「產品操作問題情境分析」描述為：1 問題情境（餐廳顧客兒童椅使用不便）、2 人（服務生、餐廳顧客大人與兒童）、3 事（兒童椅使用不便）、4 時／情況（用餐時間、有兒童時）、5 地（飯店餐廳用餐區）、6 物（兒童椅）、7 問題點（椅子：①非常重，②兒童易從椅子溜下不安全，③非常占空間）、8 問題需求（椅子：①減重，②增加固定性，③減少占空間）、9 想到的點子（椅子：①輕材料，②增加安全帶，③骨

架可折疊）。

「產品操作問題情境分析」有9個問題，可分為5個階段來描述：

1. 主題名稱（命名）：一個簡潔有力、簡單明瞭的名稱，可以讓人很容易抓到問題的重點，容易記憶。例如：餐廳顧客兒童椅使用不便。

2. 操作實況描述：描述問題情境使問題的細節更加清楚，這裡以人、事、時（情況）、地、物5個面向來描述。例如：人員有服務生、餐廳顧客大人與兒童，事件為兒童椅使用不便，時／情況是用餐時間、有兒童時，地點為飯店之餐廳，物件是兒童椅。

3. 發現之問題點：具體的問題發生在哪一點（情況）？問題發生點越具體的越好，可以用功能式〔SVO（Subject-Verb-Object）主詞、動詞、受詞〕或狀態式〔名詞、形容詞 NA（Noun-Adjective）〕的描述方式。例如：因為兒童容易從椅子掉下，所以兒童（名詞）在椅子上之固定性不足（形容詞）。

4. 問題之需求點：所發現問題有什麼需求？亦即這個問題情況需要什麼功能？可以想像在前一階段所發現的問題，相反的情況是什麼樣子。例如：增加（動詞）兒童（名詞）在椅子上固定性（形容詞）。

5. 產生之解答：產生能滿足前述需求的解決問題方向、方案。例如：在椅子上增加能固定兒童的配件安全帶。

前述解決一個產品的問題，要了解這個產品在實際使用中，所發生問題的細節，才能對症下藥，不會整體問題混雜在一起，不知道從何下手，而很多人不容易掌握問題的細節，漏掉細節就大為降低解決問題效率。掌握問題的細節在這個方法是使用表格來幫助思考，表格

有 9 個問題，前面 7 個聚焦在找出問題點如表 2.10，後面 2 個聚焦在從問題點產生創意表 2.11。所以表格最好先寫前 7 個，再寫後 2 個。

表 2.10　產品操作情境分析求解表格（前 7 個）

| 項目／案號 | a | b | c | d |
|---|---|---|---|---|
| 1 問題情境 | | | | |
| 2 人 | | | | |
| 3 事 | | | | |
| 4 時（情況） | | | | |
| 5 地 | | | | |
| 6 物 | | | | |
| 7 問題點 | | | | |

　　一般人習慣看到問題後太快跳到想答案，這樣產生的答案通常比較是直覺式的、經驗式的，創新的程度不高，解決問題的效果不佳。如果問題點分析越詳細，越完整；解答也越詳細，越完整，解決問題的效果也越好。在寫第 7 項問題點時要注意：問題點拆開寫、不遺漏、不重疊的原則。問題點拆開寫的方式，例如：寫「①椅子非常重，②兒童易從椅子掉下不安全」，不要寫「椅子非常重又容易跌下來不安全」。不遺漏，例如：兒童椅種種不便共有 3 個「①椅子非常重，②兒童易從椅子掉下不安全，③非常占空間」問題，就不要漏寫 1 個，若漏寫了，後面產生的解答會無法完全解決問題。不重疊，例如：兒童椅種種不便共有 3 個「①椅子非常重，②兒童易從椅子掉下不安全，③非常占空間」問題，這 3 個笨重、不安全、占空間是完全沒有交集的。

表 2.11　　產品操作情境分析求解表格（後 3 個）

| 項目／案號 | a | b | c | d |
|---|---|---|---|---|
| 7 問題點 | | | | |
| 8 問題需求 | | | | |
| 9 想到的點子 | | | | |

從第 7 項問題點思考第 8 項問題需求時，可以從問題的反面來想，例如：問題點是「①椅子非常重，②兒童容易從椅子掉下不安全」，「很重」的需要是「減重」，「容易從椅子掉下」需要「避免掉下來」，也就是「增加固定性」。

從第 8 項問題需求思考第 9 項想到的點子時，可以從達到需求的配件、做法來想，例如：問題需求是「減重」，可以達到「減重」需求的配件、做法有「使用輕材料」，像是發泡金屬、實心骨架變爲空心、厚重木頭改爲塑膠材料等。問題需求是「增加固定性」可以達到「增加固定性」需求的配件、做法有「椅子增加類似汽車安全帶固定幼童」，「椅子增加類似雲霄飛車椅子的固定桿固定幼童」等。寫時要注意：一個問題需求不一定只有一個可以達到需求的配件、做法，像是「使用輕材料」、「增加固定性」不止一個可以達到需求的做法。

## 2.4.2 問題分析表的運用案例

前述表格以 4 個案例來舉例說明運用的內容，分別是林永禎教授的輔導學生在餐廳實習時遭遇之問題：餐廳顧客兒童椅種種不便；在五星級飯店實習時遭遇飯店送餐到客房時食物冷掉、提保溫箱手很

酸；在五星級飯店實習時遭遇房客加床時操作不便；在五星級飯店餐廳實習時遭遇餐廳客數太大、餐具洗好來不及擦拭。

表 2.12 產品操作情境分析求解表舉例（前 7 個）

| 項目／案號 | a | b | c | d |
|---|---|---|---|---|
| 1 問題情境 | 餐廳顧客兒童椅種種不便 | 飯店送餐到客房時食物冷掉、服務員提保溫箱手很酸 | 飯店房客加床時操作不便 | 餐廳客數太大，餐具洗好來不及擦拭 |
| 2 人 | 服務生、餐廳顧客大人兒童 | 服務人員、房客 | 房務人員、房客 | 服務生、顧客 |
| 3 事 | 兒童椅使用不便 | 送到客房食物冷掉 | 床不夠容納客人數 | 餐具不夠使用 |
| 4 時（情況） | 用餐時間、有兒童時 | 送餐到客房過程時間 | 客人需要加床時 | 用餐客人數量太多時 |
| 5 地 | 餐廳用餐區 | 廚房、走道、客房 | 倉庫、走道、客房內 | 洗餐具處 |
| 6 物 | 兒童椅 | 食物、保溫箱 | 床 | 餐具 |
| 7 問題點 | 椅子 1. 非常重，2. 兒童易從椅子溜下不安全，3. 非常占空間 | 1. 手需一直提保溫箱手很費力，2. 保溫箱占空間以及 3. 保溫箱保溫效果不足 | 1. 所加之床重，2. 路程遠移動不便，3. 塑膠輪老舊磨損嚴重 | 餐具數量太大洗好後來不及擦拭 |

表 2.12 填寫了「產品操作問題情境分析」前 7 個問題，也就是前 3 個階段，分析情境聚焦問題的階段，這階段透過對細節的掌握，打下解決問題的基礎，這階段做的越好，下一階段會做的越順利，效果越好。

表 2.13　產品操作情境分析求解表舉例（後 3 個）

| 項目／案號 | a | b | c | d |
|---|---|---|---|---|
| 7 問題點 | 椅子 1. 非常重，2. 兒童易從椅子溜下不安全，3. 非常占空間 | 1. 手需一直提保溫箱手很費力，2. 保溫箱占空間以及 3. 保溫箱保溫效果不足 | 1. 所加之床重，2. 路程遠移動不便，3. 塑膠輪老舊磨損嚴重 | 餐具數量太大洗好後來不及擦拭 |
| 8 問題需求 | 椅子 1. 減重，2. 增加固定性，3. 減少占空間 | 1. 不需一直用手提，2. 減少占空間以及 3. 增加保溫效果 | 1. 減少床重，2. 路程縮短，3. 輪子更堅固 | 大量快速擦拭洗好餐具 |
| 9 想到的點子 | 椅子 1. 使用輕材料，2. 增加安全帶，3. 骨架可折疊 | 1. 保溫箱箱體增加支架輪子，2. 箱體可伸縮以及 3. 增加加熱電阻線圈 | 1. 床使用輕材料，2. 加床預先放房內，3. 輪子改金屬 | 用儀器自動擦拭洗好餐具 |

表 2.13 填寫了「產品操作問題情境分析」後 3 個問題，也就是後 3 個階段，從問題點的反面思考需求，從需求思考做法，產生創新

點子方案。

　　由於表格內文字是精簡的、片段的，最後宜用整段文字來描述使讀者更了解。接下來這裡作者林教授依據實習學生說明問題與整合產生新點子過程，來說明表 2.12，表 2.13 的內容：每個案例分三段重點描述：(1) 你在什麼地方遇到什麼問題？(2) 這些問題讓你有什麼發明構想？(3) 這樣的構想讓你解決了什麼問題？

### 編號 a 餐廳顧客兒童椅種種不便

　　**a1.** 你在什麼部門遇到什麼樣的問題？

　　在餐飲部門常遇到的問題，大多都是小家庭來用餐時需要兒童座椅的服務。但兒童座椅老舊、笨重又占空間、搬動時也不方便，小朋友也容易從椅子上掉下來不安全。餐廳兒童座椅準備的數量也是有限的，假如當天來客人數較多，兒童座椅準備的不足夠，就會產生兒童座椅供應不足的現象，這樣常常導致有些來用餐沒有兒童座椅可使用的家長，需要一直抱著小朋友或者是一直照顧小朋友，讓他們無法愉悅的用餐。這樣的問題多多少少都會影響到客人的用餐情緒。

　　**a2.** 這些問題讓你有什麼發明構想？

　　因為兒童座椅笨重不好搬動、占空間又固定性不佳，所以需要 (1) 減少重量，(2) 減少占空間，(3) 增加固定性。所以這個問題讓我想要發明（有技術手段的做法）(1) 使用輕材料，(2) 骨架可折疊，(3) 增加安全帶、保護圍欄的兒童座椅。

　　**a3.** 這樣的構想讓你解決了什麼問題？

　　這個發明構想讓我解決兒童座椅前面所有提到的不方便地方。輕

便、不占空間又更安全，原本的問題都能夠解決。

## 編號 b 送餐到客房時食物冷掉

### b1. 你在什麼部門遇到什麼樣的問題？

現在遇到的問題是，當客房的客人點餐時，由廚房師傅出餐，而服務人員為了不要讓餐點冷掉，就必須準備保溫箱來保溫，而保溫箱笨重，用手提很費力，因此運送過程需要停下來休息，常常會花較久的時間。保溫箱尺寸是固定的，如果餐點不多，還是一樣要提一個大保溫箱相對很占位置。保溫箱使用久後保溫效果不佳，導致就算用了保溫箱，餐點還是會冷掉的可能。

### b2. 這些問題讓你有什麼發明構想？

針對這些問題點：(1) 保溫箱笨重，用手提很費力；(2) 保溫箱尺寸是固定的，如果餐點不多，還是一樣要提一個大保溫箱相對很占位置；(3) 保溫箱使用久後保溫效果不佳，就算用了保溫箱，餐點可能還是會冷掉。

所以需要：(1) 減少手需要出的力量，(2) 保溫箱尺寸不是固定的，(3) 增加保溫箱保溫效果。

所以這個問題讓我想到（有技術手段）的做法：(1) 保溫箱可以放置在餐車上來推動運送，或是保溫箱體下加裝支架、輪子方便直接推動保溫箱；(2) 保溫箱箱體可伸縮，採用可套疊的骨架，可伸縮的箱體材料；(3) 增加加熱電阻線圈於保溫箱內食物下方。

### b3. 這樣的構想讓你解決了什麼問題？

這構想可以造福每間飯店的客房餐飲部門，服務人員可以因為

運送保溫箱變爲輕便，不會餐點不多，還是一樣要提一個大保溫箱相對很占位置，做起事來也變得輕鬆許多。也不用因爲不小心讓餐點冷掉，造成客人不滿意，遭受客人抱怨。評估這組發明整體來說有解決前面所有提到的問題。

## 編號 c 客人需要加床時操作不便之報告

### c1. 遇到什麼問題，爲什麼要創新？

在房務部時常會遇到客人需要加床的時候，大部分飯店所加的床都非常重，備用床放在倉庫離客房很遠、床的輪子磨損不容易推動，運送所加的床很費時。加床時除了整張單人床外，還要同時拿小被、被套、枕頭、枕套等等，對於房務工作只有一人單獨行動來說相當困難，當客人一退房時又要開始一連串後續動作，包括拆髒床單、撤床、洗滌等等。此外當住房率因團體客而飆高時，加床組的數量根本供不應求，非常的麻煩，甚至還有過加床不足需要跟鄰近飯店借用加床組，互相支援的情況！加床已經夠累了，卻還是會遭到顧客客訴，例如：加床速度太慢過很久才能用，床不好睡，藥劑使皮膚過敏等等，急需改善及創新。

### c2. 這些問題讓你有什麼發明構想 ？

經過思考可朝三大方向做改變及創新

(1)塑膠輪子的部分如果因折舊變得毀損，可尋找耐用的金屬材質，或者是在地毯上不會難推的材質來進行代替改造輪子。

(2)占空間的問題又可分摺疊收納與收納進房間牆中、天花板、櫥櫃、地面裡等等，材質部分也要盡量選擇輕盈耐損的。

**c3.** 這樣的構想讓你解決了什麼問題？

改造輪子部分可以讓房務員在推的過程輕鬆很多，省力進而加快推的速度省時。

要加的床收納在客房內根本連勞力與時間都可節省下來，等房務員到客房的時間拉開遮蔽物就可以使用，或客人直接就可自行操作，但前提是安全簡易好上手。

## 編號 d 餐廳客數量太大時。餐具洗好擦拭來不及

**d1.** 你在什麼部門遇到什麼樣的問題？

在餐飲部最常用到的就是餐具了，而服務生最怕遇到的，就是飯店房間客滿導致早餐來客數很多，而緊接著午餐的訂位也客滿，或者是連續兩場大型訂位的時候了。因為刀叉有限，一定是等顧客用完餐回收再洗過，再用擦拭布擦過，如果沒有擦拭的話，刀叉上面一定會有水痕，如果遇到客滿或是人力不足的時候，根本沒有時間可以擦刀叉，但是一定要減少一個人力去擦刀叉，在擺設餐具的時間或是服務一定多多少少會受到影響。

**d2.** 這些問題讓你有什麼發明構想？

因為主要是洗過的刀叉會有水痕，所以想要發明洗過卻沒有水痕的刀叉，或是一台專屬洗刀叉的機器，洗出來之後不會有水痕。

**d3.** 這樣的構想讓你解決了什麼問題？

如果發明了洗過不會有水痕的刀叉，或是洗刀叉之後不會有水痕的機器，這樣服務生就不需要再調動一個人力花時間在擦刀叉這上面，不僅現場的人力可以比較充足，而且翻場（換下一場用餐）的時

候也不會遇到刀叉不夠用的問題。

## 2.4.3 小結

本節以 4 個案例來說明產品操作情境分析的方法，4 個案例是民國 100 年林教授在明新科技大學旅館系時，實習學生針對所遭問題構思創意的過程，當時產生問題的物件，經過十年已經明顯不同（例如：兒童座椅已不再是實心木頭，容易摔下來），時代與設備不斷在進步，讀者只要設法想像問題情境，融入與掌握分析問題產生創意的過程，學會這方法，運用於自己所遭遇之問題，產生改善效果，即有達到學習目的。

**創新個案**

結合實境互動、體感偵測技術及雲端功能讓病患在家裡就可以做復健的龍骨王軟體開發公司。

復健是某些人生活的日常，這過程中對復健的人有許多不方便、麻煩、痛苦，容易讓人放棄持續復健的念頭。龍骨王軟體開發公司創辦人陳誌睿過去曾選擇前往美國往矽谷沉澱，尋找新的成長動能。在美國的一年時間，讓陳誌睿更深刻地體會，在技術能力大幅提升後，若能把原先極度複雜的問題，先拆解並在不同階段切入，問題就能更有效被解決。陳誌睿指出過去龍骨王主要重點放在「復健治療」，之後則逐漸轉往開發「評估」部分的產品。評估產品主要包括「步態分析」及「功能性評估」兩部分，

前者能分析出使用者步態的時間與空間參數，後者則以臨床常見的功能性評估指標和銀髮族體適能為標準，提供多面向的評估軟體。藉由數據化的評估方式不僅節省醫療機構與病患雙方的時間、提升效率，也能方便進行前後測，以提供後續追蹤之參考。而無論是復健或是評估軟體，測量結果量表皆會電子化，不須醫療人員，透過照護人員就能執行量表檢測。

「復健治療當然是病患不可或缺的一環，不過如果能更早就發現身體的異常，對病患、醫療人員，都能產生更大的效益。」陳誌睿進一步說明，雖然從「評估」部分切入，需要投注更多的資源、與醫院進行較長時間臨床研究及找尋更多數據資料調教 AI 模型，不過一旦完成，會形成較高技術競爭門檻，也會為公司帶來較高的價值，「從結果來看的話，只要賣出一個評估模組，就能抵二十個訓練模組。」會有這樣的轉變，不單因為出國接受新刺激而改變，陳誌睿說更多的原因，來自這些年創業過程裡，市場教會他的事情。他以前總是滿腦子想做顛覆性的事情，現在則是從市場已經存在的需求，找尋機會生存。

2016 年，龍骨王參加星展銀行舉辦的社會企業獎勵計畫，成為當年唯一獲獎台灣代表。2017 年，三軍總醫院運用龍骨王體感復健系統，獲得兩項 SNQ 國家品質標章。2018 年，1st well aging society summit 2018，在日本經產會登台發表龍骨王產品，是唯一受邀的台灣代表。2019 年，獲得第二十屆國家醫療品質獎（HQIC）標章。麻州加速器 MassChallenge 第 14 名。

資料來源：

許爲傑（2017）。「成功進軍新加坡！龍骨王陳誌睿：市場教會我更謙遜、別只是自幹」，數位時代 2019.05.28。https://www.bnext.com.tw/article/53423/meet-startup-longgood-rising-star

龍骨王公司網頁，https://www.longgood.com.tw/4，2021/5/24 上網

## 重點摘要

1. 在創新與創業的過程中，最開始要先找尋創新與創業的方向，了解如何評估創新與創業的需求，如果創業家所創企業的產品或服務社會上需要的人很少，那麼創業失敗的機會很大。

2. 李開復提到過，「創新固然重要，但有用的創新更重要」。他提出思考和實踐的五項創新準則爲：(1) 洞悉未來；(2) 打破陳規；(3) 追求簡約；(4) 以人爲本；(5) 承受風險。

3. 評估所遇到的問題與需求可使用下列三種分析表來進行：(1) 顧客情境列舉問題表：列出某族群在某種情況（時空環境）下，想要解決什麼問題（心理需求、生理問題）；(2) 痛苦等級（重要性、發生頻率、痛點）評估表：從重要性（事件發生時影響大小）、發生頻率（事件是否常發生）、如未被滿足時情緒大小（事件發生對當事人情緒影響大小）三個方面評估某個群組所遭遇問題對她們痛苦的程度。列出某族群某問題之重要性、發生頻率、如未被滿足時情緒大小，再來則可計算痛苦等級分數，算出之分數可與其他族群之問題做比較排序；(3) 以商品化機會（市場、技術）

選擇問題評估表：在進一步投入研發創新之前，能先初步評估一下市場規模、技術門檻，有助於增加未來做成商品之機會。

4. 有具體問題需要創新改良，創新會比較有焦點，創新問題情境問卷（Innovation Situation Questionnaire, ISQ），將你的不滿意與創新思考過程用某一個格式去描述 6 個問題出來。(1) 描述目前需要的創新情況；(2) 這情況裡有哪些東西，描述一個需要改進的東西當系統（待改進組件）；(3) 描述一個關鍵問題及改進的目標；(4) 列出評估未來產生解決方案之標準（5～10 項評估標準）；(5) 描述是否有已知解決方案來解決此問題／挑戰？如果有，適用性如何？(6) 描述是否有自己提出任何改進的新點子？如果有，適用性如何？

5. 解決一個產品的問題，要了解這個產品在實際使用中，所發生問題的細節，才能對症下藥，產品操作問題情境分析（Operations Scenario Analysis / Operations Situation Analysis）是引導向問題需求、最後產生創意設計的工具，可分為 5 個階段來描述：(1) 主題名稱（命名）：一個簡潔有力、簡單明瞭的名稱，可以讓人很容易抓到問題的重點；(2) 操作實況描述：描述問題情境使問題的細節更加清楚，這裡以人、事、時（情況）、地、物五個面向來描述；(3) 發現之問題點：具體的問題發生在哪一點？問題發生點越具體越好；(4) 問題之需求點：所發現問題有什麼需求？亦即這個問題情況需要什麼功能？可以想像在前一階段所發現的問題，相反的情況是什麼樣子；(5) 產生之解答：產生能滿足前述需求的解決問題方向、方案。

## 習題

### 一、基礎題

1. 本章教導哪幾個工具？這些工具可以怎麼組合在一起運用？

2. 在創新與創業的過程中，最開始要先決定什麼？

3. 李開復提出思考和實踐的五項創新準則是什麼？

4. 評估所遇到的問題與需求可使用哪三種分析表來進行？

5. 什麼是創新問題情境問卷？使用創新問題情境問卷有什麼好處？請簡述其 6 個問題。

6. 什麼是產品操作問題情境分析？它的五個階段是什麼？

### 二、進階題

1. 參考表 2.1 五項創新準則格式做表，其中「舉例」部分舉自己找的例子。

2. 模仿表 2.5 顧客痛苦等級（重要、頻率、痛點）評估問題表做表，請用自己找的例子做表。

3. 模仿表 2.7 商品化機會（市場、技術）選擇問題表做表，請用自己找的例子做表。

4. 將你日常生活中的一個具體問題用表 2.8 創新問題情境問卷工作表格的格式描述出來，可參考表 2.9 案例。

5. 將你日常生活中的 2 個具體問題用表 2.12、表 2.13 產品操作情境分析求解表的格式描述出來。

## 參考文獻

1. 市場先生（2019）。「新創公司 5 年內存活率只有 1% 創業真的很危險嗎？」，天下雜誌 https://www.cw.com.tw/article/5095239?template=transformers

2. 李開復（2016a）。「如何做最好的創新？」。數位時代 https://www.bnext.com.tw/article/38390/BN-2016-01-04-172007-178

3. 李開復（2016b）。「做最好的自己」（二版）。聯經出版公司。

# 第三章　設計思考

劉基欽

## 學習目標

1. 強化「以人為本」的創新思維
2. 學習解決「以人為中心」的問題分析與解決思維
3. 強化「洞察顧客需求」的能力
4. 強化「提出解決方案」的能力

## 本章架構

　　本章架構將以「設計思考五大步驟」為主，除第一節設計思考概論外，其他節則依照設計思考五大步驟依序展開說明。

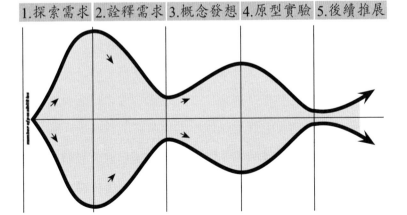

圖 3.1　設計思考五大步驟

資料來源：Design Thinking for Educators 2nd Edition

## 問題個案

　　根據「世界素食人口報告」指出，台灣素食人口突破 300 萬人，占總人口 13%，世界排名第 2，而且素食族群不斷成長，不同於過往因宗教信仰茹素，現在以健康為訴求的蔬食飲食，成為當道的新寵兒。然而，對於部分的素食者來說，在實體的零售賣場選購素食商品的購物體驗通常都不太好，常常會有找不到需要的素食商品，或者是商品標識不清，無法確認是否可以吃的問題。

　　然而，許多的實體零售賣場皆有類似的問題，本章以台灣 Costco 為主要探討個案。Costco 於 1997 年進軍台灣，在 2021 年台灣約有 230 萬位會員、14 家分店，年營收約 800 多億新台幣。而 Costco 是以「商品」為中心的經營策略，提供高性價比的商品給顧客，規定商品毛利不得高過 14%，同時 Costco 也努力經營會員，近年的會員續卡率達到 90%。

　　近年 Costco 的營收及各項經營指標表現亮眼，而在蔬食風潮之下，Costco 的素食會員也愈來愈多，然而，許多素食會員反應賣場中商品敘述與標示資訊沒有一致性、需要逐層過濾才能找到需要的素食商品，對購物「尋寶」樂趣大打折扣等等問題，讓素食會員的整體購物體驗不是很好。因此，本章會介紹如何運用「設計思考」改善 Costco 素食商品購物體驗不佳的問題。

# 3.1 設計思考概論

## 3.1.1 什麼是設計思考

設計思考是由美國 IDEO 設計顧問公司所提出。IDEO CEO Tim Brown 在《哈佛商業評論》提出的定義是「設計思考是以人為本的設計精神與方法，考慮人的需求、行為，也考量科技或商業的可行性」。

圖 3.2　設計思考考慮三面向

## 3.1.2 設計思考與邏輯思考的不同之處

邏輯思考是縝密有步驟的，而且階段清晰，適合用來解決定義清楚的問題，流程如下圖所示。像肥胖就是可以明確定義的問題，舉例來說，小李現在體重 80kg 比理想體重多了 15kg，這問題定義背後

說明人物、時間及發生的問題點，並點明現況與目標，接著可分析原因，然後規劃並執行解決方案。

圖 3.3　邏輯思考流程示意圖

　　設計思考則強調探索未知，打破既定框架，並且不斷透過原型製作與測試，適合解決複雜困難的問題，流程就像下圖所示。

圖 3.4　設計思考流程示意圖

### 3.1.3 設計思考四大特色

　　設計思考有以人為中心、強調合作、創意發想與動手做等四大特色，分別說明如下：

### 1. 以人為中心

　　設計思考以人為中心，透過不同的方法，同理與了解人們的痛點、需求與行為，藉此設計更貼近人們所需求的產品與服務。以下圖

為例，原本在便利商店的悠遊卡讀卡機都是持平擺放，但是便利商店經常發現顧客會忘了拿走悠遊卡後（痛點、行為），便將悠遊卡讀卡機改成傾斜擺放，如此一來顧客便會記得要拿走悠遊卡，因為悠遊卡讀卡機傾斜擺放後，顧客在刷悠遊卡付費時，手必須一直扶著悠遊卡，付費完後便會記得順手將悠遊卡拿走，這就是考慮了人們的結帳行為後所做的改變，就是以人為中心的概念。

圖 3.5　便利商店悠遊卡讀卡機

## 2. 強調合作

設計思考強調透過不同專長的團隊成員或公司內跨部門的合作，借重大家不同的經驗與專長，在看待問題與創意激發上，能有不同的觀點與想法，也更容易激發更多創意的點子。

在某次設計思考的專案中，我們預計要設計出「互聯網冰箱」，在團隊成員的組成上，我們刻意選擇不同部門的人員參與專案，例：

業務、行銷、採購與供應鏈管理、技術與財務人員等。

## 3. 創意發想

設計思考會運用一些不同的創意思考工具，例如：心智圖、奔馳法（SCAMPER）或 635 腦力激盪法等，協助激發創意點子。同時也鼓勵參與專案的成員，將點子描繪出來，這樣的好處是讓想法更具體聚焦，容易形成共識。

在某次設計思考專案中，學員在創意發想階段，沒有將點子描繪出來，而是單純用文字表達點子，當時學員們對於「客製化旅遊服務」的點子有高度共識，決定後續要執行與開展這個點子，但是後來發現原來學員們對「客製化旅遊服務」的理解是不一樣的，所以文字的共識並不是真正的共識，因為大家對於文字的理解有可能是不太一樣的，要將點子畫出來，具體呈現想法，才能快速形成共識。

## 4. 動手做

設計思考鼓勵大家運用身邊隨手可取得的素材，例如，厚紙板、剪刀、膠水及 A4 紙等用具，將點子更具體化的呈現出來，製作出產品或服務的原型，並透過原型製作與後續測試的過程，進一步向使用者學習，找到一些可能的問題點，把原先的產品或服務加以修改改進。

## 3.1.4 設計思考的用途

設計思考強調探索未知，打破既定框架，並且不斷原型製作與測

試,適合用來解決複雜困難的問題。然而,以下三個類型問題就是適合運用「設計思考」來解決,而解決後可能的結果,亦如下所示:

表 3.1 設計思考可解決問題之類型與可能結果

| 問題類型 | 可能結果 |
|---|---|
| 1. 探索未知的可能性<br>(而不是挖掘已知的確定性) | · 開發創新產品<br>· 開發創新服務<br>· 開發創新商業模式<br>· 開發創新輔銷品[1] |
| 2. 創造新的價值及尚未存在的差異性 | · 優化現有 xxx 流程<br>· 改善 zzz 滿意度<br>· 提升 ccc 服務體驗 |
| 3. 在不熟悉的領域發現新的成長機會 | 開發 yy 領域新商機 |

舉例來說,在 5G 即將來臨的時候,可以運用設計思考,挖掘使用者在 5G 時代下可能會有的潛在需求,以便廠商提前布局,開發相對應的創新產品與服務;對於創業團隊而言,可以運用設計思考找尋創業的機會點,並且開發初創的產品或服務;若大賣場給客戶的購物體驗不好,也可運用設計思考來改善客戶的購物體驗。

---

1 輔銷品(Point of Sales Materials)指的是輔助銷售的物品,例:店頭的 POS 海報、DM 等。

### 3.1.5 設計思考者所需具備的心態

運用設計思考來解決問題的設計思考者，需具備以下的心態。

### 1. 向失敗學習（Learn from Failure）

設計思考鼓勵「向失敗學習」及「提早失敗以獲得成功」的心態。在早期專案成本與時間投入相對較少的情況下，早點知道可能失敗之處，例如產品／服務不符合使用者需求，並作相對應的調整，損失也比較不會太大，也較容易在後續可以成功。

### 2. 動手做（Make It）

設計思考鼓勵動手做，將點子更具體化的呈現出來，並從中學習。

### 3. 創意自信心（Creative Confidence）

創意自信心指的是自然而然想出新構想，並勇於分享新構想的能力。在工作中，我們常會因為對於渾沌未知的恐懼及被評斷的恐懼，而不太敢發表自己的想法，而缺乏創意自信心。而身為設計思考者就需要具有創意自信心，可以勇於發表自己的想法。

### 4. 同理心（Empathy）

設計思考者要擁抱同理心，需要應用同理心，去同理使用者的痛點與需求，以便能設計出更貼近使用者的服務與產品。

## 5. 擁抱不確定性（Embrace Ambiguity）

設計思考所解決的問題，通常不是一個有明確邊界的問題，所以設計思考者在解決問題的過程中，必須面對與擁抱不確定性。

## 6. 樂觀以對（Be Optimistic）

設計思考者在看待與解決問題的過程中，必須抱持樂觀以對的心態，接受早期的失敗，並能從中學習。

## 7. 反覆修正（Iterate, Iterate, Iterate）

設計思考者在設計創新產品與服務的過程中，會將點子製作成原型，並進一步測試點子是否符合使用者的需求，若不符合就會修正原型，再去找使用者測試，測試後若有需要調整的地方，就會持續地修改原型，直到原型測試符合需求為止，在這過程中會不斷地反覆修改調整。

## 3.1.6 設計思考流程

設計思考有通用的流程，分成以下五大步驟，如下圖所示。然而，針對不同的目的與情境，五大步驟下所採用的子步驟與思考工具不盡相同，所以設計思考可說是一個在設計邏輯下的方法集合。所有的流程或方法沒有絕對的好壞，也沒有一套固定的組合可以解決所有的問題。

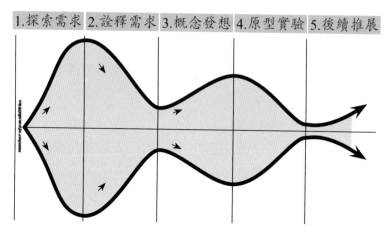

圖 3.6　設計思考五大步驟

資料來源：Design Thinking for Educators 2<sup>nd</sup> Edition

設計思考的通用流程，包含五大步驟，分別是第一步驟探索使用者需求；第二步驟詮釋使用者需求，找出創新的挑戰；第三步驟概念發想；第四步驟原型實驗；第五步驟後續推展，以下就各步驟解說。

## 3.2 設計思考第一步驟：探索需求

設計思考的第一步，會先選擇初步的題目研究，我們通常稱這樣的題目為設計挑戰。

### 3.2.1 選擇設計挑戰

### 1. 何謂設計挑戰（HMW）？

「設計挑戰（HMW）」是設計思考者想要解決的問題。在設

計思考專案中，初次發想的設計挑戰，會指出專案的研究方向，然而，設計挑戰的本身，會在設計思考專案進行的過程中，隨著「洞察（insight）[2]」的發現，而進一步調整。設計挑戰格式為「我們如何才有可能（How might we？）讓『某目標族群』，能夠『完成某件事或做什麼』的方法」，例如，我們如何設計一個讓「素食者」能夠「在Costco有更好購物體驗」的方法[3]。

## 2. 判斷設計挑戰問題大小是否適當？

在訂定設計挑戰時，為不要讓設計挑戰太大，導致難以回答，也不要讓設計挑戰太小，導致沒有創意發想的空間，會利用以下三個判斷準則，判斷設計挑戰的大小是否適當？

判斷 1. 該問題解決之後，是否能夠產生影響力？

解決這個問題後，對於問題的擁有者而言，是否會產生影響力。我們不希望解決一個對問題擁有者而言，無關痛癢的問題。例如：我們如何設計一個讓「素食會員」能夠在 Costco 有更好「購物體驗」的方法。這問題一旦解決後，其實對素食會員是有影響力的，一方面可能會因為體驗好滿意度提升，而增加購買金額，另一方面，也可能因此增加回購率。

---

2　洞察（insight）：在研究過程中，針對研究題目找到以往所不知道的資訊，這資訊稱之為洞察。

3　本章節提供由筆者與學員傅凤汝小姐共同研究的實際案例「Costco 素食會員購物體驗優化案」為例，供讀者參考。

判斷 **2.** 該問題是否允許較多元化的解決方法？

若設計挑戰的問題，本身並無太大創意發想的空間，沒有多元化的解決方案，就不是一個好的設計挑戰。例如：我們如何設計一個讓「素食會員」能夠在 Costco 有更好「購物體驗」的方法。這問題可能的解決方案有許多面向可做，比如說可以強化實體動線的設計、加強素食商品的標識、設計導購 App 等，如此一來就會有較多元化的解決方案。

判斷 **3.** 該問題是否考慮相關的脈絡與限制？

設計挑戰若沒有考慮相關的脈絡與限制，得到的解決方案，就會比較籠統不精準。例如，以 Costco 的案例來看，有明確的目標客群「Costco 素食會員」就是很重要的，這會讓想出來的解決方案更加精準。

## 3.2.2 規劃研究方法

一旦設計挑戰確定下來後，接下來就要考量要選擇什麼樣的使用者研究方法。使用者研究是了解一個產品／服務現有或是潛在的使用者，及其使用情境，行為模式和需求的方法。使用者研究進行之時間點，通常於產品與服務開發的前期，尤其是設計尚未開始之前，借著了解使用者平常工作的模式和情境，啟發對產品與服務的功能及設計的想法，進而開發出適合使用者的產品與服務。

### 1. 團隊掌握對研究問題所擁有的知識與假設

在選擇使用者研究方法前，要先掌握團隊對於研究問題現有的知

識與假設。針對初步的設計挑戰，請團隊成員們先掌握與說出，對研究問題現行所擁有的相關資訊與知識，接著團隊成員進一步討論，若要解決設計挑戰的問題，團隊還需要進一步掌握的資訊有那些？不知道[4]的資訊有那些？下表以 Costco 素食會員購物體驗案爲例說明。

表 3.2　問題掌握表

| 初步<br>設計挑戰 | 對研究問題<br>所擁有的知識 | 需要進一步掌握<br>與不知道之處 |
|---|---|---|
| 我們如何設計一個讓「素食者」能夠在 Costco 有更好「購物體驗」的方法 | 根據「世界素食人口報告」指出，台灣素食人口突破 300 萬人，占總人口 13%、世界排名第 2，而且素食族群不斷成長，不同於過往因宗教信仰茹素，現在以健康爲訴求的蔬食飲食，成爲當道新寵兒。然而，對於部分的素食者來說，在實體的零售賣場選購素食商品的購物體驗通常都不太好，常常會有找不到需要的素食商品，或者是商品標識不清無法確認是否可以吃的問題 | 1. 素食類型之定義<br>2. 素食者最常購買素食商品購買的管道爲何？<br>3. 素食者於好市多賣場選購素食商品意願爲何？購物的拉力與推力爲何？<br>4. 好市多會員中素食會員的占比爲何？<br>5. 好市多賣場中素食商品或營業額的占比<br>6. 好市多賣場對於改善／投資素食會員購物體驗的意願或看法<br>7. 台灣市場素食商品商機資訊 |

---

4　在不知道的資訊部分，團隊僅能就知道自身不清楚之處調查與研究。

## 2.選擇使用者研究方法

### (1)使用者研究常見方法

　　使用者研究有許多的方法，下圖為 Nielsen Norman Group 以兩個緯度質化／量化與態度／行為，分類常用到的使用者研究方法。本章節因篇幅關係，僅簡單介紹使用者訪談（Interviews）與脈絡訪查（Contextual Inquiry）。

## 使用者研究方法全景圖

| 行為 | | | |
| --- | --- | --- | --- |
| | 可用性實驗室研究 | 眼動測試 | 點擊分析 |
| | | | A/B 測試 |
| | | 可用性基準研究（實驗室） | |
| | | 監控遠端易用性測試 | 無監控體驗研究 |
| | 俗民誌研究 | | |
| | | 無監控遠端易用性測試 | 真實意圖研究 |
| | 脈絡訪查 | 日記／相機研究 | |
| | 參與式設計 | 顧客回饋 | |
| | 焦點群體 | 合意性研究 | 攔截訪問調查 |
| | 深度訪談（使用者訪談） | 卡片分類法 | 郵件調查 |
| 態度 | | | |
| | 質化 | | 量化 |

圖 3.7　使用者研究方法

資料來源：修改自 Nielsen Norman Group

### (2)選擇使用者研究方法

　　使用者研究方法的選擇，可以從下表左欄根據「初步設計挑戰」

所推演出來的「需要進一步掌握與不知道之處」，再進一步思考，可運用那一種研究方法，調查到團隊需要掌握的相關資料。

表 3.3　研究方法選擇表

| 需要進一步掌握與不知道之處 | 研究方法 |
|---|---|
| 1. 素食類型之定義<br>2. 素食者最常購買素食商品購買的管道為何？<br>3. 素食者於好市多賣場選購素食商品意願為何？購物的拉力與推力為何？<br>4. 好市多會員中素食會員的占比為何？<br>5. 好市多賣場中素食商品或營業額的占比<br>6. 好市多賣場對於改善／投資素食會員購物體驗的意願或看法<br>7. 台灣市場素食商品商機資訊 | 1. 桌面研究（Desk Research）<br>2. 向專家訪談（例：素食業者、Costco）<br>3. 使用者訪談（例：素食者、Costco 素食會員）<br>4. 脈絡訪查（例：Costco 賣場觀察）<br>5. 類比性思考（例：其他賣場如何經營素食會員或顧客） |

## 3.2.3 使用者研究──使用者訪談

### 1. 使用者訪談簡介

　　使用者訪談是與受訪者，相互學習而互相改變的過程，也是一種動態互動與共創的歷程。使用者訪談是有特定目的的會話，訪談者與受訪者間的會話，焦點在受訪者對於自己經驗的感受，而用他／她自己的話表達出來（Minichiello et. al.）。

## 2.訪談執行流程

　　若以「使用者訪談」爲主要研究方法，可參考下表訪談執行流程表，在表中可發現訪談的前、中、後階段有許多不同要做的事情，本章節將聚焦訪談執行流程中數個重要的步驟，於下方進行說明。

表 3.4　訪談執行流程表

| 階段 | 訪談前 | 訪談中 | 訪談後 |
|---|---|---|---|
| 工作項目 | 訪談規劃<br>聯繫招募<br>執行準備 | 訪談進行<br>隨行紀錄<br>關係維繫 | 文本整理<br>便利貼整理<br>洞見萃取 |

## 3.訪談規劃

### (1)受訪者挑選

　　受訪者可找產品／服務可能早期的採用者及相關利害關係人，所有與產品／服務有關係的人，皆有可能都需要納入成爲受訪的對象。

### (2)利害關係人盤點與應用工具

　　利害關係人是影響產品（服務）決策、規格開發的相關人員。以提供服務來說，利害關係人的盤點，可以從三個面向來看，首先，可以先從時間軸來看，想想服務的前、中與後期三階段有接觸到那些人員，這些人員可能就是利害關係人，其次可以從接觸點 [5] 思考，從接

---

5　接觸點代表使用者享用服務的各互動端點，是顧客與企業（組織）互動之處（例：前線員工、其他客戶、實體環境及其他有形因素）。

觸點思考背後服務提供者爲誰，最後，從接觸頻率多寡來看，接觸頻率高的，就可能是利害關係人。

　　透過三個面向盤點出利害關係人後，可利用「利害關係人地圖」視覺化呈現不同利害關係人的互動與關係。如下圖同心圓所示，同心圖中心爲影響產品開發／服務設計程度最大的使用者，同心圓最外圍是影響程度最小的角色。以「Costco 素食者購物體驗」案例來看，影響最強烈的是 Costco 素食會員，影響最弱的是大眾媒體。

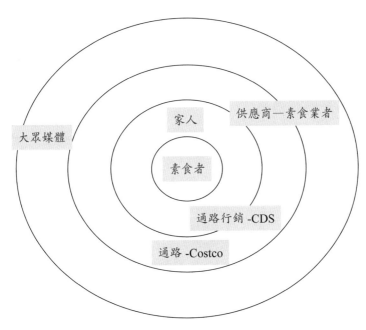

圖 3.8　利害關係人盤點

## 4.聯繫招募受訪者

在招募受訪者時，可以上台灣各大論壇找人，例如，Mobile 01、批踢踢、Dcard 或是與研究主題相關的 FB 社團，以 Costco 素食會員體驗案來看，可以去「Costco 好市多商品經驗老實說[6]」FB 社團找尋受訪者，另外也可透過 Facebook 廣告宣傳招募受訪者。

團隊可利用簡短的訊息、貼文或 Email 邀約受訪者，訊息內容可說明團隊正在構思一個解決某某問題的產品或服務，只是想更了解潛在使用者的需求，絕沒有推銷的意思。建議訪談時可準備小禮物給受訪者，例如小額禮券或咖啡卷等。

## 5.擬定訪談大網

### (1)常見訪談構面

一般而言，訪談大綱可以從五大構面去發想，請參考下表所示：

表 3.5　訪談五大構面表

| 訪談構面 | 訪談題目參考 |
|---|---|
| 背景與人口統計 | ·請問您的年紀區間位於？18 歲以下、18～25 歲、25～40 歲、40 歲以上？<br>·請問您在這個公司的工作年資大約是多少年？ |
| 經驗與行為 | 可不可以請您分享，過去使用這商品的經驗是什麼？ |

---

6　此社團是專門討論好市多商品的 FB 社團，於撰寫書籍時刻有 163 萬的社團團員。

表 3.5　訪談五大構面表（續）

| 訪談構面 | 訪談題目參考 |
|---|---|
| 意見與價值 | 可否請您分享，關於這件事，您有什麼樣的看法？ |
| 感受與感官 | 可否跟我們分享您現在的心情是如何？ |
| 知識 | 可不可以請您分享，對於 xxx 產品的了解有多少？ |

**(2) 訪談大綱設計問題序列**

在設計訪談大綱時，問題的排列順序，建議遵循以下的原則。

· 不具爭議性的經驗問題，擺在前面先發問。

· 先建立互信基礎，再問「事實」的問題。

· 先問現在的問題，再問過去與未來的問題，受訪者較容易回答。

· 背景問題可留到最後再發問。

**(3) 訪談大綱設計注意要點**

· 設計幾個大主題，3-4 則為佳。

· 主題下另規劃題目，8～12 題為佳。

· 避免模稜兩可的詞句。

· 避免使用具引導性問題。

· 訪談架構，盡量採相同方式提問。

· 擬定問題順序，確定合乎邏輯。

**(4) 參考訪談大綱**

以下為參考的訪談大綱，確切的訪談架構與大綱，會因為研究題

目不同而有相當的差異。除此之外,訪談大綱可參考表 3.2 問題掌握表中,需要進一步掌握的相關資料爲主,設計訪談構面與訪談題目。

表 3.6　訪談大綱

| 訪談大綱 | 說明 |
|---|---|
| 1. 歡迎 | 鋪陳 |
| 2. 蒐集客群統計資料<br>（背景人口統計） | 測試顧客區隔 |
| 3. 了解過去體驗與感受 | ·分享經驗／行爲（接觸點）<br>·分享感受（痛點與甜蜜點） |
| 4. 掌握期望 | 了解意見與期望 |
| 5. 結尾 | 感謝 |

以 Costco 素食會員購物體驗案爲例,初步訪談大綱如下所示:

表 3.7　Costco 素食會員購物體驗案訪談大綱

| 訪談架構 | 訪談大綱 |
|---|---|
| 1. 歡迎 | 您好,我們是 XX 公司,本次訪談的主要目的是希望能規劃一個讓「Costco 素食會員」在 Costco 賣場中有更好「購物體驗」的方案。希望能藉由此次訪談,了解您過往於 Costco 賣場中所遭遇到的不便、困擾與好的不好的體驗,期待能獲得您寶貴的經驗回饋及意見;此次訪談時間約 30 分鐘,過程中我們會錄下訪談內容,便於後續分析作業,請問方便嗎? |

表 3.7　Costco **素食會員購物體驗案訪談大綱（續）**

| 訪談架構 | 訪談大綱 |
|---|---|
| 2. 搜集客群統計資料（背景人口統計） | 1. 請問您是否是好市多的會員？如果是，請問您成爲會員有多久的時間？如果不是的話，請問是否會想要成爲好市多的會員？<br>2. 請問您吃素嗎？若是，請問成爲素食者有多久時間了？<br>3. 請問您的素食類型爲何？<br>（純／全素食、蛋素、奶素、奶蛋素食、植物五辛素食、方便素、鍋邊素食、其他素食）<br>4. 請問您在什麼契機下開始成爲素食者？<br>（宗教取向、健康因素、動物保護、環境保護……等） |
| 3. 調查重點（調查行爲、困擾、期望） | 1. 素食者調查<br>(1) 日常生活中素食的頻率／時機？（全年素食、定期素食、偶爾／不定期素食）<br>(2) 日常生活中素食者外食與自行烹調三餐的比重？<br>(3) 家庭中（家人／同住者）是否亦有同爲素食夥伴？<br>(4) 您每個月花費在素食商品的金額區間？<br>(5) 您日常所購買的素食商品類型有哪些？以何種居多？<br>(6) 您多從哪邊獲得素食商品／品牌／廠商的資訊？<br>(7) 什麼驅動力下您會願意嘗試購買未曾接觸過的素食商品／新上架商品？<br>(8) 在同種類型的素食商品中，會影響您做出購買決策（購買或放棄購買）的前 3 大因子爲何？（價格、原料成分、產地、包裝、功能、品牌、製造商、產品資訊清晰／透明度（產線）、碳排放、其他）。<br>(9) 請問會影響您做出購買決策的人有哪些？ |

表 3.7　Costco **素食會員購物體驗案訪談大綱**（續）

| 訪談架構 | 訪談大綱 |
|---|---|
| | 2. Costco 素食會員現行購物體驗與期望<br>(1) 請問那些商品會選擇在 Costco 中購買，哪些不會？原因爲何？<br>(2) 可否跟我們分享於 Costco 賣場中選購素食商品的 3 大痛點／困擾？<br>(3) 可否與我們分享近期一次去 Costco 賣場購買素食商品的體驗？請問有什麼地方，讓您感覺不太愉快？爲什麼？<br>(4) 您覺得要在 Costco 賣場中找到您所需的素食商品的困難度有幾顆星（1～5 顆星，5 顆爲最困難）？爲什麼？平均花費多久時間找到您所需要的素食商品？<br>(5) 可否請您描繪理想中的 Costco 賣場（素食商品）購物體驗爲何？爲什麼？<br>(6) 可否分享過往在相關零售、量販賣場或商場中，令您感到驚豔的素食商品購物體驗？爲什麼它讓您感到驚豔？ |
| 4. 結尾 | 除了方才訪談的內容之外，請問您是否還有另外想要分享或補充的地方呢？感謝您撥空接受我們的訪談，這邊有個小禮物想送給您，謝謝您的協助。 |

## 6.訪談

### (1)訪談角色與分工

在訪談時有三個常見的角色，訪談者、記錄者、攝影者，各角色的分工與注意事項，請參考下表。有時在資源允許下，可以再安排一位輔訪者，此角色主要任務是輔助訪談者，可以在訪談過程中，適時代替訪談者追問受訪者題目。

表 3.8　訪談角色與分工表

| 角色 | 分工 | 注意事項 |
|---|---|---|
| 訪談者 | 焦點放在受訪者主導討論方向 | ・若有突發警示訊號，可觀察受訪者反應模式<br>・注意肢體語言（眼睛接觸）<br>・注意「說與做不一致」之現象 |
| 記錄者 | 記錄 | ・請以第一人稱（我）的角度紀錄受訪內容，盡量引用原句<br>・盡量避免打斷受訪者的話<br>・請注意沒說出來的動作或肢體語言，並盡量紀錄可判別受訪者是否說謊的線索<br>・準備預先問題與紀錄表<br>・臨時延伸的問題也要記錄到 |
| 攝影者 | 照片／錄音／錄影 | ・錄影、錄音或拍照皆須經過受訪者同意<br>・避免打斷受訪者<br>・錄影機要跟著受訪者的動作走<br>・最後留一張受訪者的大頭照（製作報告用） |

**(2)常用的談訪技巧**

・訪談團隊的人數，建議不要超過三人，超過三個人對於受訪者而言，會造成一定的心理壓力，有可能會導致受訪內容會有所扭曲。

・訪談者與受訪者建議是坐對角 L 型，如此一來受訪者不會有太大的心理壓力。

・有些受訪者對於訪談題目的「文字」很敏感，若用到相關的字眼就容易引起學員的抗拒，建議要更改遣詞用字。

例如：請問您有什麼「問題」？→這樣的問句雖然直覺，但言者無意聽者有心，容易被誤解為罵人的句子，建議「問題」可以改成「困擾」。

‧ 可適時重複受訪者所說過的話，已確認是否有正確理解受訪者的意思。

‧ 可視受訪者回答狀況，適時追問受訪者說不清楚，不夠具體的地方。

例1：可否多說一點您對這件事的看法；可否舉個例子說明？

例2：追問為什麼

‧ 在訪談過程中，可以透過一些線索判斷受訪者是否說謊。線索一：透過語速（說話速度）判斷，若語速與平常說話速度比較起來，有變快或變慢，就有可能是在說謊；線索二：眼神移動，若受訪者說話時，眼神是往平行方向左右看，就有可能說謊；線索三：語意結構。若受訪者說話時，說話內容語意結構破碎，冗詞贅字多，例：「呃」、「對」等，就有可能說謊；線索四：過度誇張的細節，訪談問題超過受訪者預期，受訪者內容因連續扯謊而誇大不實。

‧ 一般剛學訪談的訪談者，比較不懂得適時追問為什麼，建議訪談大綱設計完後，可思考每個題項與最終訪談目的的關聯性，及每個題目背後想要了解的是什麼？清楚訪談目的及所需搜集的資訊，就較能夠沿著受訪者的回答，適時追問以獲得想要的資訊，若懂得連續追問為什麼？就可以更深度地了解受訪者背後潛藏的需求與價值觀。

・在訪談結尾時，可以適時加一個問題，題目是「除了剛剛所談
的內容之外，請問您覺得是否有另外想要分享的地方？可以
在這個時候與我們分享」。有時透過這樣的問題，可以搜集
到一些原本預想不到的資訊。

・在訪談結尾時可以做個總結，以確認訪談內容是否無誤。

## 7.隨行記錄

### (1)隨行記錄需注意事項

在訪談當下的隨行記錄，需運用第一人稱（我，受訪者本人）的
角度記錄受訪者所說的內容，包含文字紀錄與影像紀錄，也需包含當
日完整的內容，如人、物、境與活動間之互動。除此之外，也需記錄
受訪者的情緒、動作等資訊。

### (2)訪談常使用工具說明

由於隨行記錄需包含文字與影像記錄，所以會運用到一些錄音與
錄影的軟體與工具，下表為推薦使用的軟硬體工具。

表 3.9 　訪談常使用工具表

| 面向 | 錄音 | | 錄影 |
|---|---|---|---|
| 軟／硬體 | 軟體 | 硬體 | 軟體 |
| 工具<br>名稱 | 1. 雅婷逐字稿 [7]<br>　（錄音＋逐字稿）<br>2. 訊飛語記<br>　（錄音＋逐字稿） | 搜狗 C1-Pro 錄音筆<br>（錄音＋逐字稿） | 小影 App<br>（剪接較方便） |

---

7　雅婷逐字稿由台灣團隊所開發。訊飛語記是由科大訊飛出品。

## 3.2.4 使用者研究──脈絡訪查

### 1.脈絡訪查簡介

脈絡訪查（Contextual Inquiry）是用來探索使用者需求的方法之一。脈絡訪查的目的是在調查脈絡，舉 Costco 素食會員購物體驗案例來說，要調查的就是 Costco 素食會員在 Costco 賣場中的購物行為，及其與調查場域（Costco 賣場）內的人、事、物相互間的關係。

### 2.脈絡訪查流程

(1)首先團隊需要先規劃脈絡觀察計畫，並挑選出適合進行脈絡訪查的受測者。以 Costco 素食會員購物體驗案例為例，團隊要挑選具有 Costco 會員卡，且吃素的會員為受測者。團隊要跟著受訪者去觀察其會如何在 Costco 購物。

(2)向受測者介紹脈絡訪查的主題以及接下來的流程。

(3)圍繞著與使用者(受測者)相關的「人、事、物」觀察與訪談。

在觀察的過程中，可以從 AEIOU 五個面向觀察，面向細部說明，請參考下表所示：

表 3.10　AEIOU **觀察框架表**

| 面向 | 說明 | 觀察角度 |
|---|---|---|
| 活動（Activity） | 目標導向的一系列活動，也就是人們要完成的任務 | 發生什麼事？<br>大家在做什麼？<br>他們的任務是什麼？<br>他們執行的活動是什麼？<br>活動前和活動後的狀況如何？ |

表 3.10　AEIOU 觀察框架表（續）

| 面向 | 說明 | 觀察角度 |
|---|---|---|
| 環境<br>（Environment） | 活動發生的整個場所 | 環境看起來如何？<br>空間的本質和功能爲何？ |
| 交互<br>（Interaction） | 一個人與其他人或其他事物之間的交互作用，這種相互的作用是活動構成要件 | 系統之間如何互動？<br>有任何介面嗎？<br>使用者彼此如何互動？<br>營運由哪些環節所組成？ |
| 對象／物件<br>（Object） | 對象是環境中的一部分，是在複雜情況或意外時使用的關鍵元素，用於改變功能、意義和內容 | 用到哪些物件和裝置？<br>誰使用這些物件？在哪個環境？ |
| 用戶<br>（User） | 消費者，那些輸出行爲、喜好和需求的人 | 使用者（消費者）是誰？<br>使用者扮演什麼角色？<br>使用者受誰的影響？ |

資料來源：修改自洞察用戶體驗方法與實踐 2，全新修訂版（2015），及設計思考全攻略，（2019）

(4)團隊成員把觀察到受測者的經驗與感受記錄下來，做爲後續的脈絡連結，供參考評估使用。

以 Costco 素食會員購物體驗案爲例，脈絡訪查的觀察紀錄說明如下：

表 3.11 脈絡訪查觀察紀錄表

| 面向 | 照片 | 說明 |
|---|---|---|
| 活動（Activity） | 無 | 受測者在食品區中逛來逛去，不斷注意貨架上的標籤，不時還會拿商品，查閱商品資訊的部分。 |
| 環境（Environment） | Costco 賣場 & 商品貨架區 | 整個賣場非常明亮、走道寬敞，商品排列整齊。商品大多是大批量的包裝。另外，也發現有愈來愈多 Costco 的自有品牌 Kirkland 的商品 |
| 交互（Intereaction） | 商品敘述標示無素食相關資訊說明；察看商品包裝本身資訊（奶素） | 貨架上標示之商品資訊（白色紙張）無統一的規則，有些貨架上的商品標示資訊會有包含「蛋素」、「全素可食用」這些資訊，但是大部分的商品，即便為素食商品（蛋素、奶素、全素之類的），且商品本身包裝即有這些資訊，但貨架上的商品資訊（白色紙張）卻無標示；容易會有覺得素食商品很少的感覺；另會需要逐一將商品拿起來細看包裝成分才能辨別是否為素食產品，以及其素食之類型，覺得非常麻煩。 |

表 3.11 　脈絡訪查觀察紀錄表（續）

| 面向 | 照片 | 說明 |
|---|---|---|
| 對象／物件<br>（Object） | # 126819<br>LSC ORGANIC JUJUBE<br>老食料，老紅棗<br>600公克<br>（含稅）<br>每100公克 49.833<br>**$ 299**<br><br>貨價商品敘述標示<br># 有機商品，有用綠色<br>螢光筆特別標示 | 賣場中已普遍針對「有機」的商品特別使用綠色螢光筆突顯商品資訊，與素食會員找不太到素食商品，或需逐層辨識素食商品類型的情況，形成強烈對比，有非常不好的感受，這點是沒有預期到會發生這樣的強烈感受的。 |
| 用戶<br>（User） | 觀看手機的其他購物者 | 購物旅程中發現其他購物者會透過手機察看促銷商品資訊，進而尋找優惠商品，進而形成尋寶樂趣；但素食購物者從購物旅程一開始就一直在不斷的在「尋找」符合需求可用的商品，辨識篩選的無形高成本已使整趟購物旅程下來變成是一種負擔，而非樂趣；進而有種同是會員，卻有差別待遇的感覺。 |

# 3.3 設計思考第二步驟：詮釋需求

在第一步驟探索需求之後，會得到許多從不同使用者研究方法，研究所得知的資料，必須進一步整理與分析，以得到所需的資訊。

### 3.3.1 訪談紀錄整理

　　團隊在訪談完後，可以聚在一起分享與整理訪談的成果，在分享與統整紀錄的過程，需注意以下事項。

### 1.訪談紀錄的場地建議

　　首先，團隊要找一個可以討論的空間，這個空間要有可以張貼便利貼或空白大型海報的牆面，若沒有適當的牆面，也可找大桌子，供團隊成員將記錄到的資訊，透過便利貼張貼在牆上或大桌子上。

### 2.訪談紀錄應記錄事項

　　團隊成員在彼此分享的過程中，可以分享手邊筆記、照片與感想，並與團隊成員分享在訪談過程中聽到有趣的故事。記得在團隊成員分享故事時，請盡量明確與寫清楚，說明人、事、時、地、物。團隊成員在分享的過程中，要有團隊成員記錄以下面向的資料。

表 3.12　訪談應記錄面向表

| 應記錄面向 | 面向說明 |
|---|---|
| 受訪者個人資訊 | 專業、年紀、受訪場合 |
| 有趣的故事 | 最難忘或最令受訪者驚訝的故事 |
| 動機 | 受訪者最在意的是什麼？什麼事物最能激發他？ |
| 障礙 | 什麼事物讓受訪者很沮喪？ |
| 互動 | 受訪者與環境互動的過程中，有什麼有趣的地方？ |
| 其他的問題 | 想要探索的問題或其他與受訪者的對話 |

## 3.記錄技巧

在記錄所聽到的事物時，有以下四個常見的記錄技巧。(1) 主動積極地聆聽，在聽團隊成員分享的過程中，仔細地尋找與比較與自己所聽到的不同的看法；(2) 補抓小地方的資訊，在便利貼上寫下筆記與觀察，使用精準與完整的句子表達，讓團隊成員都能容易了解；(3) 展現你的筆記，字體要寫的夠大，讓團隊成員能看到你的筆記；(4) 將便利貼分門別類，例如以觀察的人或觀察的場域來分類。

## 3.3.2 洞察萃取

## 1.什麼是洞察？

洞察（insight）指的是從訪談及整理過程中，所發現的觀點或看法，通常是一段簡潔的陳述。一個好的洞察，建議採取以下格式呈現。

表 3.13　洞察說明表

| 面向 | 說明 |
|---|---|
| 建議格式 | [User] needs to [User's Need] because [Surprising insight] 清楚定義的對象＋以動詞表示的需求＋需求產生原因或需求現階段無法被滿足原因 |
| 範例 | 〔一位住在外面的上班族〕，〔需要規律飲食〕，因為〔繁重的工作壓力無法準時去吃飯〕 |

## 2. 如何從訪談資料中挖掘洞察？

### 步驟 1. 先將相關資訊分門別類

　　將記錄下來的資訊，寫在便利貼上，再依資訊內容，將便利貼分門別類。

### 步驟 2. 從各個共同分類中找尋主題

　　運用 KJ 法[8]將分類後的資訊歸納找出主題（Theme）。下列為 Costco 素食會員購物體驗案，所整理出的四個不同主題。

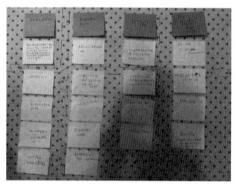

圖 3.9　　不同主題分類

### 步驟 3. 將主題轉為洞察陳述

　　找出主題後，可進行「A 型圖解化」，也就是將分完組的便利貼再次攤開，並且按照先前的「標籤」將同組的卡片圈選起來，之後再討論不同的圓圈之間的便利貼間的關聯性，若有關聯性畫出連結。

---

8　KJ 法又名親和圖法由是日本人類學家川喜田二郎（Kawakita Jiro）所發明，是統整語言文字的工具

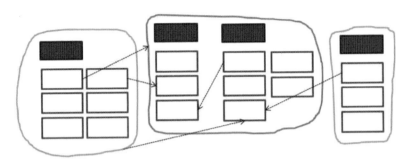

圖 3.10　A 型圖解化

資料來源：https://popotype.com/kj-method/

　　畫出聯結後，試著依照聯結脈絡，運用洞察的格式來呈現所看到的故事。例如，「一位住在外面的上班族」「需要規律飲食」，因為「繁重的工作壓力無法準時去吃飯」。

　　以 Costco 素食會員購物體驗案來看，團隊找到了以下的洞察：

　　(1)「Costco 素食會員」「需要有效率辨識素食類型商品的方法」，因為「賣場中之商品敘述標示資訊未有一致性的原則」。

　　(2)「Costco 素食會員」「希望能被公平的對待」，因為「C 賣場有針對少數有機食品會員有突顯其商品敘述，而素食商品沒有突顯」。

### 3.3.3 重新定義設計挑戰

　　透過訪談資料探掘出洞察後，團隊需試著從中挑出 3 到 5 個洞察，以利於重新定義原先的設計挑戰（HMW）。重新定義設計挑戰共 2 個步驟，步驟 1：從所發現的洞察開始，在開頭添加「我們怎麼

才有可能」，將挖掘到的洞察，轉變成幾個問題。步驟 2：將較大的洞察拆分成一些可執行的小任務，結合「我們怎樣才有可能」問句，寫出不同的設計挑戰，以下 Costco 素食會員購物體驗案為例。

表 3.14　設計挑戰檢視表

| 洞察 | 設計挑戰（HMW） |
|---|---|
| 「C 賣場素食會員」希望「能被 C 賣場公平的對待」，因為「C 賣場未針對素食商品類型統一標示」 | ·我們怎麼才有可能讓 C 賣場素食會員，能夠在 C 賣場快速購買到所需要的素食商品？<br>·我們怎麼才有可能讓 C 賣場素食會員，能夠在 C 賣場購物過程中感受到被重視？<br>·我們怎麼才有可能讓 C 賣場素食會員，能夠在 C 賣場購物過程中感受不到受歧視的感覺？ |

在重新定義設計挑戰時，請留意問題的大小，並選擇 2～3 個 HMW 問題，做為後續腦力激盪的題目。在選擇 HMW 問題時，可以從重要性、可行性、創新性的角度挑選問題。另外，需注意的是單一個「我們怎麼才有可能」的問句，只能解決一部分的問題。

# 3.4 設計思考第三步驟：概念發想

## 3.4.1 點子發想

### 1.腦力激盪會議事先準備

挑選出新的設計挑戰後，下個步驟就是以設計挑戰做爲腦力激盪的題目。團隊在舉辦腦力激盪會議發想點子前，可參考以下面向，做事先的準備。

表 3.15　腦力激盪會議事先準備表

| 面向 | 做法 |
|---|---|
| 空間 | 選擇一個適當的空間，以可張貼便利貼的牆面爲主，也可準備一些空白的大型海報，並將海報貼在牆上 |
| 工具 | 準備工具以補抓與記錄點子，例：便利貼、水性白板筆（字寫多了也不會有太重的味道）、點心（激發創意）、3M Post it App（整理便利貼軟體） |
| 人員 | 邀請多元化不同專長或部門的人參與討論，或者不是設計思考專案的團隊成員加入，以得到較不同的想法（建議人數 6～8 人左右）；另外可挑選主持人引導腦力激盪會議 |
| 時間 | 準備約 45 分鐘以上的時間，建議最多不要超過 1 小時。可準備準備 2-3 個題目，每個題目約 15-20 分鐘 |

### 2.腦力激盪會議主持流程

(1)先請參與腦力激盪會議的團隊成員們，針對題目先發想 1～2

分鐘，每個人先有一些點子後，再由主持人開始引導。

(2)主持人會先請某位 A 成員發言，發言完後再由主持人帶領大家試著衍伸 A 成員的想法，以便達到搭便車的效果。

(3)當 A 成員發表完點子後，主持人會接著說，「謝謝 A 成員的點子，請問大家聽完 A 成員的點子後，有沒有讓各位聯想到一些想法，若有可以跟大家分享」，若 B 成員想衍伸 A 成員的想法，B 成員可說，「謝謝你（A 成員）的想法，你的想法讓我想到 xx 點子」。在肯定完 A 成員的想法後，B 成員先發表聯想到的點子，再發表自身原本發想到的點子。這樣的做法可打造正向的會議氛圍，有助創意激發。

(4)B 成員發表完後，接著再交回主持人帶領，引導大家思考是否有要衍伸 B 成員的點子，接著再重複步驟 3 的做法。

(5)主持人在引導過程中，要留意團隊成員是否有講得很精采，但與便利貼的點子差別有點大的狀況，若有，主持人要請其補充說明，避免漏掉寶貴的點子。

(6)主持人要讓意見領袖最後說（通常是老板或主管），這樣可增加點子的多樣性。

(7)主持人在最後腦力激盪會議結束前，可詢問大家「有沒有什麼點子，漏掉是很可惜，應該分享給大家的？」

## 3. 腦力激盪會議原則

在腦力激盪會議時，IDEO 設計公司建議應該遵循以下的原則。

‧延遲判斷（Defer judgment）

- 鼓勵瘋狂的想法（Encourage wild ideas）
- 以其他與會者的構想為基礎，發展新的點子（Build on the ideas of others）
- 專注主題（Stay focused on topic）
- 同一時刻一個對話（One conversation at a time）
- 視覺化點子（Be visual）
- 要求品質（Go for quality）

## 3.4.2 點子評估

在發想出點子之後，將透過三步驟評估創意點子。

步驟一：將發想出的點子分門別類；步驟二：票選喜愛的點子。團隊成員要票選出「最可能成功的」與「最創新的」點子。在票選點子時，團隊要先保持安靜，讓大家不會受其他成員的影響，接著直接票選在便利貼上或用圓點貼紙，貼在喜歡的便利貼上；步驟三：討論最終的結果。

## 3.4.3 使用者使用情境發想

### 1. 使用者使用產品／服務情境模擬

在創意點子評估完後，團隊需將評估後的點子，發展成完整的使用情境，主要目的在於「視覺化溝通」，把概念表達得更具體且易於製作原型與測試，協助團隊了解創意點子的價值，讓團隊可以站在使用者的處境來思考。使用情境主要是利用說故事的方式，把使用者使

用此新產品／服務過程中的人、事、時、地、物等元素描述出來，如同電影分鏡圖一樣。

## 2. 製作使用情境的順序

在製作情境時，要以目標客群（使用者）當作故事主角，運用圖像化方式，依照使用順序的時間軸排列，提供清楚的使用者旅程，讓使用者使用產品或體驗服務的整個過程更加的清楚，如電影分鏡圖一般，一幕幕呈現，可反覆調整故事的順序，直到合理為止。使用者的使用情境，一般是從有使用需求與時機點出發，接著把新點子的功能編織在故事中，讓故事有真實感、有說服力，直到使用需求被滿足為止，完成整個使用情境的描述。

## 3. 運用「故事板」呈現使用情境

在描繪使用者使用情境時，可以運用故事板呈現使用情境。團隊可以在故事板（Story Board）中描繪使用者與產品的互動過程，如下圖所示：

| 區域 1 |
| --- |
| 張貼便利貼，或者直接畫在此處 |
| 區域 2 |
| 描述上述圖畫的內容 |

圖 3.11　故事板

若以 Costco 素食會員購物體驗案例來看，以下為完整使用者使用境中的二張故事板。透過語音輸入，搜尋符合的商品清單介面，再挑選中意的商品加入購物清單，抵達 Costco 內湖店外，Costco App產生智能化購物導覽地圖，顯示賣場中所需購買素食商品的所在位置與最佳化路線。

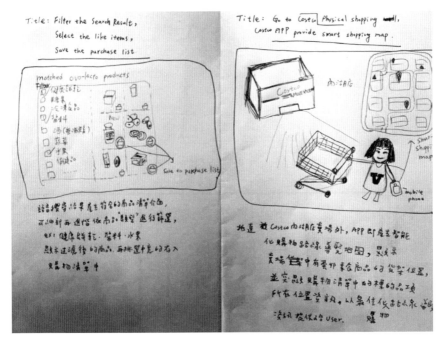

圖 3.12　Costco 素食會員運用 App 加速購買流程

# 3.5 設計思考第四步驟：原型實驗

## 3.5.1 決定那一部分要做成原型

　　看完建構後的使用者使用情境圖後，團隊可能會有許多關於使用者使用產品或體驗服務的細節問題，例：App 使用介面這樣設計，使用者會不會不清楚？App 的功能是否滿足使用者需求？這些問題都可以進一步安排測試，透過產品或服務的原型驗證的結果來釐清這些問題，同時團隊要決定哪些是優先要討論的問題，以及需要用什麼樣的原型及測試方式，來釐清這些問題。

## 3.5.2 原型製作原則

　　由於現階段仍是設計思考專案剛開始的時候，所以原型的製作，團隊可以秉持三個原則。原則一，剛好就好。在產品／服務開發的初期，只要製作低擬真性 9 的原型就好，主要目的在於增加溝通與引發討論；原則二，駭客精神。盡量借用現有周邊素材，重新排列組合，模擬接近的效果。如日常生活中常見的玩具、家電用品等；原則三，魔法效果。原型中的互動經驗，可透過人為操控的簡易隱藏或借位技巧來達到效果。

---

9　低擬真性（低解析度）指的是原型較為粗糙，而且只包含整個點子的一小部分。

### 3.5.3 原型製作

　　根據上述原型製作原則，產品與服務原型的製作，在不同面向的驗證上有不同的方法，請參考下表描述：

表 3.16　原型製作方法表

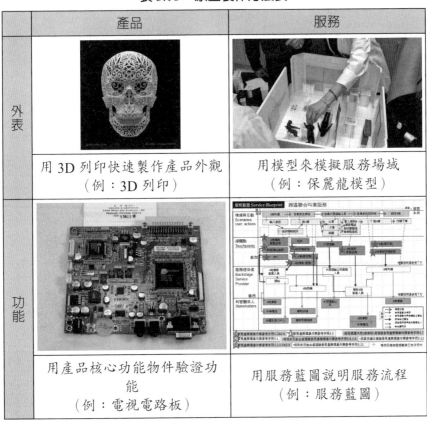

| | 產品 | 服務 |
|---|---|---|
| 外表 | 用 3D 列印快速製作產品外觀<br>（例：3D 列印） | 用模型來模擬服務場域<br>（例：保麗龍模型） |
| 功能 | 用產品核心功能物件驗證功能<br>（例：電視電路板） | 用服務藍圖說明服務流程<br>（例：服務藍圖） |

表 3.16 原型製作方法表（續）

| | 產品 | 服務 |
|---|---|---|
| 互動 | 用產品使用介面，驗證人與產品互動狀況（例：飛機模擬駕駛艙） | 運用戲劇模擬服務執行過程（例：戲劇演出） |

## 3.5.4 產品／服務原型測試

### 1. 產品與服務原型測試方式

　　團隊針對需進一步釐清的問題，製作產品／服務原型後，可透過以下不同類型的測試方式，驗證先前使用者使用情境中沒有把握的部分。

表 3.17 測試方式表

| 類型 | 實驗 |
|---|---|
| 探究 | 顧問訪談、專家利害關係人訪談、合作夥伴與供應商訪談、客戶一天的日常生活（民族誌研究）、探索調查。 |
| 數據分析 | 搜尋趨勢分析、網站流量分析、網路論壇、業務人員回饋、客服分析。 |

表 3.17　測試方式表（續）

| 類型 | 實驗 |
|------|------|
| 興趣探索 | 線上廣告、連結追蹤、功能測試替身、電子郵件宣傳、社群媒體宣傳、推介計畫。 |
| 討論原型 | 3D 列印、紙上產品原型、故事分鏡板、數據表單、紙本手冊、說明影片、假裝擁有產品。 |
| 探索偏好與優先順序 | 產品包裝盒、快艇遊戲、卡片分類、購買產品功能。 |

## 2.產品與服務原型測試

　　產品與服務原型測試時，需考慮背景與脈絡，選擇適當的場地來進行，比如說工作坊場地或原型產品被使用的場地。團隊必須事先決定要測試什麼，而且對於研究目標是什麼必須清楚且有共識。對於希望取得的反饋，事先製作清單，以便提醒自已。團隊在產品與服務原型測試當下，也要保持中立的態度，不要把測試活動變成推銷活動，不要防禦或銷售點子，要如實地把受訪者所說的話記錄下來。若受訪者針對產品／服務原型有反饋，也鼓勵受訪者直接協助團隊調整與修改點子。

　　以 Costco 素食會員購物體驗案為例，團隊可以透過使用者使用情境圖、App 紙本原型與訪談來測試。以下為產品／服務原型測試訪談大綱。

表 3.18　訪談大綱表

| 流程 | 說明 | 範例 |
|---|---|---|
| 1. 歡迎 | 鋪陳 | 親愛的 xx 您好，我們是「abc」團隊，非常感謝您撥空與我們聊聊，敝團隊正針對「Costco 素食會員」開發新的 App。此 App 的目標在於協助 Costco 素食會員提升素食商品購物體驗。我們希望透過這次訪談，了解此 App 是否能夠達到這個目標，並期待能得到您寶貴的意見。此次訪談時間約 30 分鐘。我們會錄下訪談內容，請問方便嗎？ |
| 2. 蒐集客群統計資料 | 測試顧客區隔 | 在我們繼續深入問題之前，我們想了解一下：<br>1. 請問您是否是好市多的會員？如果是，請問您成爲會員有多久的時間？如果不是的話，請問是否會想要成爲好市多的會員？<br>2. 請問您吃素嗎？若是，請問成爲素食者有多久時間了？<br>3. 請問您的素食類型爲何？<br>（純／全素食、蛋素、奶素、奶蛋素食、植物五辛素食、方便素、鍋邊素食、其他素食）？<br>4. 請問您在什麼契機下開始成爲素食者？（宗教取向、健康因素、動物保護、環境保護……等） |
| 3. 說故事 | 說明問題背景 | 好的，感謝您，接下來請容許我說明，我們正要處理的問題。<br>我們發現有許多 Costco 素食會員於 Costco 購買素食商品時，都沒有較好的購物體驗，主要問題有以下幾個：<br>1. 素食品項選擇性少。 |

表 3.18　訪談大綱表（續）

| 流程 | 說明 | 範例 |
|------|------|------|
|  |  | 2. 素食商品時有標示不清。<br>3. 想購買的素食商品缺貨，而且沒有替代性的商品。 |
| 4. 演示 | 測試解決方案 | 針對目前我們正在處理的問題，我們準備推出新版的 App。<br>（動作：拿出使用者使用情境圖與 App 紙本原型，開始說明情境與 App 功能）<br>說明完畢後，請問受訪者，針對新版的 App：<br>1. 請問新版的 App 功能是否有解決上述的問題？若無，您認為該如何強化或調整較好？<br>2. 請問您有無覺得哪些 App 功能是必要的、哪些是可有可無呢？是否還漏掉哪些功能呢？ |
| 5. 請求 | 請求 | 如先前所述，目前的新版的 App 尚未完全開發出來，若我們開發出來了，您有興趣試用嗎？另外，我們希望訪談其他有類似困擾的 Costsco 素食會員，您若有認識的朋友，能夠把他們介紹給我們嗎？ |

## 3. 取得反饋

　　在取得受訪者反饋後，團隊需要保留額外的時間，趁大家記憶還很深刻的時候，讓團隊成員間可以彼此分享受訪者的反饋。團隊可將這些反饋分成肯定、顧慮與建議三大類別，排序這些反餽，以掌握與思考整體反餽的內容。針對點子肯定的地方，加以強調；有顧慮的

地方，思考如何改善，並將這些有價值的反饋與原有產品／服務的原型混合在一起，重新製造可以分享的原型，並持續修改產品／服務原型 [10]。

# 3.6 設計思考第五步驟：後續推展

本步驟主要目標，在於將第四步驟測試過的點子實做出來，並將產品或服務推上市場，由於此步驟涉及多個議題，礙於章節篇幅，將聚焦特定幾個部份重點說明。

## 3.6.1 擬定行動計畫

發想創意的點子與將點子實際做出來是二件事。團隊必須擬定行動計畫，將點子落地實做出來。

在設計思考專案前期，為讓點子能夠多元化，團隊成員組成也要求多元化，然而，在點子實做階段，團隊成員則要求有具備與專案執行相關技能與專業的成員加入，而原本團隊的成員若無相關專長與經驗，則可於此階段離開團隊。除專案團隊成員外，團隊也需思考是否需要召集一些合作夥伴加入，例：創投、網站設計師、供應鏈廠商等等，視專案屬性而定。

而這個階段要研擬工作項目、工作時程、將其分派給不同的成

---

10 原型測試要取得受訪者反饋時，要留意受訪者所提的建議，會不會造成功能蔓延（feature creep），導致受訪者對產品的需求已超過原本的預期。

員，並訂定各階段的里程碑。

## 3.6.2 擬定募資策略

在專案啟動前或進行過程中，團隊也許會需要對公司內部爭取資源或對外募資，此時團隊必須要研擬募資策略與募資計畫書，以爭取專案執行所需要的資源與經費。在研擬募資策略時，團隊必須清楚所提的創新產品／服務的獲利模式是什麼？是要靠補助金、募資還是有長期的營收模式？何時可以損益兩平？等議題。

## 3.6.3 制定簡報

為了募資或爭取專案所需的資源，團隊勢必需要與大家溝通創新產品／服務的概念為何？為此，團隊需要透過有效、精準的溝通方式來呈現提案內容，暫且不論簡報目的是為了募資還是其它目的，簡報必須要能有效、精準地傳達訊息，建議可採用 SRI[11] 的 NABC 簡報架構，說明如下。

表 3.19　**簡報架構表**

| 架構 | 說明 |
|---|---|
| 開場<br>（Opening） | 運用統計數據、問題情境描述等方式開場，吸引聽眾注意力 |

---

11　SRI 為 Stanford Research International 的縮寫，它是一家美國非營利性科學研究機構和組織。

表 3.19　簡報架構表（續）

| 架構 | 說明 |
|---|---|
| 需求<br>（Need） | 說明我們準備解決什麼樣的問題與困擾（可提供調查研究結果、事實與科學背景佐證） |
| 解決方案<br>（Approach） | 我們如何解決這個問題；解決方案如何滿足問題 |
| 效益<br>（Benefit） | 解決方案帶給顧客的好處為何？ |
| 競爭<br>（Competition） | 說明提案的競爭優勢為何？ |

資料來源：美國 SRI

以 Costco 素食會員購物體驗案為例，簡報規劃如下所示：

## 1. 緣起

搭著純植物、純素飲食趨勢議題之順風車，Costco 開展了以人為本的數位轉型專案，為延緩素食會員流失，提升素食會員購物體驗，因此提出了此提案。

## 2. Costco 素食會員的需求（Need）

根據設計思考專案的調查研究指出，Costco 素食會員需要「有效率辨識素食類型商品」，並能同時兼顧「享有高度「尋寶」購物樂趣」的方法，因為：

・賣場中之商品敘述標示資訊未有一致性的原則。

・需要逐層過濾（貨架、商品素食類型標示、商品成分等）後才能買到想買的東西，疲勞式轟炸的尋找提高無形購物成本，

對購物「尋寶」樂趣大打折扣。

· 需要在 Costco 實體賣場中，讓「Costco 的素食會員」能有「感受到被公平對待」的體驗。

## 3. 解決方案（Approach）

因此，我們透過以下幾項措施，來解決這些問題，滿足素食會員的需求。

· **AI 語音商品搜尋介面**

會員可透過語音方式設定個人資訊（Profile），並透過口語搜尋素食商品，產生第一層素食商品清單；第一層的語音搜尋結果可再細部進階，依商品類型過濾、挑選後，儲存進購物清單中。〔有效率識別素食商品、購物樂趣〕

· **智能化購物路線導覽圖**（Smart Shopping Map）

會員於賣場外，APP 即產生對應特定賣場的智能化「動態」購物路線導覽地圖，該地圖資訊為最佳化的賣場購物路線，係為「最短」、「不擁擠」路線，路線上除了購物清單中的素食商品路線之外，並納入了相關 AI 推薦的素食商品。[ 有效率識別素食商品、購物樂趣 ]

· **實體貨架標識**（Beacon）**推播素食商品資訊**

素食會員接近貨架區時，會推播該區域符合其素食類型的商品品項資訊，會員 APP 接受到之後，會依據購物車之內容物、整合會員歷史購物紀錄的情況，以 ML 機器學習的功能，推薦適合該個人化的素食商品，並提供包含細部商品介紹、

成分組成、素食商品排行、促銷素食商品資訊等。〔被公平對待，對話感〕

## 4. 對目標族群的好處（Benefit）

這些措施可以帶給 Costco 素食會員於 Costco 實體賣場中，有更便利、省時、更佳的購物體驗，可一站式購足素食相關食品或非食品類型商品，除此之外，有素食需求的非素食會員，亦能快速的開拓未曾體驗過的素食商品，或於飲食計畫調整時，能無痛接軌的享受購物旅程。

## 5. 競爭優勢（Competition）

基於原本以「商品」為中心的基礎之上，在原有的多元化商品、低價優勢下，藉由「人、貨、場」全面整合，滿足有素食需求之會員，深化相關服務，讓有素食購物需求的會員，能在 Costco 快速買到所需的商品。

### 3.6.4 啓動您的解決方案

隨著專案的進行，團隊需要進一步測試產品／服務原型，此時團隊需要製作解析度更高（產品更接近完成品的狀態）的原型，可參考下表不同解析度的原型，在這個階段可以測試定價、付款選項、顧客維繫與顧客體驗等。

表 3.20 不同解析度的原型類型表

| 原型類型 | Rapid Prototype 快速原型 | Live Prototype 原型 | Pilot 先導專案 |
|---|---|---|---|
| 回答什麼問題 | 解決方案的某部分看起來如何？它和目標客群搭配嗎？ | 這個解決方案與市場搭配嗎 | 這個解決方案看來在市場是可能與可行的嗎？ |
| 主要特徵 | 1. 低解析度<br>2. 只測試整個點子的一小部分<br>3. 尚未準備進入市場 | 1. 中等解析度<br>2. 測試整個點子的多個部分<br>3. 接近進入市場的狀況 | 1. 高解析度<br>2. 測試整體的點子<br>3. 實際已接近市場狀況 |

資料來源：Acumen & IDEO https://acumenacademy.org/

## 3.6.5 規模化追求影響力

隨著團隊持續打造原型透過不同方式持續取得反饋，並持續修改精進後，產品／服務會達到一定的成熟度，並能夠滿足目標客戶的需求。接下來，團隊必須思考如何規模化現在手邊的專案，以下是三個建議規模化的方式。

表 3.21 規模化方式表

| 面向 | Bootstrapping 自助法 | Franchising 加盟 | Integration 整合 |
|---|---|---|---|
| 定義 | 提高資金來擴張與複製先導專案，而不需外在的夥伴協助 | 銷售與授權加盟商。加盟商需付一筆費用給你 | 像找合作夥伴一樣，找像政府、非營利組織等合作 |

表 3.21　規模化方式表（續）

| 面向 | Bootstrapping 自助法 | Franchising 加盟 | Integration 整合 |
|---|---|---|---|
| 使用時機 | 自身擁有許多資金與資源 | 當其他夥伴對你的產品／服務有興趣時 | 不用將自身產品／服務視為獨立的生意 |
| 優點 | 1. 對於品牌與服務能完全取得控制<br>2. 能夠做大幅度的改變<br>3. 不需要依靠外在夥伴的想法與意見 | 1. 對於品牌與服務能取得中等控制<br>2. 支援在地企業<br>3. 相較於自助法，較不需要花費那麼多的資金與資源 | 1. 有機會能產生很大的影響力<br>2. 資金密集度低（只需要較少的資金）<br>3. 支持當地企業、社群與組織 |
| 缺點 | 1. 資本密集<br>2. 需要雇用很多人<br>3. 管理高風險<br>4. 成長緩慢<br>5. 有可能與當地的合作夥伴競爭 | 1. 較難維持品質與一致性<br>2. 會依賴其他合作夥伴的意見 | 1. 更會依賴其他合作夥伴的意見<br>2. 有可能會失去控制<br>3. 較難維持品質與一致性 |

資料來源：Acumen & IDEO https://acumenacademy.org/

# 3.7 運用設計思考常見的誤解與錯誤

## 3.7.1 常見誤解

在運用設計思考時，常會看到一些誤解與迷思，說明如下：

## 1. 設計思考無法運用在 B2B 企業中

設計思考是「以人為本」的創意問題解決流程，所以許多人會認為設計思考只能運用在 B2C 的企業上，B2B 企業則無法運用，這是不對的，其實設計思考可以用來優化 B2B 企業內外部服務流程，及部分產品優化與創新（視產品屬性而定）。

## 2. 設計思考無法運用在銷售業務上

設計思考在銷售業務上可以從三個層面切入，分別是行銷文案與輔銷品，銷售流程與銷售模式等，說明如下。

**(1) 行銷文案與輔銷品**

便利商店可運用設計思考設計行銷文案及輔銷品來銷售御便當。

**(2) 銷售流程**

B2B 企業可運用設計思考來優化業務銷售流程。

**(3) 銷售模式**

設計思考可以結合商業模式，協助企業找出新的商業模式，進而改變原本的銷售模式。

## 3. 設計思考無法給小型企業使用

設計思考是不管企業規模多大皆可使用，小到新創團隊，大到集團皆可使用。只不過新創團隊（或小型企業）由於可運用資源較少，可以從整套設計思考的方法論中，擷取適合的步驟與工具來運用即可。例如：新創團隊就可運用設計思考，找尋創業的機會點，並進一步開發初創產品或服務。

### 3.7.2 常見錯誤

根據過去執行設計思考專案的經驗來看，單以執行專案的過程中，其實在每個環節都可能會出錯。以下圖說明設計思考專案中，常見錯誤是什麼。

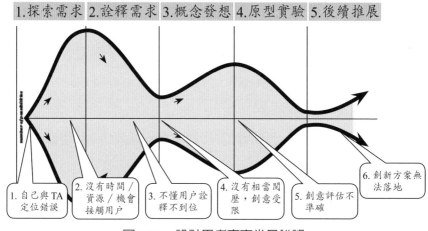

1.探索需求　2.詮釋需求　3.概念發想　4.原型實驗　5.後續推展

1. 自己與TA定位錯誤

2. 沒有時間／資源／機會接觸用戶

3. 不懂用戶詮釋不到位

4. 沒有相當閱歷，創意受限

5. 創意評估不準確

6. 創新方案無法落地

圖 3.13　設計思考專案常見錯誤

## 1. 自已與目標族群（Target Audience, TA）定位錯誤

在設計思考專案中，團隊需要定義設計挑戰以供後續創意思考。在設計思考的制定上，會運用「我們如何才有可能」（How might we？）讓某目標族群，能夠「完成某件事或做什麼」的方法做為設計挑戰。時常會發現，團隊對於自我的定位不明確，到底團隊是站在新創公司角度、自己部門角度還是公司角度來解決這個問題，其實解決方案會差很多。另外，也常發現團隊對於目標族群的定義過於

籠統或有誤。

## 2. 沒有時間／資源／機會接觸用戶

　　在設計思考專案中，時常會發生沒有時間／資源／機會接觸用戶的問題，雖然可以試著運用「同理心地圖」同理目標族群的痛點，但其同理的深度仍是不如直接訪談目標族群，後續可能會導致創意無法滿足目標族群需求等問題。

## 3. 不懂用戶詮釋不到位

　　在設計思考專案中，若有機會透過訪談及不同的研究方法，來搜集相關資料，有可能在不懂用戶的情況下，無法正確詮釋用戶需求。

## 4. 沒有相當閱歷，創意受限

　　在設計思考專案中，即使在使用者研究階段做得很紮實，仍然有可能會因為團隊成員缺乏一定的閱歷，導致創意發想的結果有所限制，無法想出夠具創意的點子。

## 5. 創意評估不準確

　　在設計思考專案中，團隊會運用統一的評估指標來評估創意，一般而言，多以可行性與創新性指標為主，然而，由於團隊成員的專長與經驗，因要求多元化組成的關係，而有相當程度的差異，故在點子的評估上，可能會有較紛岐的看法，評估有可能會失準。

### 6. 創新方案無法實現

在設計思考專案中，創新方案無法實現有很多可能的原因，舉例來說，若在探索目標族群的痛點與需求時，沒有多加考慮利害關係人對產品或服務的影響，就有可能發生最終的創新方案無法實現的情況。

## 重點摘要

1. 設計思考是以人為本的創新方法，是創意問題解決的流程，在運用過程中會考慮人的需求、行為，也考量科技或商業的可行性。

2. 設計思考包含以人為中心、強調合作、創意發想與動手做等四大特色。

3. 設計思考包含五大步驟，第一步驟探索使用者需求；第二步驟詮釋使用者需求，找出創新的挑戰；第三步驟創意概念發想；第四步驟原型實驗；第五步驟後續推展。

4. 在訂定設計挑戰（HMW）時，不要讓設計挑戰太大，導致難以回答，也不要讓設計挑戰太小，導致沒有創意發想的空間，我們運用影響性、多元性與相關脈絡與限制來判斷設計挑戰的適切性。

5. 利害關係人是影響產品（服務）決策、規格開發的相關人員。利害關係人的盤點，以提供服務來說，可從 (1) 時間軸、(2) 接觸點、(3) 接觸頻率等三面向盤點利害關係人。

6. 一般而言，訪談大綱可以從五大構面，分別是 (1) 背景與人口統計、(2) 經驗與行為、(3) 意見與價值、(4) 感受與感官、(5) 知識等

構面去發想。

7. 在資源允許下，一般而言，訪談團隊包含訪談者、紀錄者與攝影者等三種角色。

8. 在脈絡訪查中，可以從活動（A）、環境（E）、交互（I）、對象／物件（O）、用戶（U）等五大面向觀察。

9. 洞察（insight）指的是從訪談及整理過程中，所發現的觀點或看法，通常是一段簡潔的陳述，一個好的洞察，建議採取「清楚定義的對象＋以動詞表示的需求＋需求產生原因或需求現階段無法被滿足原因」格式呈現。

10.在點子評估階段時，常利用「最可能成功的」與「最創新的」兩指標來評估點子。

11.使用情境，主要目的在於「視覺化溝通」，把概念表達得更具體且易於製作原型與測試，協助團隊了解創意點子的價值，讓團隊可以站在使用者的處境來思考。

12.在專案剛開始的階段，原型的製作可以秉持剛好就好、駭客精神及魔法效果等三個原則。

13.原型的製作，因測試目的不同，而有不同的類型，其後續測試方式也有所不同。


## 習題

### 一、基礎題

1. 請問設計思考有那些特色？

2. 請問設計思考可以運用在那些地方？

3. 請問設計思考對於創業有什麼幫助？

4. 請問設計思考可以運用在銷售業務嗎？如何運用？

5. 請問在設計思考專案中，要如何挑選出好的設計挑戰？

6. 請問要如何盤點設計思考專案中的利害關係人？

7. 請問在發想訪談大綱時，常使用到的訪談面向有那幾個？

8. 請問在脈絡訪查中，可以透過那幾個面向觀察？

9. 請問在設計思考專案中，要如何挑選點子？

10.請問在設計思考上，我們描繪使用者使用情境的目的是什麼？

11.請問在專案剛開始的階段，原型的製作可以秉持那三個原則？

12.請問團隊為了募資或爭取專案所需的資源，可以運用什麼架構的簡報與受眾溝通？

13.請問若要將設計思考專案進一步規模化，請問有那幾個方式？

## 二、進階題

1. 請運用 AEIOU 觀察框架表，觀察在日常生活中去賣場購物人們的行為。

2. 請運用判斷設計挑戰是否適當的三個準測，評估日常生活中所遇到的問題。

3. 請運用「利害關係人地圖」與利害關係人盤點方式，試著盤點近期所參與專案（例：校外實習、畢業專題）中的利害關係人有哪些？

4. 請試著參考訪談五大構面表，針對近期要做的作業或專題，試著擬一份訪談大綱。

# 參考文獻

1. Design Thinking for Educators 2nd Edition
   https://www.ideo.com/news/second-edition-of-the-design-thinking-for-educators-toolkit

2. Nielsen Norman Group
   https://www.nngroup.com/articles/which-ux-research-methods/

3. Minichiello V., Aroni R., Timewell E. & Alexander L.（1995）In-depth Interviewing, Second Edition. South Melbourne:Longman

4. Acumen & IDEO https://acumenacademy.org/

5. 訪談大小事：如何辨別「僞」受訪者以及怎麼處理，Stella Hsiao，創誌（2017），https://medium.com/as-a-product-designer/ 訪談大小事 - 如何辨別 - 僞 - 受訪者以及怎麼處理 - 上 -fc0e88a0dc4

6. 洞察用戶體驗方法與實踐2，全新修訂版，清華大學出版社（2015）

7. 【設計思維】KJ 法實戰教學，6 大步驟簡單產出新 idea!，生活原型，https://popotype.com/kj-method/

8. 設計思考全攻略，賴利萊佛等，天下出版社（2019）

9. 三要點、五心法，完整了解「設計思考」究竟是什麼！
   https://www.hksilicon.com/articles/243575

10. SRI's "NABC" Approach
    https://www.slideshare.net/kcarmody/sris-nabc-approach

## 圖片來源

1. http://www.scenariolab.com.tw/wp-content/uploads/2011/07/DSC00752.jpg

2. http://cdn1.techbang.com/system/images/80062/original/218e929ed6dc279a0b229707f72449d9.jpg

3. http://www.akimbo.ca/UserFiles/atblog_/crania-revolutis-cpyrt.jpg

## 第四章　傳統的創新方法

林秀蓁

## 學習目標

1. 了解什麼是傳統的創新方法，以及這些方法的起源與執行方式。
2. 了解什麼是腦力激盪法，並能實際操作運用。
3. 了解什麼是奔馳法，並能實際運用SCAMPER七種方法產生創意。
4. 了解什麼是心智圖法，並能手繪、電腦或手機實際操作運用。
5. 了解什麼是曼陀羅九宮格思考法，並能發散與收斂產生創新想法。
6. 了解上述各種傳統創新方法之異同，並依實際需求選用合適方法。

## 本章架構

本章所介紹的內容，可以組成如下的傳統創新方法圖。

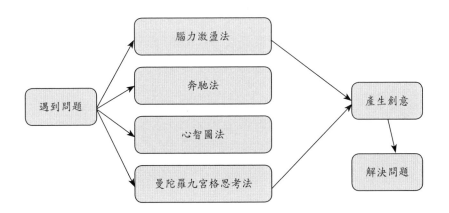

## 章前個案

### 新冠肺炎下的口罩創新

2020 年，農曆年後，全球深受新冠肺炎疫情襲擊。面對此一前所未見鋪天蓋地而來的病毒，大家顯得驚慌失措。原先，大家以為這只是侷限在中國或亞洲的區域性問題，沒想到，在疏忽漠視下，儼然成了世界級的共同困境，快速蔓延至全球一百多個國家，令人措手不及。

在這波迅雷不及掩耳的疫情中，並不是所有人都在原地一籌莫展。不少人迅速找到應變之道，甚至從中嗅出商機，開發出嶄新的創新作法或設計。解決燙手山芋般難題的同時，也為自己找到創新創業的契機。

不知道大家是否對疫情爆發初期的口罩荒慘況仍記憶猶新？因疫情傳播速度快到超乎人們想像，影響層面也大到始料未及，自然造成一開始口罩一罩難求，大家瘋狂搶購。面對此一口罩大量缺口，政府甚至祭出實名制，管控口罩的購買數量，並同時成立國家隊增列多條口罩生產線，衝大生產量，節流與開源雙管齊下，快速因應。

值此同時，一般民眾也不遑多讓，從日常生活經驗中取材，嘗試各種方式自力救濟，解決自己遇到的口罩荒難題。有人用家家戶戶中已有的電鍋乾蒸口罩，取其殺菌之後，可以再度使用。有人自製布口罩套，以換取更長的醫療用口罩配戴時間與更多的佩戴次數，並可增加配戴口罩後的美觀與變化性，也曾風行一

時，甚至帶動縫紉機的大賣。各種延長口罩使用或替代方式應運而生，也有人從中嗅出敏感商機，從事相關產品的製作生產與銷售，不一而足。

新冠肺炎引爆這波前所未有的口罩荒亂象，不會是最後一個令我們驚奇的事件。過去不曾發生，未來尚未出現，就像「Did you know 2021」影片[1] 所言：我們如何教授學生目前尚不存在的科技知識或學問內涵呢？我們又應該學習掌握哪些技能，以因應未來突如其來的變局，解決現在還不存在的問題呢？這就有賴於本章與下一章所欲探究的主題——創新方法。

## 1.為什麼需要「創新」？

「光陰似箭，歲月如梭」，這是大家耳熟能詳的一句話，也是許多人寫作時必選用的佳句，用來形容時光流逝之迅速。「世界不變的道理，就是世界在變」，從以往的「十年河東、十年河西」，到「五年一世代」，再到「三年一代溝」，隨著科技日新月異的快速更迭，外在環境的變化也隨之越來越快，快到幾乎來不及追趕。面對變動的世界，越來越難墨守成規，若想完全以前人的經驗作為現今問題的解答參考，幾乎已成了不可能的任務。如何把「Impossible」轉變成「I'm possible」，化不可能為可能，是我們必須面對的挑戰與考驗。

---

1 「Did you know 2021」影片網址為 https://www.youtube.com/watch?v=fbcMPGyPr8k

　　時至今日，若干年前科幻小說的想像，早已成了現實生活中不可或缺的真實日常，全球每天新增加的海量訊息，已遠遠超過古人終其一生所接觸的總量。人，一輩子，很長；日常生活中遇到的大大小小問題，自然也多。雖然現今資訊的取得異常便利，隨時隨地上網，輸入關鍵字搜尋，馬上跑出成千上萬筆的資料映入眼簾，Google 大神已成了眾人倚賴的對象。但也因為唾手可得的資料數量過於龐大，如何取捨應用這些排山倒海的巨量資料，端賴每個人的經驗與智慧。過多的選擇，反倒容易造成選擇的困難；曾有店家即以此為戒，每種商品種類不超過三個廠牌，讓進門的顧客容易選購，意外造成業績長紅，快速展店。因為每個人遇到的問題都是獨一無二的，每個人可以運用的資源也與眾不同；所以，必須將這些搜尋到的資訊去蕪存菁，轉化之後，方能為己所用。因此，我們更應該掌握思考的技術，讓我們即便遇到從未接觸的陌生待解問題，也可以據以激發產生創意的點子，更有效地解決自身獨有之問題。

　　創新，即為「Innovation」，通常意味著和現有已存在的有所不同。在科技日新月異的今日，創新受到前所未有的重視。因為訊息快速流通，技術翻新時距甚短，決定市場的不再是削價競爭激烈的紅海，而是獨門搶占先機的藍海策略。同時，也由於世界變化快速，我們遇到的問題類型非比尋常不同於以往，極可能是從前未曾出現的新問題，當然，也就無法完全複製前人的經驗加以解決。身處這樣瞬息萬變的世代，更須仰賴不同於以往的思考方式，以激發更為有效的創新解決之道。

## 2.什麼是「創新方法」呢？

　　什麼是「創新方法」呢？顧名思義，可以激發出創新想法的方法，就是創新方法。古今中外，許多人嘗試從自己的觀察或他人的經驗中歸納出共通的原理原則，再將之演繹推廣至萬事萬物。例如中國五經之首的「易經」，就是數千年前古人的經典之作，透過觀察大自然隨時間的遷移變化，從中提取精煉智慧的結晶，找到人們趨吉避凶之道，是謂「觀天象，以知人事」。現今社會的生活步調快速，不似舊日時光可以慢條斯理推演，而是希望學習善用前人已經發展出的方法，更快速地應變，正所謂「站在巨人的肩膀上」，這也是本章與下一章的主題所在。透過引介幾種常用有效的創新方法，讓我們不必凡事從頭開始，可以利用這些方法作為出發點或墊腳石，更有效地激發靈感。

　　古今中外的創新方法很多，也各有其適用的情境。有時候，我們遇到的問題相對簡單，這時候，就不需要大費周章，也就是「殺雞焉用牛刀」，可以直接使用一些容易上手的創新方法，協助快速發想出我們所需要的點子，用以解決當時的困境。本章先以此類較易上手且適用性廣泛的方法作為入門，將之歸於「傳統的創新方法」範疇，以與下一章較具系統性的「現代的創新方法」有所區別。並不是傳統簡單就不好，有時候我們坐困愁城手足無措之際，這些好上手的簡單方法反倒更能快速緩解燃眉之急。接下來，就讓我們進入本章的主題，一起學習簡單好用的傳統創新方法。

### 3.「傳統的創新方法」有哪些？

　　問題，層出不窮，無時無刻都存在著，只是外顯的形式不同，程度也各異。因此，從以前到現在，從東方到西方，創新方法一直是許多人關注的焦點。當我們一籌莫展之際，有沒有什麼方法可以激發創意露出解答的曙光？本章將介紹幾個流傳甚廣且容易上手的傳統創新方法，可作為創意的敲門磚，拋磚引玉激盪出更多有效的點子。

　　本章所論述之「傳統的創新方法」，有別於下一章即將介紹的「現代的創新方法」。傳統與現代的創新方法兩者之間的差異，主要存在於傳統的創新方法比較容易上手，運用上相對簡單，當我們遇到的是較輕微或較為單純的問題，不妨直接使用本章的方法，可以快速上手產生創新的想法。然而，如果遇到的是較為複雜的難題，希望得到問題較全面的了解與根本解決之道，則建議使用下一章的 TRIZ 創新法，其系統性較強，但相對的，也需要投入較多時間學習，方能熟練運用。大家可根據自己所遇到問題的屬性與需求，選擇最適用的快速或全面分析的方法。

　　傳統的創新方法很多，本章根據方法的普遍性與功能性，僅挑選其中四種實用性廣且易於上手的方法作為主軸。這四種方法分別是：「腦力激盪法」、「奔馳法」、「心智圖法」、「曼陀羅九宮格思考法」，在此先簡單介紹，讓大家可以初步認識這些方法；詳細的運用方式，將於後面各個小節再分別詳細敘述。

　　第一種是「腦力激盪法」（Brainstorming）：這個方法，中國大陸習慣從英文直譯為「頭腦風暴」。腦力激盪法是 Osborn 於 1938 年提出，主張參與者儘量發表腦中的主題相關看法，強調過程中不批評

與不打斷，以利創新點子的激發，過程中想法多多益善，最後再對每個點子一一評估，從而產生嶄新的觀點與解法；此法與「三個臭皮匠，勝過一個諸葛亮」頗具異曲同工之妙，藉由彼此想法的相互激盪，從而迸出絕佳創意的火花。腦力激盪法從提出至今，八十幾年來，廣受世界上各地人們歡迎，使用對象極廣，也造成很多人一提到如何產生創意點子的方法，腦袋裡不假思索直接反射彈跳出來的，莫過於「腦力激盪法」，也讓「腦力激盪」幾乎成了創意思考的代名詞。爲什麼腦力激盪法如此深植人心呢？首先，它已應用在全球許多地方，普遍爲人所熟知，知名度非常高；其次，腦力激盪使用簡便，若非從比較嚴謹的角度思考與執行，大多數人幾乎已習慣將腦力激盪一詞視爲日常用語，泛指創意發想。

　　第二種是「奔馳法」（SCAMPER）：奔馳法由 Bob Eberle 於1971 年提出，可看作是「奧斯本檢核表」（Osborn's Checklist）的簡化。「奧斯本檢核表」和上述的腦力激盪法一樣，都是由 Osborn 所提出來的，涵蓋了九個向度，分別是「其他用途」（Other uses）、「借用」（Adapt）、「修改」（Modify）、「放大」（Magnify）、「縮小」（Minify）、「替代」（Substitute）、「調整」（Rearrange）、「顛倒」（Reverse）與「合併」（Combine）；後來，Bob Eberle 將其中「Modify」、「Magnify」和「Minify」三個向度整併成「Modify/Magnify/Minify」一個向度，「Rearrange」和「Reverse」兩個向度整併成「Rearrange/Reverse」一個向度，「Other Uses」修改爲「Put to other uses」向度，並增加一個「Eliminate」向度，因而簡化成包含了 S、C、A、M、P、E、R 七個創新思考向度的

「奔馳法」（SCAMPER），分別是：「替代」（Substitute）、「合併」（Combine）、「借用」（Adapt）、「修改」（Modify/Magnify/Minify）、「其他用途」（Put to other uses）、「消除」（Eliminate）與「調整」（Rearrange/Reverse）七個向度，引導人們卡住的時候，可以從以上幾個方向激發創新想法。

第三種是「心智圖法」（Mind Mapping）：有沒有什麼方式，可以在一張紙上就窺見全貌，讓人見樹又見林？有沒有哪個方法，既有利於發散思考向外擴展，又可作為歸納收斂整理之用？心智圖法就是這樣一個可以同時滿足上面這些需求的工具，透過圖像思考來激發與表達內心想法，既可向內收斂，又可向外發散，兼具主幹與分枝。心智圖法是 Tony Buzan 於 1970 年代提出來的，用來快速激發靈感與創意思考能力。雖然創立者 Tony Buzan 已於 2019 年 4 月 10 日逝世，但心智圖法仍然影響深遠，在世界各地蔓延開來，開枝散葉遍布。多年來，隨著全球使用人數增多，心智圖法也產生了各種應用與變形：除了徒手繪製，也可透過電腦軟體或手機 App 繪製；除了原先主張的若干原則，也可以看到不少並未完全遵守的個人化作法。透過中心主題與旁支關鍵字詞之架構，無限向外擴展延伸；繪製心智圖的同時，大腦中的認知結構也同步整理，所以，有助於透過心智圖繪製的過程，將外在的新訊息內化。其價值不在於畫出來的心智圖有多精美，而在於整理自己心智的功能。在臺灣，一般習慣將繪製完成的圖像稱為「心智圖」（Mind Map），而將繪製的方法稱為「心智圖法」（Mind Mapping）；也就是說，用「心智圖」指稱完成的作品，用「心智圖法」指稱這套方法，其他地方的中文譯名則沒有特別區分成品與

方法。在中國大陸，習慣將之中譯爲「思維導圖」或「腦圖」。這幾個兩岸常用的翻譯名詞，剛好突顯了心智圖法的特點。首先，從思維導圖的角度來看，偏重於把它當作思維引導的圖示，透過圖像繪製，重新導引腦中思維，或重新架構思維。其次，腦圖則意指將大腦中的想法或思路轉化爲圖像呈現。最後，心智圖法強調了將內在的心智想法圖像化，或藉由圖像將內在心智外顯。三種中文翻譯用語各有所長，大家可依自己喜好選用。考量本章著眼於它的思考功能，所以通篇以「心智圖法」稱之。

　　第四種是「曼陀羅九宮格思考法」（Mandala）：有時候，我們就是困住了，不知道從何著手。遇到問題，不知道可以找誰幫忙？卡住了，不知道可以往哪裡找想法？這時候，只要有一枝筆和一張紙，拿筆在紙上面橫豎各畫兩筆，將紙面劃分爲九個格子，簡簡單單、輕輕鬆鬆就可以開始屬於你的曼陀羅九宮格思考法的奇幻旅程了。「曼陀羅思考法」，是日人今泉浩晃受到藏傳佛教的「曼陀羅」（Mandala）啟發得到的靈感，發想出以九宮矩陣爲基礎，向外輻射發散，快速產生 8*8，也就是 64 個想法（今泉浩晃，1997）。曼陀羅九宮格，原作爲筆記之用，然因其具備圖像、發散、收斂、系統、平衡等特性，後來更常被用來創意發想或問題解決思考，而有了「曼陀羅九宮格思考術（法）」之稱。「九宮格圓夢計畫」（佐藤傳，2007）、「曼陀羅九宮格思考術：達成目標成功圓夢」（松村寧雄，2010）等書籍的出版，讓曼陀羅九宮格更爲人所熟知與運用，也使原來曼陀羅九宮格以筆記與思考功能爲主，轉而與心靈、願景等有了更密切的連結。曼陀羅九宮格易於操作使用，隨著使用者的增加，產生

許多不同的變形與發展，甚至可以用九宮格為自己貼標籤，透過探索、盤點、檢視、認識自己的優點、缺點、強項、弱項、興趣、專長、個性、特質等八個標籤，學會愛與欣賞自己（陳永隆、王錚，2018）。本章為了與其他方法用語統一，故稱為「曼陀羅九宮格思考法」。

接下來的幾個小節，將分別探究上述四種傳統的創新方法。每種方法皆分成「概述」、「執行步驟」、「案例」、「結語」四個部分，方便讀者閱讀。「概述」部分，提供了該方法的整體介紹，讓讀者對此方法能有粗略的了解，有助於遇到問題時，評估此種方法是否適用於自己目前所處的境況。「執行步驟」部分，則是清楚陳述執行此種方法時的步驟，類似操作手冊的功能，讀者只要按圖索驥，一個步驟接著一個步驟，就可以順利完成，減少摸索出錯的機會，可以馬上派上用場。「案例」部分，是舉實際的使用例子，幫助讀者了解實際運用此方法的情境，對此方法的用途有更清楚的了解。「結語」部分，探討此方法的優缺點，以及可能的限制與未來的發展等，讓讀者可以進一步思考如何讓方法為己所用，但萬萬不可反倒被方法所侷限了，而應該抱持彈性的態度，甚至優化改進，發展出適合自己的一套新方法。

# 4.1 腦力激盪法

## 4.1.1 概述

一提起創新思考，多數人腦海中第一個浮現出來的就是「腦力激盪」。從 Osborn 提出迄今，「腦力激盪」一詞已經從專有名詞演變成日常用語，即使是對普羅大眾而言，也再熟悉不過了。但是，對於實際如何執行此法，可能模糊不清，不見得能清楚描述腦力激盪法到底是怎麼一回事。這也是為什麼特地在此介紹此法的原因，希望提供讀者對於此耳熟能詳的腦力激盪法有更清楚的認識，俾使日後實際應用更加順手切實，以發揮最大的效用。同時也能在此基礎上，拓展更開闊的創意空間。

「腦力激盪法」（Brainstorming），在中國大陸習慣稱為「頭腦風暴法」，是一種激發創意的方法，由 BBDO 廣告公司創辦人 Alex Osborn 於 1938 年首創。腦力激盪法雖然可以個人或小組進行，但通常以小組方式進行較佳，因為可以共同激盪出較多的觀點與想法，有研究指出集體腦力激盪的最適合人數是四個（德魯・博依、傑科布・高登柏格，2014），讀者不妨在運用過程中逐步摸索出對自己最有利與最適合的人數。進行時，與會者隨意將腦中想到的主題相關想法提出來，過程中不批評與不打斷以鼓勵各種想法的產生，並由負責記錄的人員將各種想法書寫於便利貼、海報、白板或電腦投影上，最後再進行所有想法的篩選整理。

腦力激盪法進行過程中，須掌握以下四項基本原則，方能達到最

佳效益：

1. 追求數量：因爲產生的想法數量越多，就越有機會從中激發出好的創意想法。此法精髓在於以量取勝，先求有、再求好，在此法中展露無遺。不要一開始就妄想馬上得到最好的想法，而限制了思緒的自由馳騁遨遊；往往在激盪過程中，更易慢慢提取出令人讚嘆的絕妙點子。

2. 禁止批評：過程中不批評的話，比較可以無所顧忌地提出各種特別或不同凡響的新奇想法，因爲可以集中心力激發各種想法，不因批評的顧慮而中斷。同時也因爲不必擔心被批評的壓力，我們可以全心全意把力氣放在發想點子上面。

3. 鼓勵獨特：多數的想法雷同相似，但通常這些想當然耳的觀點並不是我們想要的，因爲這些稀鬆平常的想法往往了無新意，派不上用場。我們希望透過腦力激盪法集思廣益，讓不同背景的成員彼此激盪出令人耳目一新的特別好點子。

4. 綜合改善：多個想法常能融合變化成一個更棒的想法，發揮一加一大於二的效果。一開始看似沒有價值的壞點子，常常與其他想法結合整併、去蕪存菁之後，可得到意想不到的結果。所以，好的點子就在大家討論過程中逐漸醞釀成形，這也是腦力激盪法希望達到的。

## 4.1.2 執行步驟

如何進行腦力激盪法呢？實際上，腦力激盪法的進行是有步驟

的。若能較嚴謹地以正式會議形式進行，能得到較好的效果。在此，分為會議前、中、後三個階段，依序說明腦力激盪法的執行步驟。雖然也可以個人獨自進行，但通常效果比不上以團體或小組的方式進行來得好。故以下以最常用的小組方式為例，說明腦力激盪法的執行步驟。

## 1. 會議前

### 步驟一　提出議題

為了讓腦力激盪法更具成效，首先，必須選定一個聚焦發想的議題。議題必須明確，且範圍不宜過大或籠統，這樣才能讓參與人員清楚知道發想的方向，不至於太過離題與發散。選擇的議題，最好是參與成員共同遭遇到的真實且很想解決的問題，如此一來，討論過程中的參與投入程度與熱情必定熱烈，也更能發揮各自的專業，更具成就感。事先議題的決定，也可以凝聚共識，讓參與者對於即將討論的主題有了心理準備，避免討論過程中有成員偏離主題太遠，而無法積極進行。

### 步驟二　製作背景資料

為了讓腦力激盪會議過程順利，需在會議前提供與會者關於議題的相關資訊，讓與會者在開會前形成此議題的初步了解與想法，有助於會議中想法的激盪與討論。此作法是預防有成員對即將討論的主題相關資訊不太清楚，而無法有效地產生相關想法。此外，參與人員也可以從這些資料中提取或激盪出若干想法，擴展更多元的思考。

### 步驟三　選擇與會者

基本上，以與此議題直接相關的成員為會議主要參與者即可。當然，若情況許可，也不妨加入幾個對此議題有興趣的外部成員，形成異質性團體，可提供不同的觀點，藉此激盪出不一樣的想法。

### 步驟四　創建引導問題一覽表

引導問題一覽表主要是提供給主持人使用，當會議進行不順或卡關時，可以參考此表單，拋出表單上預先準備的問題，以引導成員思考回答，激發創意思考。為了協助主持人順利完成任務，事先準備工作不可少，引導問題就是其中重要的一環。對於經驗豐富的主持人而言，這些引導問題或許熟悉如家常便飯；但對於經驗不多的主持人來說，這些引導問題卻可能如救命稻草，在關鍵冷場時，發揮它及時雨般的備場救援角色。

## 2. 會議中

### 步驟五　進行會議

不可諱言，所有的與會成員都很重要；但為了確保腦力激盪會議可以發揮應有的效能，其關鍵靈魂人物非主持人莫屬。舉凡會議流程、秩序、時間等等，都在主持人的股掌之中。因此，整個會議從頭到尾過程中，主持人須時時扮演好這個舉足輕重的角色，掌控整個會議的進行，務必使其遵循腦力激盪法的原則。如此一來，會議的品質與結果才能符合我們的需求與期待。

### 步驟六　過程

不可或缺的另一位重要人士，就是記錄，負責將過程中每個人的

想法記錄下來，以供後續的討論。早期記錄在黑板或白板上，後來也以電腦打字經由單槍投影螢幕呈現。記錄者須與提出者確認內容陳述用語意思是否相符，忠實呈現每一個想法。

　　關於每個人想法的提出，早期傾向於以公開會議的形式；但發現在公開場合中，部分與會者礙於發言或從眾壓力而無法暢所欲言有所顧忌。所以，也有人提倡在發想過程中，可以讓每個人用書寫代替口語將意見表達出來，同時善用便利貼作為發想的工具，都廣受歡迎與普遍採用。

### 步驟七　評估

　　當大家都把各自想法提出來，一直進行到差不多沒有更多想法或時間限制時，再一併對記錄下來的想法一一評估。這個階段，每個人可以儘量闡述自己對於每個點子的看法，運用眾人智慧全面盤點每個點子的利弊得失，批判思維可以盡力發揮於此腦力激盪會議的最後步驟。提醒大家，此時應針對點子本身，對事而不對人，理性討論評估，千萬不要流於意氣之爭，勿以人廢言。不必拘泥於原來點子，可以刪除不適合或不可行的點子，整併不同點子的相似觀點，甚至適度修改，都是可以接受的。最終篩選修改出令大家滿意的若干點子，以作為會議後可行方案的研發基礎。

## 3. 會議後

　　因為腦力激盪法產生的是創意的想法，而不是直接可以解決問題的解法答案。所以，腦力激盪會議結束，並不是真正的結束，而是另一個開始；須將這些評估後的想法，進一步發展成具體可行的解決方

案，才不白白辜負了前面會議的千辛萬苦，不致於讓這些點子流於空想。是故，此階段非常重要，也是腦力激盪法成敗的關鍵。

可將上述的腦力激盪法執行步驟流程圖繪製如圖 4.1，更清楚呈現整個過程各階段步驟。從此圖可知，若想進行順利並得到較佳結果，會議前的準備工作非常重要。會議中，則會議主持者身負重任，對於整個會議過程中的發想討論之議事規則與秩序須嚴格管控，方能使創新點子的產出過程依循腦力激盪法的原則，使會議發揮最大的效益。會議結束後，尚須將評估出來的點子，發展成具體可行的方案，才不枉前面會議所花費的心血；畢竟，若只是停留在沾沾自喜於腦力激盪法產出點子，而對實質問題的改善無所助益，充其量也不過是空想罷了，於事無補。

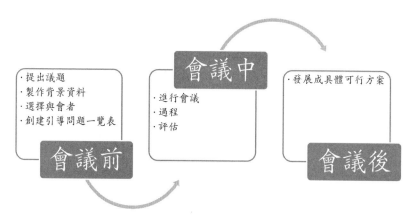

圖 4.1　腦力激盪法執行步驟流程圖

## 4.1.3 案例

　　為了讓大家更清楚腦力激盪法的效用與進行方式，接下來舉例子說明。2021 年 5 月中，政府宣布全國進入三級警戒，禁止室內與室外群聚，嚴格限縮某些行業的營業項目與民眾的行為，嚴重衝擊某些特定行業；其中，原先以內用為主的餐飲業者，尤其叫苦連天，部分店家甚至支撐不下去而無奈選擇停業。其他苦撐的店家，勢必改變原有的經營模式，尋求生存之道。這個時候，很適合以腦力激盪法，找出改變的契機。

　　「珍實在火鍋」是一家名聞遐邇備受歡迎的吃到飽火鍋連鎖店，疫情之前，全台十數家分店門庭若市，常常需提前預約或現場候位，才能一飽口福。疫情指揮中心全國三級警戒狀態禁止餐廳內用的命令一下，整個集團陷入愁雲慘霧之中；不能內用，來客內用業績直接掛零，這對吃到飽餐廳而言，無疑是致命一擊，殺傷力之大，幾乎與宣判死刑無異。加上分店眾多，日常必要開銷如店租、員工薪水、固定進貨款項等，自然也是筆不小的負擔；越龐大的連鎖體系，反倒面對更為嚴峻的考驗。因此，主管決定召開腦力激盪會議，集結大家的力量，共同商討如何反制因應此不知何時方能結束的變局，共謀出路，攜手共渡難關。

## 1. 會議前
### 步驟一　提出議題

　　此次會議目的在於禁止餐廳內用的情形下，如何減少必要支出，並找到除了內用以外的其他增加營收之道；如此一來，可以為公

司爭取更多的喘息空間，讓全國分店的所有員工不因疫情而失業，公司也可以支撐到全面解封之後正常營運。所以，本次會議的議題聚焦在開源節流上，希望可以透過腦力激盪得到一些啟發與共識，並發展成即時可行的具體方案。

## 步驟二　製作背景資料

整理國內外疫情趨勢演變與影響、彙整公司的財務收支項目及金額、蒐集其他各行各業的應變方式等等資料，會議前事先提供給與會人員，讓與會者開會前可以先就此議題進行初步的思考，有助於正式會議時想法的產出，畢竟不見得每個人對上述這些背景資料都非常熟悉。這些資料也可作爲會議的基礎，當大家思緒枯竭時，可以參照聚焦，提取有用的訊息，激發想法。

## 步驟三　選擇與會者

因爲情況緊急，且涉及商業機密，故公司決定此會議的與會者全爲內部員工。但爲了兼顧跨部門整合與增加多元思考角度，所以，各部門皆推選代表與會，增加異質性。如此一來，除了可以有來自不同背景的激盪，也有助於不同部門間意見的討論與整合；最後評估勝出的點子，更具有發展成可行方案的潛力。

## 步驟四　創建引導問題一覽表

公司突然遭遇此措手不及的外在環境難題，主持人臨時被委以重責大任；爲了讓新手主持人可以順利圓滿完成會議的召開，故參考前人經驗，於會前創建引導問題一覽表。這些問題主要是關於一些提問的技巧與可以直接使用的問句範例，不僅可藉此減輕主持人的心理壓力，也讓主持人可全心全意將力氣放在議事上，對於會議的進行可達

事半功倍的效果。

## 2. 會議中

### 步驟五　進行會議

正式會議進行時，由主持人控管所有的流程。為了達到最佳的會議成效，務必嚴格遵循腦力激盪法的原則。主持人由中階主管擔任，讓與會者依序暢所欲言，減少不必要的干擾，使會議流暢進行。

### 步驟六　過程

會議過程中，發給每人一本便利貼，給一段時間書寫，一張便利貼一個想法。再一一說明便利貼上的內容，交由主持人所指派的人員記錄。過程中，遇到不確定的語意時，即時與當事人釐清，再打字投影至螢幕上呈現。也要時時注意遵守禁止批評的原則，以利創意發想。

### 步驟七　評估

最後，大家共同一一檢視與評估每個點子。任何觀點或考量，都可以趁這個機會提出來，接受公評與理性討論，尊重每個人不同的想法。如果有類似觀點的點子，就適度整併調整。最後，表決選出多數人滿意的點子，作為會議決議，供後續方案研發之用。

## 3. 會議後

會議結束後，成立專案小組，將上述想法進一步研擬成具體可行的解決方案。經由一番努力，最終產出了以下幾種做法：(1) 推出外帶便當系列：將原先店裡深受顧客喜愛的熱炒菜色做成便當，接受顧

客預約到店取貨或外送服務，用以留住顧客，並多少挹注基本開銷。
(2) 網路直播與網站銷售冷凍半成品與其他食材：透過線上平台擴展
多元銷售收入，同時減輕庫存備料壓力。(3) 店面轉型火鍋超市：讓
各分店搖身一變為火鍋超市，提供顧客在家自煮一站購足火鍋食材的
服務。

　　雖說上述行動方案一開始是為了快速應變疫情蔓延三級警戒而產
生出來的，但實際執行後，意外創造更多的商機，若干做法可以一直
持續下去。危機往往是改變的契機，苦難常常是化了妝的祝福。腦力
激盪法執行門檻低，容易上手，方便快速產生創新想法。當我們遇到
如這波疫情的突發衝擊時，不失為可以考慮使用的因應之道。

## 4.1.4 結語

　　腦力激盪法受歡迎的程度，讓它的身影常出現在其他創意思考方
法中。腦力激盪法幾乎百搭，可以與其他創新方法搭配，嵌入其中而
毫無違和感。但值得留意的是，有些可能只取腦力激盪之名，而無腦
力激盪之實，點到為止；若想發揮最大的效益，建議應確實執行。

　　腦力激盪法最大的缺點，在於太過發散。雖然可以快速產生許多
想法，但不見得對於想要解決的問題而言是非常有用的點子。從想法
的激發到切實可行的問題解決方案之間，往往還有很長一段路要走，
尚需花心力進一步構思具體的做法。

# 4.2 奔馳法

## 4.2.1 概述

　　奔馳法，是由英文 SCAMPER 翻譯而來，其透過簡化整併奧斯本檢核表（Osborn's Checklist），而形成由 S、C、A、M、P、E、R 七個英文字母組合而成的一套創意思考方法。由 Alex Osborn 於 1953 年提出來的奧斯本檢核表，原本包含了九個不同向度來擴展思考，分別是：「其他用途」（Other uses）、「借用」（Adapt）、「修改」（Modify）、「放大」（Magnify）、「縮小」（Minify）、「替代」（Substitute）、「調整」（Rearrange）、「顛倒」（Reverse）、「合併」（Combine）。此檢核表提供了九個向度的若干思考問題，引導從這些面向思考並一一核對，強迫思考激發出新的點子，用以找到創新的解決之道。

　　Bob Eberle 於 1971 年微調整併奧斯本檢核表為七個向度的「SCAMPER」，分別代表了七種以這些字母開頭的方法，也就是：「Substitute」、「Combine」、「Adapt」、「Modify/Magnify/Minify」、「Put to other uses」、「Eliminate」、「Rearrange/Reverse」，中文意思分別為：「替代」、「合併」、「借用」、「修改」、「其他用途」、「消除」、「調整」，依序說明如下：

## 1. S：Substitute（替代）

　　替代，也就是尋求其他替代的人、事、時、地、物等；透過改變原來的使用方式，產生新的改善之道。例如：是否有取代原有功能或

材質的新功能或新材質？是否有替代的產品或程序？是否有替代的規則？

## 2. C：Combine（合併）

哪些功能可以和原有功能整合？如何整合與使用？如果和其他產品合併會如何？如果將人或資源合併組合會有什麼新的結果？

## 3. A：Adapt（借用）

有沒有類似的產品？可以向類似物品取經，看看原有材質、功能或外觀，是否有微調的空間？

## 4. M：Modify/Magnify/Minify（修改）

原有材質、功能或外觀（形狀、顏色、觸感、長度、大小）等，是否有修改、擴大延伸或縮小的可能？是否可以再增添些什麼（例如：聲音、味道等）？

## 5. P：Put to other uses（其他用途）

除了現有功能之外，能否有其他用途？此物是否可以用在其他地方？有什麼人可以使用此物？不同情境下，是否有不同的使用方式或功能？

## 6. E：Eliminate（消除）

也就是從某些方向簡化產品的設計，在保留原有產品的主要功能前提下，哪些功能可刪除？哪些材質可減少？藉以降低產品的生產成

本或程序，或是減少操作的繁複性。

## 7. R：Rearrange/Reverse（調整）

　　改變上下、左右、前後、內外或操作順序，思考產品或程序重組後的樣貌，甚至顛倒或反向操作，激發更多的可能性。

　　奔馳法，可以視為更精緻聚焦的腦力激盪法。奔馳法從七個向度進行腦力激盪，有助於發想時的聚焦思考。因為當思考無限制時，思緒容易發散，沒有限制反而不知從何想起。所以，如果稍加限制思考的向度，反倒有利於思維聚焦，更易激發相關的想法。

　　為了便於記憶與應用，將奔馳法 SCAMPER 與分解之七種技法，繪製成圖 4.2。如果時間允許，可以儘量將每個向度所激發出來的想法逐一條列；透過視覺化的文字，有助於後續解決方案的發想。

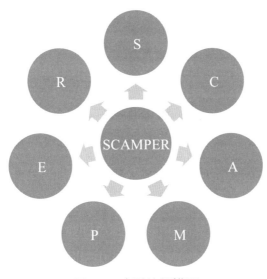

圖 4.2　奔馳法架構圖

### 4.2.2 執行步驟

　　使用奔馳法，可以分為三個階段。首先，決定你想改善的問題點，也就是「問題設計」階段。再依據奔馳法的七個創意思考向度，進行發想，此即為「想法討論」階段，可以使用表格輔助，依序進行七個向度的創意發想。最後，將這些想法整併評估，並根據實際問題情境修改為切實可行的作法，稱之為「篩選執行」階段。

### 1. 問題設計

　　首先，確定想要改善的產品問題。除了實體的產品問題，也可以擴及服務、流程等。通常我們想要改善的「痛點」，也是其他人可能遇到的；因此，後續若能產生有效的解決方案，往往也是潛藏商機之所在。

### 2. 想法討論

　　接下來就是重頭戲，運用奔馳法的七個向度，進行創意發想。可以參考七個向度的提問，盡情嘗試發想；並把想出來的點子，一一條列出來，以便後續的整併篩選。此階段是使用奔馳法成效優劣的決定期，為了讓發想過程更全面周到且不偏移，可以搭配如表 4.1 的奔馳法表格輔助，增進思考效果。

表 4.1　奔馳法表格

| 向度 | 說明（提問思考方向） | 想法 |
|---|---|---|
| Substitute<br>替代 | 替代的人、事、時、地、物？<br>替代的材料？<br>替代的資源？<br>替代的規則？<br>替代的使用方式？ | |
| Combine<br>合併 | 和其他產品組合？<br>整合人力或資源？ | |
| Adapt<br>借用 | 與其他物品相似處？<br>可以模仿的對象？<br>從其他產品得到靈感？ | |
| Modify/Magnify/<br>Minify<br>修改 | 改變視、聽、觸、味、嗅？<br>增加視、聽、觸、味、嗅？<br>加強、放大或縮小某些地方？ | |
| Put to other uses<br>其他用途 | 可以用在別的地方嗎？<br>不同的使用者？<br>不同的使用目的？<br>再利用的可能？ | |
| Eliminate<br>消除 | 簡化產品？<br>去掉部分組件或功能？<br>濃縮？ | |
| Rearrange/Reverse<br>調整 | 改變上下、左右等順序？<br>顛倒、相反或逆向？<br>角色調換？<br>重組？ | |

### 3. 篩選執行

　　最後一個階段，就是將上述發想出來的各種想法彙整，並一一評估篩選。此階段也提供了一個很好的機會，趁此將若干想法整併修改成更佳與具體可行的方案。因為在前面的發想階段，想法可能並不成熟，或未能仔細思考面面俱到，必須在真正落實執行前，修改成更完善的執行方案。

　　可將上述的奔馳法執行步驟流程圖繪製成圖 4.3，更清楚呈現整個過程之各階段步驟。從此圖可知，一開始的「問題設計」階段，須明確訂出欲改善的產品或流程等問題。接下來的「想法討論」階段，則是最花心力的部分，也是奔馳法最重要的步驟，可搭配表格書寫，讓想法具象化，使此法發揮最大的效果。最後「篩選執行」階段，則是篩選前面想出的點子，並進一步發展成具體可行的方案執行，化想像為真實，進而改善原先的「痛點」。

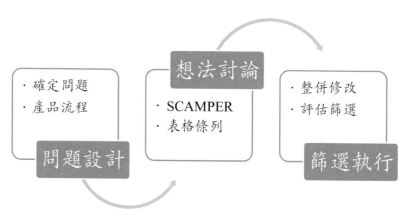

圖 4.3　奔馳法執行步驟流程圖

## 4.2.3 案例

接下來，以口罩荒問題為例，說明奔馳法如何應用在此問題上，從而找到創新應用的商機。首先，決定想要改善的問題點；再依據奔馳法的七個創意思考向度發想，並搭配表格輔助整理相關想法；最後，整併評估，並將之修改為切實可行的作法。

### 1. 問題設計

首先，以本章開頭的口罩荒問題為例，立場不同的政府、公司、工廠或個人，看重的問題面向自然不同。如果你是政府單位，問題點在於如何於最短時間內取得最大量的口罩；如果你是公司行號，可能在意的是如何透過貿易手段快速進貨與銷售；如果你是生產工廠，則關心如何快速產出合格口罩；如果你是一般民眾，關心的焦點自然落在如何防護自己免於受到 COVID-19 的感染與危害。當你選擇的問題不同，想利用奔馳法改善的地方自然也就不一樣。

### 2. 想法討論

接著，運用奔馳法的七個向度提問，嘗試發想相關的想法。並將想法一一條列，以便後續的整併篩選。

S：以其他材質替代，所以出現了布口罩等替代品，雖然品質不及醫療用口罩，但也是在缺乏醫療口罩下，聊勝於無的替代品。多一層保護，少一分感染風險。

C：因應醫療用口罩數量不足，也意外激發大家各種天馬行空的創意，想方設法延長醫療用口罩的使用壽命與次數。透過拆解與重組

整合的方式，口罩套應運而生。口罩套有兩種形式：一種是直接借用布口罩裁剪，讓醫療用口罩可以從兩側缺口抽換，布口罩可更換清洗，延長醫療用口罩使用的時間；另一種則是另行縫製口罩套，創造新的口罩套產品商機。經由拆解合併，讓醫療用口罩的消耗速度減緩。

A：口罩荒之下，也有人逕行使用相關的原料，自製口罩。例如透過廚房紙巾和熔噴不織布等合成，借用相似功能的其他物件，進行類醫療用口罩的製作。雖不近，亦不遠矣。

M：因應醫療用口罩使用時間長，各種增進口罩配戴舒適度及便利性的產品也隨之受到重視。例如各種尺寸的兒童專用口罩、綁帶式口罩、減少呼吸困難的口罩 3D 支架、口罩收納夾等，這些都是從修改原有材質、功能或外觀方面著手，找到更多可以改善的創新切入點。

P：本來多數人配戴口罩的初衷在於防止疫情感染，但由於疫情大爆發的緣故，口罩市場成了百家爭鳴的必爭之地，各家廠商莫不使出渾身解數，競相搶食這塊口罩大餅。於是，除了基本功能性的改善之外，為了區隔市場與提高銷量，也有不少廠商在外形、顏色、圖案等方面大做文章，嘗試融入不同風格元素，讓口罩不只是防疫必備品，更成了時尚流行的代言人，同時也是宣傳與宣導的一把好手。口罩，已不再只是口罩！人們賦予口罩更多元的角色，配戴口罩除了具備防疫的基本功能外，也產生了更多其他可能的用途，量變造成質變。

E：當口罩成了稀缺性物資，也讓許多人重新思考：到底口罩所

須具備的功能與不可或缺的部分是什麼？把握口罩的核心價值，以此考量發想，在一罩難求的情形下，創出了不少退而求其次的做法。當然，就算在所有原物料皆可順利取得的情形下，也一樣可以執行此向度之思考；只是，當現實狀況惡化到某些物資短缺難以取得時，在這樣龐大的生存壓力下，往往逼使人們激發出許多不得不的想法與做法。有人嘗試保留熔噴不織布或濾材的部分，而將其他部分改採像是布口罩之類的其他替代品，透過消除減少其他非必要材質，而只保留最重要功能的部分。

R：原本醫療用口罩為一次性使用後就拋棄，但在口罩缺貨的當下，如何延長口罩的使用壽命，就成了當務之急。此時，網路上出現大量口罩再生或增加使用次數與時間的方法，例如：用電鍋蒸口罩、太陽曝曬口罩、口罩存放夾、口罩鏈等等。這些不同的口罩使用程序，也可算是一種調整重組或重新安排使用順序的思維方式。

## 3.篩選執行

最後一個階段，就是將上述發想出來的各種關於如何解決口罩荒的想法彙整，並一一評估篩選。趁此階段，將若干想法整併修改成更好的具體可行方案。此時，可將心力放在精緻化前面所發想出來的想法，務必縝密思考全面考量；在真正落實執行前，修改成更臻完善的執行方案。

常聽人感嘆說：「意外和明天，不知道哪個先到？」因天災人禍造成外在環境的突然改變，常常引發風雲變色的境況。成，也意外；敗，也意外。成敗之間，往往取決於當你面對詭譎多變的當下，如何

因應。奔馳法提供了七個向度思考因應之道，讓我們可以在變動時將思緒聚焦於這些向度，不會像無頭蒼蠅般慌了手腳，沒了方向，不知從哪裡著手進行。面對越來越多變的未來，如果可以掌握更多的工具，就是讓自己有了更多的選擇。我們都不知道下一秒會發生什麼事情，我們現在可以做的就是儘可能完備自己的可用資源，透過創新方法強化思維的彈性，以備不時之需。

### 4.2.4 結語

奔馳法也是許多人常用的方法，它比腦力激盪法更有方向，更為細緻，跟其他創意思考方法的融合度也非常高。它提供的七個具體可行思考向度，可發揮類似強迫思考的效果。實際執行時，建議搭配檢核表格使用，一一條列每個想法，這些視覺線索，更有助於大腦思緒的激發。

## 4.3 心智圖法

### 4.3.1 概述

心智圖包含幾個主要組成：中心關鍵詞與由中心向外圍輻射出去的分支，以同樣顏色標示每個分支及分支上面書寫之關鍵詞，利於大腦的編碼與記憶，可自由向外延伸數個階層。但不建議延伸太多階層，因為分層太多的話，一張心智圖的訊息量過於龐雜，反而不利於閱讀與記憶。如果發現某個分支的訊息量太多，可將此分支另外獨立

出來成另一張心智圖。

　　心智圖法最大的優點是可將所有訊息集中在一張心智圖上，方便連結思考全貌，而不易有所遺漏，正所謂見樹又見林，既見全貌又含細節。此外，構思繪製心智圖的過程中，隨著筆觸又可不斷激發相關想法，同時考慮整體架構與組織，有助於創意思考過程中，讓思緒更加清晰結構化。通常畫完一張心智圖，對於圖中關鍵主題的思考將更全面而完整。這也是爲什麼近年來，心智圖法被廣泛運用到各種不同的領域，例如：創意激發與規劃、閱讀與理解、寫作與演說、聽講與筆記、記憶與考試等等，因爲成效良好，獲得許多人的肯定。

## 4.3.2 執行步驟

　　要如何使用「心智圖法」呢？心智圖法的操作重點如圖 4.4，只要把握重點原則，就可依樣畫葫蘆，輕易執行：

1. 決定中心主題，並畫在紙張中心附近。中心主題的展現方式，以象徵圖像爲首選。
2. 從中心主題向外擴散，增添分支及關鍵字詞。每個分支線條及上面的字詞，以同樣顏色標示。越往外，分支線條及字體越細小。
3. 圖爲主，文字爲輔。圖文並茂，有助於形成記憶與日後提取的視覺化線索。

　　在此，提供一幅南亞技術學院幼兒保育系劉紫昕同學的作品（如圖 4.5），這是她初次在林秀蓁教授的課堂上學習心智圖法所完成的自我介紹作品。只花了短短 90 分鐘的學習與實作，就產出如此豐富細緻的畫面，著實令人驚豔！而這幅心智圖加上她本人條理分明的述

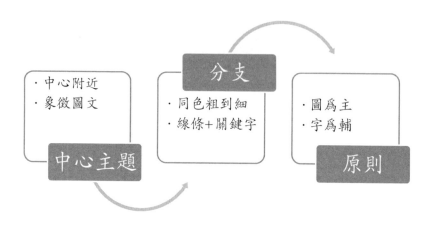

圖 4.4　心智圖法執行步驟流程圖

圖 4.5　自我介紹心智圖（南亞技術學院幼兒保育系劉紫昕同學繪製）

說，讓人在很短的時間內就可以對她有初步的了解。此圖雖然沒有完美符合心智圖法原則（曲線、虛線、無粗到細），但無礙於所呈現的豐富內容。從一個人繪製的心智圖，某種程度也反映了繪製者的內心與性格，見圖如見人。

在企業裡，心智圖法可以拿來做些什麼呢？

1. 入門基本款——自我介紹：以心智圖法快速破冰，讓彼此在短時間內熟悉，尤其適用於辦理跨部門的課程或活動，或新人初進公司彼此認識之用。

2. 進階版——企劃溝通：以心智圖法規劃專案架構與內容，並作為各部門工作分配與溝通的工具。

3. 高級版——創意發想：以心智圖法進行創意發想解決之道，透過共筆繪製，集合眾人智慧，聚焦思考各個面向形成共識，以釐清問題核心，從而找到解決之鑰。如舉世聞名的波音公司，就曾全公司跨部門共同繪製心智圖，節省大量經費與時間，創造驚人績效。

## 4.3.3 案例

心智圖法的運用面向極廣，在此舉林秀蓁教授的作品為例。在幼兒園教保活動課程暫行大綱發布之初，為了快速掌握精髓，並作為宣講推廣研習之用，林教授使用心智圖法將厚達一百多頁密密麻麻的內容繪製成一頁心智圖，如圖 4.6 所示。當初保留較長的文字，且選擇用電腦繪製，是因為此心智圖不單純是給自己看，還兼具給他人觀看參考之用；如果用字太過精簡，恐怕別人不易看懂。如果完成的心智

圖僅供自己使用，則關鍵字用語可極精簡，個人化象徵符號的比重也可大幅提高。林教授後來在課堂上教授學生心智圖法，並讓學生親自動手繪製個人專屬的幼兒園教保活動課程大綱心智圖，每個分支上的關鍵字可以縮減至五個字以內。

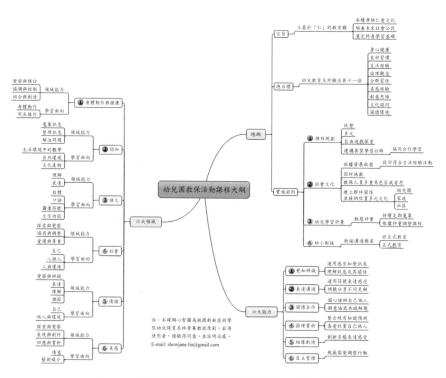

圖 4.6 幼兒園教保活動課程暫行大綱心智圖

### 4.3.4 結語

心智圖法容易入門，可廣泛應用於教育界與企業界。不論是學生

的閱讀理解、整理筆記與準備考試之用，或是用來發散思考、構思專案、規劃流程，都非常適合。讀者可依實際使用需求，進行發散與收斂思考。市面上陸續開發出來多款電腦軟體與手機 App，更提高了心智圖法跨平台應用的便利性。

當我們再度觀看自己的心智圖成品時，往往萌生修改之意，可能想到更精簡的畫法，或想調整架構，這些都很常見；因為心智圖繪製過程中，常常內心想法已有所改變或隨之進化成長，提升到了另一個境界，而不自滿於原先繪製的作品。提醒大家，千萬不要花太多時間與心力追求「完美的」心智圖，而應將之視為一個激發與整理想法的媒介。畢竟，心智圖不是最終產物，應用心智圖法之目的在於激發創新想法，而非比賽誰的畫畫功力比較厲害，或誰畫的心智圖比較漂亮，須謹記在心，切記、切記！

「師父領進門，修行看個人」，心智圖法尤其如此。網際網路上打上關鍵字「心智圖」搜尋，畫面馬上跳出來成千上萬幅世界各地各式各樣極具個人風格的作品，可做為觀摩學習之用。早期的心智圖法規定較嚴格（線由粗到細、每一分支用不同的顏色、關鍵字寫在線條之上而非後面等）；但時至今日，有多種變通用法，讓初學者更容易上手，也可以根據自身需求調整部分細節。工具的使用，在於達成目的。不要擔心害怕做錯而不敢下筆，勇敢踏出嘗試的第一步，做，就對了！不做，不會怎樣；做了，一定不一樣！

# 4.4 曼陀羅九宮格思考法

## 4.4.1 概述

從日本紅到美國的職業棒球好手大谷翔平，其成功之道就是透過曼陀羅計畫（九宮格目標達成法）。「曼陀羅九宮格思考法」的靈感，來自於藏傳佛教的「曼陀羅」（Mandala）。曼陀羅的原意為「完成擁有本質精髓的事物」，因此，可以將之衍伸為「從中心意義往外擴展」。圖形以九宮格為基礎，外圍有八個格子環繞中心格子，所以，當我們以中心主題發想，可以往四面八方向外輻射發散，或是以順時鐘或逆時鐘的方式將八個格子填滿，藉以強迫思考，快速產生一個又一個的點子。因其具備了圖像、發散、收斂、系統、平衡等特性，故常被用來創意發想或問題解決思考之用。

九，是個特別的數字，它是個位數中最大的。許多人小時候念書時，每個星期都要臨摹字帖練習寫毛筆，也是寫在九宮格上。九宮格，既可以從中心往四面八方向外擴散，利於發散思考向外演繹；同時，也可以反過來從外向內聚斂，利於將想法歸納收斂。因此，九宮格思考法既可以作為激發發散思考工具，同時又可以用來收斂歸納聚焦，妙用無窮。

曼陀羅九宮格思考法的基本形式，就是橫豎三個方格，三乘以三構成九個方格；以中心為主題，向外圍八個空格強迫思考，以激發出新的想法。也就是在中心方格裡面，寫下此次發想的主題；而將所發想出來與此主題相關的想法，一一分別寫入周圍的八個方格，一個方

格寫一個想法。

　　曼陀羅九宮格思考法的進行方式主要分成兩種：一種是往四面八方輻射擴展，從中心主題向外圍輻射擴展想法；一種是以順時鐘或逆時鐘方式圍繞，從中心主題沿著順時鐘或逆時鐘方向逐步思考到最後的結論。

## 1.輻射型

　　從中心主題向外發散，沒有特定的順序，只要將外面的八個格子填滿即可，特別適合用於創意的發想。曾在課堂中帶領學生以此法進行人際關係的擴展，在短短的時間內，即可輕鬆擴展至第二層九宮格，完成兩層共七十二位（8+8*8=72）人際關係網路的繪製，多數學生驚訝表示自己的人際關係網路遠比自己原先以為的來得廣。

　　此外，也可借用輻射擴展的特性，進行虛實、內外等反向思考，例如：虛轉實、實轉虛，或是由內而外、由外而內。藉由不同方向的思考，可以得到破除思考慣性的更多可能想法，並在轉換之間刺激創新思考，啟發不同向度的動腦思考。

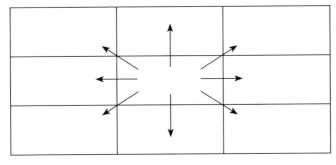

圖 4.7　輻射型九宮格

## 2. 圍繞型

一樣從中心主題出發，但向外圈擴展時，須沿著順時鐘或逆時鐘方向繞一圈，每一格與鄰近格子之間，有順序關係，故此種擴展思考方式具有逐步開展的特性，所以，比較適合程序性的思考。可當作每週計畫安排之用，或是搭配眼、耳、鼻、舌、身、意、天、地或其他八個向度的思考，一般常用於行事曆時間規劃、會議討論、記憶位置、生涯規劃等。

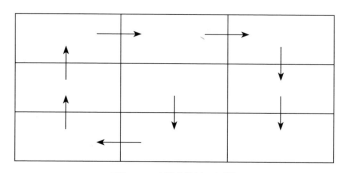

圖 4.8　圍繞型九宮格

除了上面兩種主要型式，也有其他的變化型，例如：以中心及其水平與垂直方向定出 5W（Who 人、What 事物、Why 為什麼、Where 地、When 時），再搭配四個角落為相關策略（如圖 4.9）；或是以第一層九宮格的內容為基礎，再向外擴展第二層九宮格（如圖 4.10），可更進一步將思維擴展。

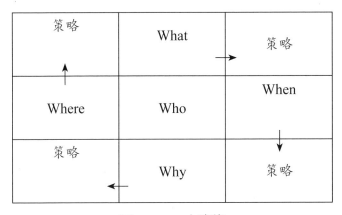

圖 4.9 5W 九宮格

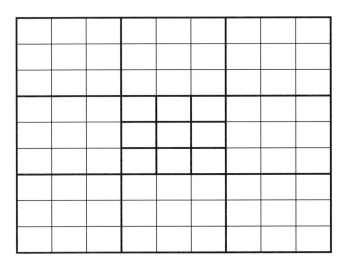

圖 4.10 雙層九宮格

曼陀羅九宮格思考法，和心智圖法一樣，都可以將所有訊息集中在一張圖表上。兩種方法不一樣的地方在於曼陀羅九宮格思考法的擴展性更強，可以九宮格的形式，無限向外延伸；當然，實際操作時，並不常無限延伸，一般以單層或雙層九宮格就可以達到使用目的。此

外，曼陀羅九宮格思考法也常搭配其他創新思考技法使用，對一般人來說，技術門檻較低。同時又因九宮格有九個格子，自然具有強迫思考的填滿效果，通常可以產生一定數量的新點子。

### 4.4.2 執行步驟

如何使用「曼陀羅九宮格思考法」呢？曼陀羅九宮格思考法應該是本章所介紹的四種方法中最容易上手、最簡單操作的，只要把握幾個重點原則，就可以輕易進行：

1. 畫一個九宮格，直接畫在紙上，或是電腦軟體繪製，皆可。

2. 決定中心主題，並直接書寫或打字於中心格子內。

3. 依照選定的形式，從中心主題向外輻射或圍繞擴散，每個格子填寫一個想法。

4. 可以依實際需求，決定是否需要再向外延伸第二層九宮格，甚至第三層九宮格。

5. 篩選點子，擬定接下來的行動方案，並執行。

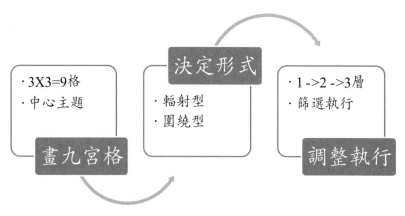

圖 4.11　曼陀羅九宮格思考法執行步驟流程圖

### 4.4.3 案例

首先準備一張紙，橫豎各畫上兩條直線，即可快速形成一個九宮格。我們當然可以直接從中心主題向外不受限制地發想，只是人通常有思考慣性，很容易偏重某些向度的思考，因而限縮了思維廣度。

每年固定有一些特別的節日，商家也常配合這些節日舉辦相關的促銷活動。如果你是負責策劃這些活動的人員，如何年年推陳出新，常令人十分苦惱。這時候，我們就可以使用曼陀羅九宮格思考法來擴展思考向度。以「父親節」為例，我們可以把「父親」當作主題，寫在中心的格子。外圍八個格子分別指涉眼、耳、鼻、舌、身、意、天、地八個向度，依序寫下「父親」這個主題在這八個向度的相關想法。眼睛看到的是花白的頭髮，耳朵聽到的是咳嗽聲，鼻子聞到的是藥味，舌頭嚐到的是甜食，身體感受到的是沉重的步伐、意會到的是以嚴厲包藏的關心，隨著天時變老，想到的地方是家。

經過這樣一輪八個向度的擴展，我們可以得到不同的啟發與提醒。如此一來，就有機會從不同的角度切入，再往下延伸思考，自然能發展出不落俗套的活動。

| 舌 | 身 | 意 |
|---|---|---|
| 鼻 | 主題 | 天 |
| 耳 | 眼 | 地 |

**圖 4.12　眼耳鼻舌身意天地九宮格**

| 甜食 | 沉重的步伐 | 以嚴屬包藏的關心 |
|------|-----------|-----------------|
| 藥味 | 父親 | 變老 |
| 咳嗽聲 | 花白的頭髮 | 家 |

圖 4.13　父親的眼耳鼻舌身意天地九宮格

## 4.4.4 結語

　　最簡單的，往往應用最廣。曼陀羅九宮格思考法，就只是看似簡簡單單的縱橫雙線交錯所劃分出來的九個格子，卻因空白的格子，而有了不受限制的思維用途，也讓它容易與其他創新技法搭配結合而毫無違和感。同時器材取得容易，幾乎是隨時隨地都可以使用的方法。

　　本章介紹了四種傳統的創新方法，大多容易上手，執行過程也相對簡單，對於處理日常生活中的簡單問題，已經可以發揮一定的效果。但是，也肇因於此特性，這些方法所產生的點子優劣也就因人而異，絕大部分取決於使用者的能力而定。然而，在創業及後續經營過程中，實際遇到的問題可能比較複雜，浮現出來的表面問題可能並不是真正的問題所在；此時，就需要系統性較強的整套創新方法，讓整個問題解析及後續的問題解決過程，都更有脈絡可循，也更有效率。這就是我們下一章的主軸，將詳細介紹數十年來世界上許多知名跨國企業採用的創新方法──TRIZ。

## 章後個案

### 新冠肺炎下的危機與商機

　　俗話說：「危機就是轉機」，最困難的時刻，往往潛藏著最大的機會。這一波蔓延全球近兩年的 COVID-19，造成許多企業重新洗牌：有的企業在這驚滔駭浪的風口浪尖上損失慘重，甚至宣告破產停業；但也有企業乘此巨大變動順勢而起，華麗轉身成了最大贏家。外在浩瀚宇宙的變化，不是渺小人類所能輕易撼動；唯一能做的是，如何因應局勢的變化，透過創新方法，順勢而為，化危機為轉機，再創另一個高峰。

　　從 2020 年初到 2021 年中，我們看到了世界各地政府、企業與民眾面對此一席捲而來的疫情，從措手不及，到尋求方法應對，從而再創新機。本章結束前，讓我們一起回顧一年多來種種應運而生的創新點子應用，以及其中種種創新的智慧。

　　首先，延續討論本章一開始提到的口罩荒，以及伴隨而來的許多解決困境的創意發想。口罩，一個再普遍不過，也非常低廉的日用品，一夕之間價格飆漲，從一片 2 元不到，漲至二位數，甚至出現有錢也買不到的情況，一罩難求。面臨此未曾設想過的狀況，大家紛紛發揮創意，找到各種解決之道。有人嘗試從增長口罩的使用壽命著手，透過口罩套、日曬口罩、電鍋乾蒸口罩等方式，讓口罩的配戴時間與次數可以延長增加。有人則嘗試找到其他的替代品，可能是具有類似防止飛沫的物品，像是布口罩、餐巾紙自製口罩。有人則將原有的物品增加了防疫的用途，試圖

在危急之際，趕快派上用場，先求有、再求好。

許多的創新點子，常是人們遇到問題時，情急之下激發出來的。一開始的原始想法或許不甚完美，但為後續的創新研發提供了萌芽之地，只要好好加以改良，大賣的明星商品可能就此誕生了。例如慈濟功德會的香積飯，其研發初心是為了賑災之用。因為許多災區，往往斷水斷電，難以煮食，常沒熱水可用，也不易採買；所以，希望研發出快速、方便、易儲存且可即時常溫沖泡的米飯與麵食。歷經數年，終於研發出可乾燥儲存，不管熱水或是冷水皆可沖泡的「香積飯」與「香積麵」。後來，香積飯與香積麵不但在多次救災中發揮救濟災民的功能，也成了許多人日常食用之物，甚至連非慈濟人都會搶購的熱門明星商品，讓人始料未及。

記得以前曾看過電視節目介紹，日本有位家庭主婦，平常做家事時，遇到不太方便的地方，就試著想辦法解決。本來只是想解決自己的問題，後來，靈機一動，進一步發想成商品，並找廠商幫忙生產；無奈，廠商並不看好，認為她設計的產品單價低，利潤也不高，而不願意代工生產。在此情形下，她只好自己包辦所有設計、生產、包裝、銷售等環節，竟意外成為一家成功商社的大老闆。

限制我們的，從來不是外在的環境，而是我們自己的內心！

## 重點摘要

1. 「世界不變的道理，就是世界在變」，如何把「Impossible」轉變成「I'm possible」，化不可能爲可能，是我們必須面對的挑戰與考驗。創新，才能因應變動快速的現在與未來。

2. 學習創新方法，可以讓我們站在巨人的肩膀上，以這些前人提出的創新方法作爲墊腳石，有效激發靈感。

3. 本章介紹四種好用易上手的傳統創新方法，分別是：腦力激盪法、奔馳法、心智圖法、曼陀羅九宮格思考法。

4. 「腦力激盪法」（Brainstorming）又稱爲「頭腦風暴」，已成創意發想的代名詞。須把握「追求數量」、「禁止批評」、「鼓勵獨特」、「綜合改善」四個原則進行，分成會議前、中、後三個階段，包括「提出議題」、「製作背景資料」、「選擇與會者」、「創建引導問題一覽表」、「進行會議」、「過程」、「評估」七個步驟，最後發展成具體可行方案。

5. 「奔馳法」（SCAMPER）包括「S」、「C」、「A」、「M」、「P」、「E」、「R」七個創新思考向度，也就是：「替代」（Substitute）、「合併」（Combine）、「借用」（Adapt）、「修改」（Modify/Magnify/Minify）、「其他用途」（Put to other uses）、「消除」（Eliminate）與「調整」（Rearrange/Reverse）。分成「問題設計」、「想法討論」與「篩選執行」三個階段，可搭配 SCAMPER 七個向度的表格書寫條列。

6. 「心智圖法」（Mind Mapping）又稱爲「思維導圖」或「腦圖」，

將內在的心智想法圖像化，將所有訊息濃縮在一張圖上，可見樹又見林。在紙張中心畫下主題，多用象徵圖像；依重要程度依序向外分支，同一分支上的文字和線條顏色相同。透過心智圖法整理與激發想法，切勿落入追求完美的陷阱。

7. 「曼陀羅九宮格思考法」（Mandala）只需簡單紙筆畫一個九宮格，就可進行輻射型或圍繞型創意發想。將主題放在中心方格，再將外圍八個方格一一放入想法；若有需要，可再向外延伸第二層九宮格，甚至第三層，以擴展思維廣度。

## 習題

### 一、基礎題

1. 本章教導哪幾種傳統的創新方法？這些方法可以怎麼組合一起運用？

2. 什麼是「腦力激盪法」？

3. 什麼是「奔馳法」？

4. 什麼是「心智圖法」？

5. 什麼是「曼陀羅九宮格思考法」？

6. 你覺得哪一個創新方法最容易運用？

7. 請舉出一個你日常生活中運用本章創新方法的例子。

### 二、進階題

1. 進行「腦力激盪法」時，哪些因素可能影響它產生創新點子的多寡與優劣？

2. 請選定一個你想改善的產品或日常生活中的物品，運用「奔馳法」發想可能的改善之道。

3. 試著用「心智圖法」繪製屬於你個人的自我介紹。

4. 請使用「曼陀羅九宮格思考法」發想，嘗試找到關於口罩荒的創新點子。

5. 試著選擇一種或整合兩種本章介紹的創新方法，以產生創新點子。

## 參考文獻

1. 德魯‧博依、傑科布‧高登柏格（2014），盒內思考：有效創新的簡單法則，天下文化，ISBN：9789863204664

2. 今泉浩晃（1997），改變一生的曼陀羅 MEMO 技法，世茂，ISBN：99789575296896

3. 佐藤傳（2007），九宮格圓夢計畫，商周出版，ISBN：9789861249636

4. 松村寧雄（2010），曼陀羅九宮格思考術：達成目標成功圓夢，ISBN：9789866151019

5. 陳永隆、王錚（2018），跨界思考操練手冊，時報出版，ISBN：9789571372679

# 第五章 現代的創新方法 TRIZ

林永禎

## 學習目標

1. 了解什麼是TRIZ？此創新的方法的起源與創新的方式。
2. 了解什麼是發明原理？40個發明原理的子原理與運用案例。
3. 了解什麼是技術矛盾、技術參數、矛盾矩陣。能利用這三十九個技術參數，查矛盾矩陣，得到發明原理。
4. 了解什麼是物理矛盾，解決物理矛盾的三種策略（方法），分離矛盾的四種做法。

## 本章架構

本章所介紹的內容，可以組成如下圖的矛盾問題解決概念流程圖。

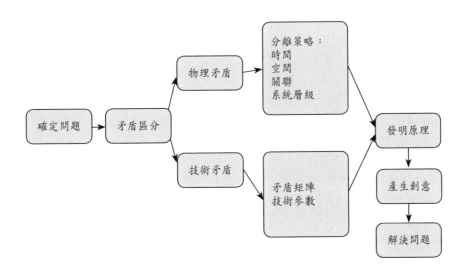

## 問題個案

### 被強風摧毀的跨海大橋

美國華盛頓政府準備在塔科馬市建造一座跨海大橋，橋長 1.6 公里，橫跨塔科馬海峽。老塔科馬橋 1938 年開始建造，於 1940 年 7 月竣工，總耗資 640 萬美元，是當時世界第三長跨度的橋梁。當時有兩個橋梁設計方案，當時以經濟為大前提，為了減低造價，橋面設計的厚度從 25 呎（7.6 米）減至 8 呎（2.4 米），使建設成本從 1 千 1 百萬美元降至 8 百萬美元。

結果在 1940 年 11 月 7 日，跨度 853m 的塔科馬大橋在大約 19m／s 的風速（相當於 8 級風）發生劇烈的振動而垮塌。

### 技術矛盾的問題

原設計為了求美觀及省錢，使用過輕的物料，造成其發生共振的破壞頻率，與卡門渦街（Kármán vortex street, 是指流體中安置的阻流體，在特定條件下會出現不穩定的邊界層分離，阻流體下游的兩側，會產生兩道非對稱地排列的旋渦，其中一側的旋渦循時針方向轉動，另一旋渦則反方向旋轉，這兩排旋渦相互交錯排列，各個旋渦和對面兩個旋渦的中間點對齊，如街道道兩邊的街燈一般，故名渦街。）接近，從而隨強風而劇烈擺動，導致吊橋崩塌。啟用不到五個月便倒塌。其後重建及另建的新橋分別於 1950 年及 2007 年啟用。

這種為了改善一個特性（使用過輕的物料來省錢），造成一個特性惡化（強度不足以抵抗強風）的問題是典型的技術矛盾，

本章會介紹如何解決這種技術矛盾的方法。

資料來源：

塔科馬海峽吊橋 - 維基百科。

# 5.1 TRIZ 簡介

## 5.1.1 什麼是 TRIZ？

TRIZ 是從俄文的英文音譯 Theoria Resheneyva Isobretatelskehuh Zadach 中取出的第一個字母所組成。有人把它翻譯成萃思或萃智，因為有兩種不同的翻譯法，所以我們在這裡簡稱為 TRIZ，其意義為「創意問題的解決理論」。它是前蘇聯海軍專利局專利審核員阿舒勒（Genrich Altshuller），分析多件專利，挑出四萬件他認為具有較佳創新方法的專利來研究，所歸納出創新的基本原則，接下來持續研發，所提出的系統分析問題與產生創新之理論。

## 5.1.2 TRIZ 工作原理

TRIZ 解題的邏輯是把問題直接去想成符合 TRIZ 的問題類型，當找到符合 TRIZ 的某一問題類型時，對於每一種 TRIZ 的問題類型，就能找出 TRIZ 的解決方案，這不是一個具體的方案，是一個概念啟發方向的方案，但是這概念啟發方向的方案以前的人不容易想到，不

容易找到創新的切入點去突破，若採用一般邏輯直接想解決方案時，解決的難度較高，不容易想出來。所以說，採用一般邏輯去思考解決方案只有一個步驟，但是這一步的障礙較高，比較不容易得到好的解決方案。雖然採用 TRIZ 的邏輯去解決問題需要比較多步驟，但只要有找出問題的類型，把問題轉化成 TRIZ 的問題類型時，下一步就比較容易。因此處理我的問題（自己特定的問題）對 TRIZ 來說，就是將特定的問題轉換成一般性的問題，再從很多已經歸納出的問題之模式中找到一般性問題的解決方式。就 TRIZ 而言，一般性的解題模式就是我能找到一個問題的切入點，再從這問題的切入點去想去找出我的解決方案，這就是產生我特定的解答。所以特定的問題跟特定的解答就是具體的跟問題比較接近的描述內容，TRIZ 的問題（一般性的問題）及 TRIZ 的解答（一般性的解決方案），等於是先把它抽象化，抽象化後更容易找出對應的解題方式。

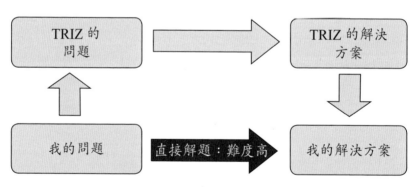

圖 5.1　TRIZ 的解題方法示意圖

　　TRIZ 在解決問題的時候有很多不同對應的工具，例如你的問題是要問 8×5 是多少，可以使用九九乘法表，得到答案為 8×5=40；

若你要知道 $aX^2 + bX + c = 0$，你就可以用一元二次方程式的公式得到解答；如果你要知道 HCl + NaOH 加在一起會產生什麼結果，可以利用化學反應實驗式，就會知道會產生 NaCl + $H_2O$，以上是在數學或化學上，找到跟問題對應的工具，就能知道結果是什麼。同樣的道理，對應在 TRIZ 裡，把問題整理出來它若是技術矛盾，指的是一個產品或一個事物，當你改善一個特性時它又會惡化另一個特性，沒辦法兩全其美，這就叫技術矛盾。技術矛盾所對應的工具叫矛盾矩陣，讓你把不同特性的問題去找出幾個解答的方向，它所找到的解答方向，就是 40 個發明原理（發明原則）。

40 個發明原理是指 40 個去找創意的啟發點。如果問題整理出來是物理矛盾，所謂的物理矛盾是指它是同一個特性自我產生矛盾需求，例如桌子要厚才能讓桌子上承受較重的機器，但桌子又要薄才會輕，桌子又要厚又要薄，這就是同一個特性「厚度」，需求是相反；有時又不一定是相反，是相對的，同一個特性不能同時存在就稱為物理矛盾。處理物理矛盾 TRIZ 常用把矛盾分離的方法，它叫做分離策略。

分離策略有時間分離、空間分離、關聯分離、系統層級四種做法，每種做法有對應的解決方案是 40 個發明原理。如果你把問題歸類出來是物質跟能量場的模型，這不同的物質與能量場的模型問題，它有對應的問題解答模式，所以它有七十六個標準解答模式，叫七十六標準解方案。如果把問題用功能的形態去描述，就變成要用功能分析的模型來表現它，用功能模型表現所呈現出來的問題點去找解決方案。如果用的問題模型是演化趨勢的話，演化趨勢是指一個技術

隨時間變化，在不同時間會有不同的變化狀態，例如一個產品它原本是一整片固體的，變成兩片固體它中間用一種東西連結，變成三個固體中間用絞鍊連結，再後來固體可能變液體、變柔性體、變氣體、變成是能量場，它分成不同的階段，當你用演化趨勢來看一個東西的時候，那麼它對應的工具是演化趨勢各階段的變化。就是某個東西它有不同的演化階段，在做創新發明時，就可以看出目前這東西在什麼階段，就可以去想下一個階段要怎麼做，這就是用演化趨勢來想創新發明的方法。

表 5.1　TRIZ 的解決工具體系

| 問題模型 | 對應工具 | 解決方案模型 |
|---|---|---|
| 8 X 5 | 九九乘法表 | 40 |
| $ax^2 + bx + c = 0$ | 一元二次方程式公式 | $x = \dfrac{-b \pm \sqrt{b^2 - 4ac}}{2a}$ |
| HCl + NaOH | 化學反應式 | $NaCl + H_2O$ |
| 技術矛盾 | 矛盾矩陣 | 40 個發明原理 |
| 物理矛盾 | 分離策略（分離規範） | 40 個發明原理 |
| 物場模型 | 76 個標準解 | 76 個標準解 |
| 功能模型 | 效應庫／功能導向搜索 | 效應／技術 |
| 演化趨勢 | 演化趨勢階段變化 | 演化趨勢下（另）一階段 |

資料資料：林永禎、謝爾蓋‧伊克萬科（2021）

　　因為本章的篇幅有限，內容只教幾個簡單的 TRIZ 工具，讓讀者容易掌握。若是讀者想要了解 TRIZ 更多，有另一本書《TRIZ 理論

與實務：讓你成爲發明達人》（林永禎、謝爾蓋・伊克萬科，2021）
有更多內容，讀者可以自行找來閱讀。

## 5.2 發明原理

### 5.2.1 發明原理概述

　　40 個發明原理是 40 個幫助指引創新思考方向的構思創意做法。
它在解決問題的系統裡，是最後會用到的，它是最後提供你思考啟發
點的方向，應用在解決技術矛盾及物理矛盾時會用到發明原理。爲了
避免在同一節單元內容會變得比較大，所以先把 40 個發明原理提出
來說明。不同的書，發明原理翻譯的名稱會稍有不同，讀者可以考慮
哪個名稱最能幫你掌握原理的內涵而使用它。在 TRIZ 初期幾乎只用
到 40 個發明原理來解決問題產生具體的方案。

### 5.2.2 發明原理內容（40 個發明原理）

　　發明原理可以介紹很多，但是限於篇幅，在這裡是精簡的介紹在
表 5.2 中如下所述：

**舉例說明**

　　**第 1 個發明原理「分割」**

　　「分割」發明原理裡面分成幾個小的發明原理，也叫做子原理，
也就是使用這個發明原理的指導原則。第 1 個子原理，將一個物件分
成幾個獨立的部分。就是把一個本來是整體的東西，把它分成幾個獨

立的部分來產生一些好處。例如我們家門或電梯的空間沒很大，但我需要一張大桌子整理資料或畫大張的畫，因此把大桌子搬進門或搬進電梯就沒那麼容易。所以我可以把一張大桌子分成幾張小桌子，這樣的話就容易搬運。但是小桌子就不能達到我想做大張圖的這個目的嗎？把四張小桌子搬進來後，一樣可以把它變成一張大桌子，把它分成幾個獨立的部分，還能夠使它容易組裝、搬運跟拆卸，所以它變成可以獨立使用跟合併使用的桌子，使一個物件容易組裝與拆卸，這就是第 2 個子原理。但如果它已經是分割分開情況，把它變成增加分割的程度。像是拼圖，對於一個幼稚園中班的學生的而言，使用 16 塊的拼圖就夠；但是對於小五學生的程度，只分隔成 16 塊對他來說太簡單，所以拼圖可能要變成 64 塊，把本來是 16 塊的拼圖，變成 64 塊，使它分割的程度增加了，這就是第 3 個子原理，增加物件分割的程度。

表 5.2　四十項發明原理（1 / 10）

| 編號 | 原理 | 子原理（指導原則） | 舉例 |
|---|---|---|---|
| 1 | 分割 | a. 將物件分成若干個獨立的部分。<br>b. 使物件能易於組裝及拆卸。<br>c. 增加物件分割的程度。 | a. 一張大桌子→兩張小桌子<br>b. 可各自獨立使用，或合併使用的桌子<br>c. 拼圖更多片 |
| 2 | 分離 | a. 從物件中提煉、移除、分離出不需要（有害）的元件或屬性。<br>b. 從物件中提煉、移除、分離出需要（有利）的元件或屬性。 | a. 無刺虱目魚<br>b. 雞精是以雞為主要材料煉製出的濃縮精華 |

表 5.2　四十項發明原理（2／10）

| 編號 | 原理 | 子原理（指導原則） | 舉例 |
|---|---|---|---|
| 3 | 改寫局部特性 | a. 改變一個均質結構的物件或外部環境（外部影響）成為異質。<br>b. 使物件在其限制條件下，每部分元件都能達成最合適的操作。<br>c. 使一個物件每一部分都能達到不同與（或）互補性的有用功能。 | a. 醫院的小拉門，不必打擾到看診，即可傳送病歷表<br>b. 冰溫熱飲水機，能提供冰溫熱三種不同溫度的飲水<br>c. 鉛筆與橡皮擦 |
| 4 | 非對稱化 | a. 將一個物件由對稱結構改為不對稱結構。<br>b. 如果一個物件原先為不對稱結構，則改變其不對稱的程度。 | a. 不對稱插頭插座<br>b. 重力前傾錘 錘頭前傾，可以將重力的中心更多地轉移到錘頭 |
| 5 | 整合／合併 | a. 合併相同或相似的物件，或者集合相同或相似的元件來達成相同的操作。<br>b. 將相同或連續性的操作在時間上加以結合。 | a. 雙焦眼鏡：閱讀看近＋看遠<br>b. 三合一洗衣機：洗衣＋脫水＋烘乾 |
| 6 | 一物多用 | a. 使一個物件或結構具備多樣功能，以消除其他部分的需求。 | a. 萬用型遙控器 |
| 7 | 套疊（結構） | a. 第一物件放置第二物件內，第二物件又被放置在第三物件內，以此方式類推。<br>b. 一個物件可通過另一個物件的孔洞。 | a. 可收納行李箱：小行李箱放入大行李箱。<br>b. 口紅膠。 |

表 5.2　四十項發明原理（3／10）

| 編號 | 原理 | 子原理（指導原則） | 舉例 |
|---|---|---|---|
| 8 | 重量補償 | a. 為了要補償一個物件的重量，可以和其他具有升力的物件互相連接。<br>b. 為了要補償一個物件的重量，可以和環境所提供之空氣動力或水的浮力（能量）產生互動。 | a. 熱氣球<br>b. 游泳救生圈 |
| 9 | 預先的反作用 | a. 如果一個作用包含著有害與有用的效益，則施以事先進行反作用的行動，來去除或降低有害的效果。<br>b. 在一個物件內預先給予一壓（張）力來抵抗一個已知未來會產生的壓（張）力。 | a. 安眠藥外面包覆催吐劑，如果一次吞過量時就會造成嘔吐<br>b. 安全氣囊 |
| 10 | 預先的行動 | a. 預先完成全部的動作或至少完成部分動作。<br>b. 事先準備使物件可及時並且能在適當的地方作用。 | a. 郵票背面膠水<br>b. 滅火器 |
| 11 | 預先防範／補償 | a. 為了補償低可靠性的物件，可預先採取對策。 | a. 備用降落傘 |
| 12 | 等位能化 | a. 重新設置工作環境，以消除（減少）舉起或放在物件的操作；或由工作環境執行該等操作。 | a. 汽車修理廠的維修地溝。 |

表 5.2　四十項發明原理（4 / 10）

| 編號 | 原理 | 子原理（指導原則） | 舉例 |
|---|---|---|---|
| 13 | 反向運作 | a. 把一個常用來解決特定問題的方法反向／另一方向思考。<br>b. 把一個可移動的物件或環境改成固定，或者把一個固定的物件或環境讓它變成可移動。<br>c. 將物件或過程顛倒置放或者改以反向操作。 | a. 男性避孕藥<br>b. 跑步機<br>c. 顛倒放置杯子以便從下方噴水清洗 |
| 14 | 曲化（球狀或曲面） | a. 利用曲線取代直線，曲面取代平面、以球體取代立方體。<br>b. 使用滾輪、球或螺旋。<br>c. 把直線運動改成滾動，使用離心力。 | a. 3D 立體拼圖<br>b. 原子筆尖<br>c. 脫水機 |
| 15 | 動態化 | a. 不同條件下，物件或環境或流程的特徵要能（自動）改變來達到最佳化的效果。<br>b. 把一個物件分成幾個部分且能有相對運動的能力。<br>c. 如果一個物件或過程是剛性或不可撓曲的，把它變成可動或是可撓曲的。 | a. 向光性太陽能板<br>b. 可伸縮照相機角架<br>c. 捲尺（相對於直尺） |
| 16 | 不足或過度的動作 | a. 如果很難達成百分之百的理想效果，則使用較多一點或較少一點的作法來將問題簡化。 | a. 當抹水泥時，先抹多一些，再以鏝刀去除多餘的水泥。 |

表 5.2 四十項發明原理（5／10）

| 編號 | 原理 | 子原理（指導原則） | 舉例 |
|---|---|---|---|
| 17 | 空間維度變化／移到新空間 | a. 物件或系統轉變成一維、二維或三維的空間。<br>b. 以多層組合／結構取代單層。<br>c. 將物件傾斜、豎置或平躺。<br>d. 利用物件表面的另外一面。<br>e. 投射影像至鄰近區域或該物件的另一側。 | a. 大湖地區立體高架式草莓（使栽培面積倍增）<br>b. 立體停場、多層電路板<br>c. 蹲式馬桶腳踩支撐設計（雙腳踩在 22.5 度的斜面，能減緩久蹲痠疼問題）<br>d. 雙面穿的衣服的設計<br>e. 投影的電腦鍵盤 |
| 18 | 物件振動 | a. 使物件振動或震盪。<br>b. 增加振動的頻率。<br>c. 使用物件的共振頻率。<br>d. 用壓電振動取代機械振動。<br>e. 結合超音波與電磁場振動。 | a. 果汁機利用刀片旋轉與震動方式打成果汁<br>b. 超音波洗淨牙齒<br>c. 超音波共振震碎膽結石、腎結石<br>d. 壓電式振動感測器（壓電式感測器通常用來偵測彎曲，震動，撞擊等狀態。藉由上下震動而產生小電流，大電壓 [+／-90V] 的訊號。）<br>e. EMAT 電磁超音波（結合超音波跟電磁波）能產生峰值電壓高達 1200V 或 8kW 信號的超音波檢測儀，能克服傳統超音波檢測前的繁瑣準備作業。 |

表 5.2 四十項發明原理（6／10）

| 編號 | 原理 | 子原理（指導原則） | 舉例 |
|---|---|---|---|
| 19 | 週期動作 | a. 使用週期性動作或者脈衝來取代連續性的動作。<br>b. 如果已經是週期性動作，則改變週期的大小或頻率，以適應外在的需求。<br>c. 使用脈衝間的暫停時間來執行一個不同的動作。 | a. 草地每天早晚噴水<br>b. 節拍器<br>c. ＡＢＳ煞車（自動採取一鬆一緊的方式，逐步使輪子停止轉動） |
| 20 | 連續的有效動作 | a. 物件或系統的所有部分應以最大負載或最佳效率來操作。<br>b. 去除閒置或非生產性所需的活動或工作。<br>c. 將來回運動改以用迴轉運動來取代。 | a. 24小時輪班工廠<br>b. 印表機（來回列印）<br>c. 迴轉壽司 |
| 21 | 快速行動 | a. 在高速執行一項行動，以消除或減少有害的副作用。 | a. 抬神轎過火 |
| 22 | 轉害為利 | a. 將有害的因子達成正面的影響。<br>b. 增加另一個有害的物件或作用去中和或去除有害的效應。<br>c. 增加有害因子的量一直至它停止造成傷害。 | a. 焚化爐廢熱提供溫水游泳池加熱<br>b. 飛機上的毛毯使用一般人不喜歡的顏色（避免被偷帶回家）<br>c. 用逆火燒掉一部分植物，形成防火帶 |

表 5.2　四十項發明原理（7 / 10）

| 編號 | 原理 | 子原理（指導原則） | 舉例 |
|---|---|---|---|
| 23 | 回饋 | a. 引進回饋來改善一個動作或過程。<br>b. 如果回饋已存在，則改變其大小或影響，使能適應作業條件的變化。 | a. GPS 告知走錯路指引回到正確路徑<br>b. 在機場六公里內改變飛機自動駕駛的靈敏度 |
| 24 | 利用中介物 | a. 利用中間物質去轉換或完成一個動作。<br>b. 暫時的將原物件和另一易於移除的物質連接在一起。 | a. 假牙黏著劑<br>b. 黃連膠囊 |
| 25 | 自助 /自我服務 | a. 使物件或系統執行補助的有用功能來服務自己（能自己完成補充及修護作業）。<br>b. 使用廢棄（或損失）的資源、能源、或物質。 | a. 自動補胎<br>b. 廚餘當堆肥 |
| 26 | 複製 /替代 | a. 用簡單、便宜的複製品取代複雜、昂貴、易脆、不方便的物件來操作。<br>b. 以光學複製品，光學影像代替一個物件或系統，一個能被用來縮小或放大影像的尺度。<br>c. 以紅外線或紫外線複製取代可見光複製。 | a. 用塑膠齒輪（用 3 年）代替金屬齒輪（用 10 年）來降低成本。<br>b. 利用影子測量換算大樓高度。<br>c. 南韓利用改變基因，複製出「螢光貓」，在紫外線照射下，螢光呈現紅色。 |

表 5.2　四十項發明原理（8／10）

| 編號 | 原理 | 子原理（指導原則） | 舉例 |
|---|---|---|---|
| 27 | 廉價替代品／拋棄式 | a. 利用多個便宜或短壽命的物品，代替昂貴的物品或系統，達到品質的妥協。 | a. 紙內褲 |
| 28 | 替換運作原理／系統替代 | a. 以視覺、聽覺、嗅覺、味覺、觸覺等系統取代機械系統。<br>b. 以電場、磁場、電磁場，與物件或系統交互作用。<br>c. 使用移動的場取代靜止的場；結構化的場取代非結構化的場；變化的場取代固定的場。<br>d. 使用場，並連接能與場作用（鐵磁性）的粒子、物件、或系統。 | a. 手機來電震動取代聲音<br>b. 使用感應鑰匙代替傳統鑰匙<br>c. 產生電磁場吸鐵運送，停止電磁場使鐵放下<br>d. 磁鐵名牌吸附在冰箱門上 |
| 29 | 使用氣體或液體／流用流體 | a. 使用氣體或液體取代固體的元件或系統。 | a. 水床 |
| 30 | 使用彈性殼或薄膜 | a. 使用彈性殼和薄膜取代固態的結構。<br>b. 使用彈性殼和薄膜將物件或系統與外在有潛在危險性的環境隔絕。 | a. 網球場地採用充氣薄膜結構，作為冬季保護場地的措施<br>b. 蚊帳 |
| 31 | 孔隙化／多孔材料 | a. 使物件增加孔，或加入有孔的元素。<br>b. 假如物件已有孔，則在孔加入有用物質或功能。 | a. 多孔的巧克力<br>b. 棉花是多孔性結構的材料，可加工製成酒精藥棉 |

表 5.2　四十項發明原理（9／10）

| 編號 | 原理 | 子原理（指導原則） | 舉例 |
|---|---|---|---|
| 32 | 改變顏色 | a. 改變物件或它周圍事物的顏色。<br>b. 改變物件或它周圍事物的透明程度。<br>c. 使用顏色添加劑去觀察不易看到的物件或過程。<br>d. 在不同輻射熱下，改變物件的發光性質。 | a. 貼在水族箱外的變色溫度計<br>b. 透明冰箱<br>c. 觀察透明微生物加入染色劑<br>d. 夜間用安全發亮傘、不同光線照射改變臉上顏色 |
| 33 | 同質化 | a. 產生交互作用及互動的物件，應使用同一種材料（或有相同性質的材料）。 | a. 可食用的麵包碗 |
| 34 | 消失與再生 | a. 已執行完成功能的物件或系統的元件，能自行消失（如拋棄、分解、消散）。<br>b. 將已消耗或退化的零件，恢復其功能或形狀（再生）。 | a. 黃蓮的膠囊<br>b. 自動裝填子彈 |
| 35 | 改變特性／物理、化學狀態改變／參數改變 | a. 改變物理、化學狀態（固態、液態、氣態）。<br>b. 改變濃度或密度。<br>c. 改變彈性（伸縮性、彎曲性、可撓度）的程度。<br>d. 改變溫度。<br>e. 改變壓力。<br>f. 改變長度、體積。<br>g. 改變其他參數。 | a. 液態瓦斯<br>b. 濃縮茶<br>c. 捲尺<br>d. 冷凍食物<br>e. 壓縮衣物袋<br>f. 巨大的馬鈴薯<br>g. 有香味的橡皮擦 |

表 5.2　四十項發明原理（10／10）

| 編號 | 原理 | 子原理（指導原則） | 舉例 |
|------|------|------------------|------|
| 36 | 形態轉變的作用 | a. 利用在物質的相位轉變過程中的作用實現一個有效的用途。 | a. 乾冰融化過程產生煙霧效果 |
| 37 | 熱膨脹的作用 | a. 利用材料的熱膨脹或冷收縮去完成有用的效應。<br>b. 利用不同膨脹係數的各種材料，去完成不同的有用效應。 | a. 水銀溫度計<br>b. 雙面金屬是以二種不同膨脹係數之金屬銜接，受熱時膨脹造成翻轉（柯南密室殺人事件） |
| 38 | 加速氧化 | a. 使用含氧量高的氣體取代普通空氣。<br>b. 使用純氧取代含氧高的氣體。<br>c. 使用離子化氧氣取代純氧。<br>d. 使用臭氧取代離子氧氣。 | a. 飛彈（火箭）的噴射燃料<br>b. 氧器罩<br>c. 空氣過濾器<br>d. 消毒洗衣機 |
| 39 | 惰性環境 | a. 以鈍性環境取代正常環境（一般大氣中）。<br>b. 加入中性物質或鈍性添加物於物件或系統中。<br>c. 在真空中完成作用。 | a. 真空包裝食品（茶葉、米、咖啡）<br>b. 滅火器<br>c. 真空收納袋 |
| 40 | 複合材料 | a. 以合成材料取代均質材料。 | a. 三夾板將紋路交錯的兩塊薄木板重疊，再用膠水組合而成，能大幅提高抗壓能力 |

# 5.3 技術矛盾與技術參數

　　前面的部分先介紹技術上面矛盾衝突的情況，後面的部分，在描述這個特性的時候，用 39 個比較廣義化的技術參數來描述特性，接下來的部分，定義什麼樣叫技術（工程）矛盾。這是指我們常常會遇到一種問題，當你想要改善一個狀況，所以做了某一個動作或某一件事情，想要的改善有發生，但是又產生另外一個不好的情況，所以就不能往你要的方向去改善，例如，桌子它不夠厚，當你放一個重的設備上去的時候，桌子可能會凹陷會損壞，所以你就把桌子的厚度做厚一點，把重一點的設備放上去，比較不會那麼容易壞。但是把桌子做得更厚之後就會發生桌子愈來愈重，成本愈來愈高的問題，因此不會把桌子的厚度一直增加下去。雖然改善了桌子的強度的特性，但是惡化了桌子的重量的特性，所以這種情況，為了改善系統（TRIZ 把要改善對象當做系統）的某一個參數，常常會導致系統的另外一個參數變得不好，相對的就是正向跟負向，改善跟惡化。因此把桌子做得比較厚，隔一陣子之後，你又把它做薄一點，最後面就妥協，看要停在哪一種厚度或某一種大小，是對某一種厚度的妥協。

　　這種情況在阿舒勒研究專利的時候，發覺有很多的專利，解決了這種問題。好的專利，它能夠同時使兩個方面都得到明顯的改善，如果是用妥協的，就是犧牲了某一方面，這採用折衷的方法就可以做得到，但是比較厲害的專利，它能夠把兩種不同需求都得到改善，這就是有創意的專利。當他分析這些特性的時候，發覺物質的特性很多，

但是太多的話就比較難操作，因此他把這些特性歸類，比較類似的就把它們當同一類，取一個代表共通性的名字，把這些特性經過整理再合併，就找出 39 個技術參數。他認為利用這 39 個技術參數，就能夠描述所有他專利當中所發現技術的特性。所以在應用這個解決特性衝突的時候，就要先找出到底是哪兩個特性的衝突之後，接下來再去想以前解決這兩種特性的衝突，大部分是用哪些方法是比較有效率的？當你找出這樣一個規則之後，以後要解決這些衝突矛盾就不會那麼困難。

只有使用 39 個這些通用的技術參數，描述記錄所有的技術跟特性，所以它當然不能夠那麼的精確，我們在應用的時候，常就是找最接近的來看，想的那個方式就是，你要對某個設備去做分析的時候，可以把它的特性都列出來，列出來的特性，就叫做這個東西的系統參數。因為用系統的概念來分析來產生創意，所以這就是你系統的參數，個別的零件有個別不同的參數，再來就要從已經歸納出來的 39 個技術參數中，去找跟你這個系統參數最接近的那個參數是什麼。這 39 個技術參數，因為原本是從蘇聯的文字翻譯成為英文，再翻譯成中文，所以不同的人翻譯會有稍微不一樣。

## 5.3.1 39 個技術參數

前面介紹在描述技術上面矛盾衝突的情況時，需要用 39 個比較廣義化的技術參數來描述特性，接下來的表就是這 39 個比較廣義化的技術參數的名稱與說明。

表 5.3　39 個技術參數表（1／3）

| 編號 | 參數 | 說明 |
|---|---|---|
| 1 | 移動物件的重量 | 物體本身的質量可快速、輕易的自行改變位置或受到外力影響而改變。是移動的東西的重量。 |
| 2 | 靜止物件的重量 | 物體質量不會快速、容易的自行改變位置或受到外力影響而改變。是靜止的東西的重量。 |
| 3 | 移動物件的長度 | 移動物件的一維（直線）量測，如長、寬、高等，在這都把它叫做長度。 |
| 4 | 靜止物件的長度 | 靜止動物件的一維測量。 |
| 5 | 移動物件的面積 | 移動物件的二維（平面）測量，如面積。 |
| 6 | 靜止物件的面積 | 靜止物件的二維（平面）測量。 |
| 7 | 移動物件的體積 | 移動物件的三維（立體）測量，如體積。 |
| 8 | 靜止物件的體積 | 靜止物件的三維量測量。 |
| 9 | 速度 | 完成動作或過程的速率。 |
| 10 | 力量 | 使物件或系統產生部分或完全的、暫時或永久物理變化的能力。使移動物靜止或使靜止物移動的能量。 |
| 11 | 應力與壓力 | 作用在物件上的單位面積的力。 |
| 12 | 形狀 | 是物件或系統的外觀或輪廓。（可永久或暫時改變形狀，可全部或部分改變形狀。） |
| 13 | 物件穩定性 | 整個物件或系統受外在因素影響而維持不變的能力。 |
| 14 | 強度 | 物件抵抗外力不被破壞的能力。 |

表 5.3　39 個技術參數表（2／3）

| 編號 | 參數 | 說明 |
|---|---|---|
| 15 | 移動物件的耐久性 | 移動物件可以持續作用的時間或壽命（失效前的服務壽命）。 |
| 16 | 靜止物件的耐久性 | 靜止物件可以持續作用的時間或壽命。 |
| 17 | 溫度 | 物件的冷熱狀態。常用溫度計量測。 |
| 18 | 照明強度 | 明亮度、照明品質和光的特性。 |
| 19 | 移動物件使用的能源 | 移動物件在移動當中執行功能所消耗的能量。 |
| 20 | 靜止物件使用的能源 | 靜止物件執行功能所消耗的能量。 |
| 21 | 功率 | 系統所需要的功率，使用能源的比率。 |
| 22 | 能源的損失 | 對系統的效用並無貢獻所消耗的能量。 |
| 23 | 物質的浪費 | 對系統的效用並無貢獻所消耗的物質。 |
| 24 | 資訊的損失 | 系統傳遞資訊過程所減少的資訊。 |
| 25 | 時間的浪費 | 完成操作動作所額外增加的時間。 |
| 26 | 物質數量 | 完成系統所需要的元件、材料、能量的數目。 |
| 27 | 可靠性 | 物件或系統在一段預期的時間、狀態下，能夠執行預期功能的能力。 |
| 28 | 量測準確度 | 物件量測值與實際值之間接近的程度。 |
| 29 | 製造準確度 | 做出來的物件與設計規格一致的程度。 |

表 5.3　39 個技術參數表（3／3）

| 編號 | 參數 | 說明 |
|------|------|------|
| 30 | 作用於物件的有害因素 | 作用於物件的外部影響力，造成物件效率或品質的降低。 |
| 31 | 物件產生的有害因素 | 物件內部作用於物件內部或外部的影響力，造成內部或外部環境效率或品質的降低。 |
| 32 | 易製造性 | 製造或是組裝方面的便利、流暢的程度。 |
| 33 | 使用方便性 | 使用過程中需要的人力、操作、步驟、特殊工具等越少表示使用越方便。 |
| 34 | 易維修性 | 物件在損壞後很容易回復到正常狀態。 |
| 35 | 適應性 | 當外在條件改變時，系統或物件依然有適當的作用反應。 |
| 36 | 系統複雜性 | 形成物件或系統元件的數量愈多，差異性愈大，系統的複雜性愈高。反之，它數量愈少，種類愈少的複雜性就愈低。 |
| 37 | 控制和測量的複雜性 | 用以量測或監控系統之元件的數量和相異性，如果愈高的話，複雜性就愈高，那如果數量愈少，種類愈少，它的複雜性就愈低。 |
| 38 | 自動化程度 | 物件或系統執行操作不需要人控制的能力。愈不需要人為控制，它自動化程度就愈高。 |
| 39 | 生產力 | 在單位時間內執行功能會完成操作的次數。 |

## 5.3.2 定義技術矛盾

接下來說明我們要怎麼樣解決參數之間所產生的矛盾，所以要先把矛盾定義清楚，後面才去做解決。

首先說明定義技術矛盾的步驟：

**步驟一**

你的問題是什麼？這個問題就是前面我們有經過分析去找到重要的問題或關鍵的問題。

**步驟二**

那現在對這個問題有什麼解法？如果沒有遇到矛盾的話，可以從那個問題的相反方向去執行就可以做改善，比如說它是個不足的功能，你就把功能再加強；它如果是個過度的功能，就把功能再減少；它是個有害的功能，就把有害的部分刪除。如果沒有遇到衝突的話，就可以這樣子做。但是這樣做會產生比較大的問題是，可能會遇到衝突，就是把東西某種功能改善了以後，會遇到東西別的功能惡化。把不好的功能去掉之後，結果把好的功能也去掉，因為某個零件會產生好的功能跟不好的功能，所以把那個零件去掉之後，連好的功能也會不見，因此會遇到比較大的難題就是改進了某個參數，結果它惡化了另一個參數。所以以前遇到這種問題，通常就會用折衷的方法來解決這種費心的問題。

在這裏定義技術矛盾的例子就用桌子來當例子。因為桌子厚度不是很厚，所以把一個重的設備放到桌子上面的時候，桌子就凹了一個洞，桌子的強度不夠強，目前的解決方法就是把桌子做厚一點，就會

增加它的強度，但是它就會變重，成本會增加，現在我們以強度跟重量這兩個特性來看，你桌子強度增加了，就改善這 39 個技術參數中靜止物體的強度，惡化的就是靜止物體的重量，但是因為我們 39 個技術參數裡面，強度沒有分靜止或移動的，重量就有分靜止或移動的，所以它就可以去找對應的。因此當遇到這種兩個特性衝突問題的時候，TRIZ 的方法它是經由一個步驟，就是找到一個技術矛盾，接著去找對應的 39 個技術通用參數裡面的什麼參數跟什麼參數是有衝突的，藉由矛盾矩陣上的表就會顯示這種衝突過去都是用 40 個發明原理的哪些比較適合來解決這些問題的？所以你就從 40 個發明原理去想具體的解決方法，當中你可以參考它提供的方向，至於要怎麼做或採用什麼技術，可以去查一些科學方面的資料庫，看看能不能有現有的技術可以達到這樣一個需要功能。

### 5.3.3 矛盾矩陣

矛盾矩陣又稱為衝突矩陣，是阿舒勒將 39 個通用技術參數與 40 條發明原理去比對有創意的專利內容，建立起對應的關係，整理成 39×39 的矛盾矩陣表，是阿舒勒對 20 萬（有的資料寫 250 萬，可能是統計期間、方式不同）份專利進行研究後所取得的成果。表 5.4 是矛盾矩陣表，此表是取自宋明弘（2016），其中通用技術參數被稱為系統特徵參數，發明原理被稱為原理，參數、原理翻譯的名稱與前面所述略有不同，讀者可以參照數字編號查表即可。

## 表 5.4　矛盾矩陣表（1／10）

| 系統特徵參數 | | 惡化的系統特徵參數 1 | 2 | 3 | 4 | 5 | 6 | 7 | 8 | 原理 | |
|---|---|---|---|---|---|---|---|---|---|---|---|
| 改進的系統特徵參數 | 1 | 移動物體的重量 | ■ | - | 15, 8 29, 34 | - | 29, 17 38, 34 | - | 29, 2 40, 28 | - | 分割 | 1 |
| | 2 | 靜止物體的重量 | - | ■ | - | 10, 1 29, 35 | - | 35, 30 13, 7 | - | 5, 35 14, 2 | 分離原理（分離、恢復、移除） | 2 |
| | 3 | 移動物體的長度 | 8, 15 29, 34 | - | ■ | - | 15, 17 4 | - | 7, 17 4, 35 | - | 改進局部性質原理 | 3 |
| | 4 | 靜止物體的長度 | - | 35, 28 40, 29 | - | ■ | - | 17, 7 10, 40 | - | 35, 8 2, 14 | 非對稱性原理 | 4 |
| | 5 | 移動物體的面積 | 2, 17 29, 4 | - | 14, 15 18, 4 | - | ■ | - | 7, 14 17, 4 | - | 合併原理 | 5 |
| | 6 | 靜止物體的面積 | - | 30, 2 14, 18 | - | 26, 7 9, 39 | - | ■ | - | - | 萬用性原理 | 6 |
| | 7 | 移動物體的體積 | 2, 36 29, 40 | - | 1, 7 4, 35 | - | 1, 7 4, 17 | - | ■ | - | 套疊結構原理 | 7 |
| | 8 | 靜止物體的體積 | - | 35, 10 19, 14 | 19, 14 | 35, 8 2, 14 | - | - | - | ■ | 平衡力原理 | 8 |
| | 9 | 速度 | 2, 28 13, 38 | - | 13, 14 8 | - | 29, 30 34 | - | 7, 29 34 | - | 事先的反向作用原理 | 9 |
| | 10 | 力 | 8, 1 37, 18 | 18, 13 1, 28 | 17, 19 9, 36 | 28, 10 | 19, 10 15 | 1, 18 36, 37 | 15, 9 12, 37 | 2, 36 18, 37 | 預先行動原理 | 10 |
| | 11 | 應力或壓力 | 10, 36 37, 40 | 13, 29 10, 18 | 35, 10 36 | 35, 1 14, 16 | 10, 15 36, 28 | 10, 15 36, 37 | 6, 35 10 | 35, 24 | 預先防範原理 | 11 |
| | 12 | 形狀 | 8, 10 29, 40 | 15, 10 26, 3 | 29, 34 5, 4 | 13, 14 10, 7 | 5, 34 4, 10 | - | 14, 4 15, 22 | 7, 2 35 | 等位能原理 | 12 |
| | 13 | 物體組成成份的穩定度 | 21, 35 2, 39 | 26, 39 1, 40 | 13, 15 1, 28 | 37 | 2, 11 13 | 39 | 28, 10 19, 39 | 34, 28 35, 40 | 反向操作原理 | 13 |
| | 14 | 強度 | 1, 8 40, 15 | 40, 26 27, 1 | 1, 15 8, 35 | 15, 14 28, 36 | 3, 34 40, 29 | 9, 40 28 | 10, 15 14, 7 | 9, 14 17, 15 | 球面化原理 | 14 |
| | 15 | 移動物體的耐久度 | 5, 19 34, 31 | | 2, 19 9 | | 3, 17 19 | | 10, 2 19, 30 | | 動態化原理 | 15 |
| | 16 | 靜止物體的耐久度 | - | 6, 27 19, 16 | - | 1, 40 35 | - | - | - | 35, 34 38 | 部分或過度的動作原理 | 16 |
| | 17 | 溫度 | 36, 22 6, 38 | 22, 35 32 | 15, 19 9 | 15, 19 9 | 3, 35 39, 18 | 35, 38 | 34, 39 40, 18 | 35, 6 4 | 轉換到另一個維度原理 | 17 |
| | 18 | 亮度 | 19, 1 32 | 2, 5 32 | 19, 32 16 | | 19, 32 26 | | 2, 13 10 | - | 震動原理 | 18 |
| | 19 | 移動物體所需的能量 | 12, 18 28, 31 | - | 12, 28 | | 15, 19 25 | | 35, 13 18 | - | 週期性作用原理 | 19 |
| | 20 | 靜止物體所需的能量 | - | 19, 9 6, 27 | - | - | - | - | - | - | 連續的有用作用原理 | 20 |

## 表 5.4 矛盾矩陣表（2／10）

| 系統特徵參數 | | 惡化的系統特徵參數 | | | | | | | | 原理 | |
|---|---|---|---|---|---|---|---|---|---|---|---|
| 改進的系統特徵參數 | | 1 | 2 | 3 | 4 | 5 | 6 | 7 | 8 | | |
| 2 1 | 功率 | 8, 36 38, 31 | 19, 26 17, 27 | 1,10 35,37 | - | 19,38 | 17,32 16,38 | 35,6 38 | 30,6 25 | 快速原理 | 21 |
| 2 2 | 能量的損耗 | 15, 6 19, 28 | 19, 6 18, 9 | 7,2, 6,13 | 6,38 7 | 15,26, 17,30 | 17,7 30,18 | 7,18 23 | 7 | 改變有害成爲有用原理 | 22 |
| 2 3 | 物質的損耗 | 35, 6 23, 40 | 35, 6 22, 32 | 14,29 10,39 | 10,28 24 | 35,2 10,31 | 10,18 39,31 | 1,29 30,36 | 3,39 18,31 | 回饋原理 | 23 |
| 2 4 | 資訊的遺失 | 10, 24 35 | 10, 35 5 | 1,26 | 26, 7 9, 39 | 30,26 | 30,16 | - | 2,22 | 中介物質原理 | 24 |
| 2 5 | 時間的浪費 | 10, 20 37, 35 | 10, 20 26, 5 | 15,2 29 | 30,24 14,6 | 26,4 5,16 | 10,35 17,4 | 2,5 34,10 | 35,16 32,18 | 自助原理 | 25 |
| 2 6 | 物質的數量 | 35, 6 18, 31 | 27, 26 18, 35 | 29,14 35,18 | | 15,14, 29 | 2,18 40,4 | 15,20 29 | - | 複製原理 | 26 |
| 2 7 | 可靠度 | 3, 8 10, 40 | 3, 10 8, 28 | 15,9 14,4 | 15,29 28,11 | 17,10 14,16 | 32,35 40,4 | 3,10 14,24 | 2,35 24 | 可拋棄原理 | 27 |
| 2 8 | 量測精準度 | 32, 35 26, 28 | 28, 35 25, 26 | 28,26 5,16 | 32,28 3,16 | 26,28 32,3 | 26,28 32,3 | 32,13 6 | - | 取代機械系統原理 | 28 |
| 2 9 | 製造精密度 | 28, 32 13, 18 | 28, 35 27, 9 | 10,28 29,37 | 2,32 10 | 28,33 29,32 | 2,29 18,36 | 32,28 2 | 25,10 35 | 氣動或液壓原理 | 29 |
| 3 0 | 會影響系統的有害因素 | 22, 21 27, 39 | 2, 22 13, 24 | 17,1 39,4 | 1,18 | 22,1 33,28 | 27,2 39,35 | 22,23 37,35 | 34,39 19,27 | 彈性膜與薄膜原理 | 30 |
| 3 1 | 系統產生副作用 | 19, 22 15, 39 | 35, 22 1, 39 | 17,15 16,22 | - | 17,2 18,39 | 22,1 40 | 17,2 40 | 30,18 35,4 | 孔隙物質原理 | 31 |
| 3 2 | 容易製造 | 28, 29 15, 16 | 1, 27 36, 13 | 1,29 13,17 | 15,17 27 | 13,1 26,12 | 16,40 | 13,29 1,40 | 35 | 改變顏色 | 32 |
| 3 3 | 容易操作使用 | 25, 2 13, 15 | 6, 13 1, 25 | 1,17 13,12 | 3,18 31 | 1,17 13,16 | 18,16 15,39 | 1,16 35,15 | 4,18 39,31 | 均質原理 | 33 |
| 3 4 | 容易維修 | 2, 27 35, 11 | 2, 27 35, 11 | 1,28 10,25 | 1,35 16 | 15,13 32 | 16,25 | 25,2 35,11 | 1 | **拋棄與再生元件原理** | 34 |
| 3 5 | 適應度 | 1, 6 15, 8 | 19, 15 29, 16 | 35,1 29,2 | 26, 7 9, 39 | 35,30 29,7 | 15,16 | 15,35 29 | | 性質轉變原理 | 35 |
| 3 6 | 系統複雜度 | 26, 30 34, 36 | 2, 26 35, 39 | 1,19 26,24 | 26 | 14,1 13,16 | 6,36 | 34,26 6 | 1,16 | 相變化原理 | 36 |
| 3 7 | 控制的複雜度 | 27, 26 28, 13 | 6, 13 28, 1 | 16,17 26,24 | 26 | 2,13 18,17 | 2,39 30,16 | 29,1 4,16 | 2,18 26,31 | 熱膨脹原理 | 37 |
| 3 8 | 自動化程度 | 28, 26 18, 35 | 28, 26 35, 10 | 14,13 17,28 | 23 | 17,14 13 | - | 35,13 16 | - | 加速氧化原理 | 38 |
| 3 9 | 生產力 | 35, 26 24, 37 | 28, 27 15, 3 | 18,4 28,38 | 30,7 14,26 | 10,26 34,31 | 10,35 17,7 | 2,6 34,10 | 35,37 10,2 | 鈍性環境原理 | 39 |
| | | | | | | | | | | 複合材料原理 | 40 |

## 表 5.4　矛盾矩陣表（3 / 10）

| 系統特徵參數 | | 惡化的系統特徵參數 | | | | | | | | 原理 | |
|---|---|---|---|---|---|---|---|---|---|---|---|
| | | 9 | 10 | 11 | 12 | 13 | 14 | 15 | 16 | | |
| 改進的系統特徵參數 | 1 移動物體的重量 | 2,8 15,38 | 8,10 18,37 | 10,36 37,40 | 10,14 35,40 | 1,35 19,39 | 28,27 18,40 | 5,34 31,35 | - | 分割 | 1 |
| | 2 靜止物體的重量 | - | 8,10 19,35 | 13,29 10,18 | 13,10 29,14 | 26,39 1,40 | 28,2 10,27 | - | 2,27 19,6 | 分離原理（分離、恢復、移除） | 2 |
| | 3 移動物體的長度 | 13,4 8 | 17,10 4 | 1,8 35 | 1,8 10,28 | 1,8 15,34 | 8,35 29,34 | 19 | - | 改進局部性質原理 | 3 |
| | 4 靜止物體的長度 | - | 28,10 | 1,14 35 | 13,14 15,7 | 39,37 35 | 15,14 28,26 | - | 1,40 35 | 非對稱性原理 | 4 |
| | 5 移動物體的面積 | 29,30 4,34 | 19,30 35,2 | 10,15 36,28 | 5,34 29,4 | 11,2 13,39 | 3,1 40,14 | 6,3 | - | 合併原理 | 5 |
| | 6 靜止物體的面積 | - | 1,18 35,36 | 10,15 36,37 | - | 2,38 | 40 | - | 2,10 19,30 | 萬用性原理 | 6 |
| | 7 移動物體的體積 | 29,4 38,34 | 2,18 37 | 6,35 36,37 | 1,15 29,4 | 28,10 1,39 | 9,14 15,7 | 6,35 4 | - | 套疊結構原理 | 7 |
| | 8 靜止物體的體積 | - | 13,28 37 | 24,35 | 7,2 35 | 34,28 35,40 | 9,14 17,15 | - | 35,34 38 | 平衡力原理 | 8 |
| | 9 速度 | ■ | 13,28 15,19 | 6,18 38,40 | 35,15 18,34 | 28,33 1,18 | 8,3 26,14 | 3,19 35,5 | - | 事先的反向作用原理 | 9 |
| | 10 力 | 13,28 15,12 | ■ | 18,21 11 | 10,35 40,34 | 35,10 21 | 35,10 14,27 | 19,2 | - | 預先行動原理 | 10 |
| | 11 應力或壓力 | 6,35 36 | 36,35 21 | ■ | 35,4 15,10 | 35,33 2,40 | 9,18 3,40 | 19,3 27 | - | 預先防範原理 | 11 |
| | 12 形狀 | 35,15 34,18 | 35,10 37,40 | 34,15 10,14 | ■ | 33,1 18,4 | 30,14 10,40 | 14,26 9,25 | - | 等位能原理 | 12 |
| | 13 物體組成成份的穩定度 | 33,15 28,18 | 10,35 21,16 | 2,35 40 | 22,1 18,4 | ■ | 17,9 15 | 13,27 10,35 | 39,3 35,23 | 反向操作原理 | 13 |
| | 14 強度 | 8,13 26,14 | 10,18 3,14 | 10,3 18,40 | 10,30 35,40 | 13,17 35 | ■ | 27,3 26 | - | 球面化原理 | 14 |
| | 15 移動物體的耐久度 | 3,35 5 | 19,2 16 | 19,3 27 | 14,26 28,25 | 13,3 35 | 27,3 10 | ■ | - | 動態化原理 | 15 |
| | 16 靜止物體的耐久度 | - | - | - | - | 39,3 35,23 | - | - | ■ | 部分或過度的動作原理 | 16 |
| | 17 溫度 | 2,28 36,30 | 35,10 3,21 | 35,39 19,2 | 14,22 19,32 | 1,35 32 | 10,30 22,40 | 19,13 39 | 19,18 36,40 | 轉換到另一個維度原理 | 17 |
| | 18 亮度 | 10,13 19 | 26,19 6 | - | 32,30 | 32,3 27 | 35,19 | 2,19 6 | - | 震動原理 | 18 |
| | 19 移動物體所需的能量 | 8,35 | 16,26 21,2 | 23,1 25 | 12,2 29 | 19,13 17,24 | 5,19 9,35 | 28,35 6,18 | - | 週期性作用原理 | 19 |
| | 20 靜止物體所需的能量 | | 36,37 | - | - | 27,4 29,18 | 35 | | - | 連續的有用作用原理 | 20 |

表 5.4　矛盾矩陣表（4／10）

| 系統特徵參數 | | 惡化的系統特徵參數 | | | | | | | | 原理 | |
|---|---|---|---|---|---|---|---|---|---|---|---|
| | | 9 | 10 | 11 | 12 | 13 | 14 | 15 | 16 | | |
| 改進的系統特徵參數 | 21 功率 | 15,35 2 | 26,2 36,35 | 22,10 35 | 29,14 2,40 | 35,32 15,31 | 26,10 28 | 19,35 10,38 | 16 | 快速原理 | 21 |
| | 22 能量的損耗 | 16,35 38 | 36,38 | - | - | 14,2 39,6 | 26 | - | - | 改變有害成爲有用原理 | 22 |
| | 23 物質的損耗 | 10,13 28,38 | 14,15 18,40 | 3,36 37,10 | 29,35 3,5 | 2,12 30,40 | 35,28 31,40 | 28,27 3,18 | 27,16 18,38 | 回饋原理 | 23 |
| | 24 資訊的遺失 | 26,32 | - | - | - | - | - | 10 | 10 | 中介物質原理 | 24 |
| | 25 時間的浪費 | - | 10,37 36,5 | 37,36 4 | 4,10 34,17 | 35,3 22,5 | 29,3 28,189 | 20,10 28,18 | 28,20 10,16 | 自助原理 | 25 |
| | 26 物質的數量 | 35,29 34,28 | 35,14 3 | 10,36 14,3 | 35,14 | 15,2 17,40 | 14,35 34,10 | 3,35 10,40 | 3,35 31 | 複製原理 | 26 |
| | 27 可靠度 | 21,35 11,28 | 8,28 10,3 | 10,24 35,19 | 35,1 16,11 | - | 11,28 | 2,35 3,25 | 34,27 6,40 | 可拋棄原理 | 27 |
| | 28 量測精準度 | 28,13 32,24 | 32,2 | 6,28 32 | 6,28 32 | 32,35 13 | 28,6 32 | 28,6 32 | 10,26, 4 | 取代機械系統原理 | 28 |
| | 29 製造精密度 | 10,28 32 | 28,19 34,36 | 3,35 | 32,30 40 | 30,18 | 3,27 | 3,27 40 | - | 氣動或液壓原理 | 29 |
| | 30 會影響系統的有害因素 | 21,22 35,28 | 13,35 39,18 | 22,2 37 | 22,1 3,35 | 35,24 30,18 | 18,35 37,1 | 22,15 33,28 | 17,1 40,33 | 彈性膜與薄膜原理 | 30 |
| | 31 系統產生副作用 | 35,28 3,23 | 35,28 1,40 | 2,33 27,18 | 35,1 | 35,40 27,39 | 15,35 22,2 | 15,22 33,31 | 21,39 16,22 | 孔隙物質原理 | 31 |
| | 32 容易製造 | 35,13 8,1 | 35,12 | 35,19 1,37 | 1,28 13,27 | 11,13 1 | 1,3 10,32 | 27,1 4 | 35,16 | 改變顏色 | 32 |
| | 33 容易操作使用 | 18,13 34 | 28,13 35 | 2,32 12 | 15,34 29,28 | 32,35 30 | 32,40 3,28 | 29,3 8,25 | 1,16 25 | 均質原理 | 33 |
| | 34 容易維修 | 34,9 | 1,11 10 | 13 | 1,13 2,4 | 2,35 | 11,1 2,9 | 11,29 28,27 | 1 | 拋棄與再生元件原理 | 34 |
| | 35 適應度 | 35,10 14 | 15,17 20 | 35 16 | 15,37 1,8 | 35,30 14 | 35,3 32,6 | 13,1 35 | 2,16 | 性質轉變原理 | 35 |
| | 36 系統複雜度 | 34,10 28 | 26,16 | 19,1 35 | 29,28 13,15 | 2,22 17,19 | 2,13 28 | 10,4 28,15 | - | 相變化原理 | 36 |
| | 37 控制的複雜度 | 3,4 16,35 | 36,28 40,19 | 35,36 37,32 | 27,13, 1,39 | 11,22 39,30 | 27,3 15,28 | 19,29 39,25 | 25,34 6,35 | 熱膨脹原理 | 37 |
| | 38 自動化程度 | 28,10 | 2,35 | 13,35 | 15,32 1 | 18,1 | 25,13 | 6,9 | - | 加速氧化原理 | 38 |
| | 39 生產力 | - | 28,15 10,36 | 10,37 14 | 14,10 34,40 | 35,3 22,39 | 26,28 10,18 | 35,10 2,18 | 20,10 16,38 | 鈍性環境原理 | 39 |
| | | | | | | | | | | 複合材料原理 | 40 |

## 表 5.4　矛盾矩陣表（5／10）

| 系統特徵參數 | | 惡化的系統特徵參數 | | | | | | | | 原理 | |
|---|---|---|---|---|---|---|---|---|---|---|---|
| | | 17 | 18 | 19 | 20 | 21 | 22 | 23 | 24 | | |
| 1 | 移動物體的重量 | - | 19,1 32 | 32,12 34,31 | - | 12,36 18,31 | 6,2 34,19 | 5,35 3,31 | 10,24 35 | 分割 | 1 |
| 2 | 靜止物體的重量 | 28,19 32,22 | 19,32 35 | - | 18,19 28,1 | 15,19 18,22 | 18,19 28,15 | 5,8 13,30 | 10,15 35 | 分離原理（分離、恢復、移除） | 2 |
| 3 | 移動物體的長度 | 10,15 19 | 32 | 8,35 24 | - | 1,35 | 7,2 35,39 | 4,29 23,10 | 1,24 | 改進局部性質原理 | 3 |
| 4 | 靜止物體的長度 | 3,35 38,3 | 3,25 | - | - | 12,8 | 6,28 | 10,28 24,35 | 24,26 | 非對稱性原理 | 4 |
| 5 | 移動物體的面積 | 2,15 16 | 15,32 19,31 | 19,32 | - | 19,10 32,18 | 15,17 30,26 | 10,35 2,39 | 30,26 | 合併原理 | 5 |
| 6 | 靜止物體的面積 | 35,39 38 | - | - | - | 17,32 | 17,7 30 | 10,14 18,39 | 30,16 | 萬用性原理 | 6 |
| 7 | 移動物體的體積 | 34,39 10,18 | 2,13 10 | 35 | - | 35,6 13,18 | 7,15 13,16 | 36,39 34,10 | 2,22 | 套疊結構原理 | 7 |
| 8 | 靜止物體的體積 | 35,6 4 | - | - | - | 30,6 | - | 10,39 35,34 | - | 平衡力原理 | 8 |
| 9 | 速度 | 28,30 36,2 | 10,13 19 | 8,15 35,38 | - | 19,35 38,2 | 14,20 19,35 | 10,13 28,38 | 13,26 | 事先的反向作用原理 | 9 |
| 10 | 力 | 35,10 21 | - | 19,17 10 | 1,16 36,37 | 19,35 18,37 | 14,15 | 8,35 40,5 | - | 預先行動原理 | 10 |
| 11 | 應力或壓力 | 35,39 19,2 | - | 14,24 10,37 | - | 10,35 10 | 2,36 25 | 10,36 3,37 | - | 預先防範原理 | 11 |
| 12 | 形狀 | 22,14 19,32 | 13,15 32 | 2,6 34,14 | - | 4,6 2 | 14 | 35,29 3,5 | - | 等位能原理 | 12 |
| 13 | 物體組成成份的穩定度 | 35,1 32 | 32,3 27,15 | 13,19 | 27,4 29,18 | 32,35 27,31 | 14,2 39,6 | 2,14 30,40 | - | 反向操作原理 | 13 |
| 14 | 強度 | 30,10 40 | 35,19 | 19,35 10 | 35 | 10,26 35,28 | 35 | 35,28 31,40 | - | 球面化原理 | 14 |
| 15 | 移動物體的耐久度 | 19,35 39 | 2,19 4,35 | 28,6 35,18 | - | 19,10 35,38 | - | 28,27 3,18 | 10 | 動態化原理 | 15 |
| 16 | 靜止物體的耐久度 | 19,18 36,40 | | | | 16 | | 27,16 29,31 | 10 | 部分或過度的動作原理 | 16 |
| 17 | 溫度 | ■ | 32,30 21,16 | 19,15 3,17 | | 2,14 17,25 | 21,17 35,38 | 21,36 29,31 | | 轉換到另一個維度原理 | 17 |
| 18 | 亮度 | 32,35 19 | ■ | 32,1 19 | 32,35 1,15 | 32 | 13,16 1,6 | 13,1 | 1,6 | 震動原理 | 18 |
| 19 | 移動物體所需的能量 | 19,24 3,14 | 2,15 19 | ■ | - | 6,19 37,18 | 12,22 15,24 | 35,24 18,5 | - | 週期性作用原理 | 19 |
| 20 | 靜止物體所需的能量 | - | 19,2 35,32 | - | ■ | - | - | 28,27 18,31 | - | 連續的有用作用原理 | 20 |

## 表 5.4　矛盾矩陣表（6／10）

| 系統特徵參數 | | 惡化的系統特徵參數 | | | | | | | | 原理 | |
|---|---|---|---|---|---|---|---|---|---|---|---|
| | | 17 | 18 | 19 | 20 | 21 | 22 | 23 | 24 | | |
| 改進的系統特徵參數 | 21 功率 | 2,14 17,25 | 16,6,19 | 16,6 19,37 | - | ■ | 10,35 38 | 28,27 18,38 | 10,19 | 快速原理 | 21 |
| | 22 能量的損耗 | 19,38 7 | 1,13 32,15 | - | - | 3,38 | ■ | 35,27 2,37 | 19,10 | 改變有害成為有用原理 | 22 |
| | 23 物質的損耗 | 21,36 39,31 | 1,6 13 | 35,18 24,5 | 28,27 12,31 | 28,27 18,38 | 35,27 2,31 | ■ | - | 回饋原理 | 23 |
| | 24 資訊的遺失 | | 19 | | | 10,19 | 19,10 | - | ■ | 中介物質原理 | 24 |
| | 25 時間的浪費 | 35,29 21,18 | 1,19 26,17 | 35,38 19,18 | 1 | 35,20 10,6 | 10,5 18,32 | 35,18 10,39 | 24,26 28,32 | 自助原理 | 25 |
| | 26 物質的數量 | - | - | 34,29 16,18 | 3,35 31 | 35 | 7,18 25 | 6,3 10,24 | 24,28 35 | 複製原理 | 26 |
| | 27 可靠度 | 3,35 10 | 11,32 13 | 21,11 27,19 | 36,23 | 21,11 26,31 | 10,11 35 | 10,35 29,39 | 10,28 | 可拋棄原理 | 27 |
| | 28 量測精準度 | 6,19 28,24 | 6,1,32 | 3,6 32 | - | 3,6,32 | 26,32 27 | 10,16 31,28 | - | 取代機械系統原理 | 28 |
| | 29 製造精密度 | 19,26 | 3,32 | 32,2 | | 32,2 | 13,32 2 | 35,31 10,24 | - | 氣動或液壓原理 | 29 |
| | 30 會影響系統的有害因素 | 22,33 35,2 | 1,19 32,13 | 1,24 6,27 | 10,2 22,37 | 19,22 31,2 | 21,22 35,2 | 33,22 19,40 | 22,10 2 | 彈性膜與薄膜原理 | 30 |
| | 31 系統產生副作用 | 22,35 2,24 | 19,24 39,32 | 2,35 6 | 19,22 18 | 2,35 18 | 21,35 2,22 | 10,1,34 | 10,21 29 | 孔隙物質原理 | 31 |
| | 32 容易製造 | 27,26 18 | 28,24 27,1 | 28,26 27,1 | 1,4 | 27,1 12,24 | 19,35 | 15,34 33 | 32,24 18,16 | 改變顏色 | 32 |
| | 33 容易操作使用 | 26,27 13 | 13,17 1,24 | 1,13 24 | | 35,34 2,10 | 2,19 13 | 28,32 2,24 | 4,10 27,22 | 均質原理 | 33 |
| | 34 容易維修 | 4,10 | 15,1 13 | 15,1 28,16 | | 15,10 32,2 | 15,1 32,19 | 2,35 34,27 | - | 拋棄與再生元件原理 | 34 |
| | 35 適應度 | 27,2 3,35 | 6,22 26,1 | 19,35 29,13 | - | 19,1,29 | 18,15 1 | 15,10 2,13 | - | 性質轉變原理 | 35 |
| | 36 系統複雜度 | 2,17 13 | 24,17 13 | 27,2 29,28 | | 20,19 30,34 | 10,35 13,2 | 35,10 28,29 | - | 相變化原理 | 36 |
| | 37 控制的複雜度 | 3,27 35,16 | 2,24 26 | 35,38 | 19,35 16 | 19,1 16,10 | 35,3 15,19 | 1,18 10,24 | 35,33 27,22 | 熱膨脹原理 | 37 |
| | 38 自動化程度 | 26,2 19 | 8,32 19 | 2,32 13 | - | 28,2 27 | 23,28 | 35,10 18,5 | 35,33 | 加速氧化原理 | 38 |
| | 39 生產力 | 35,21 28,10 | 26,17 19,1 | 35,10 38,19 | 1 | 35,20 10 | 28,10 35,23 | 28,10 35,23 | 13,15,2 3 | 鈍性環境原理 | 39 |
| | | | | | | | | | | 複合材料原理 | 40 |

## 表 5.4 矛盾矩陣表（7 / 10）

| 系統特徵參數 | | 惡化的系統特徵參數 | | | | | | | | 原理 | |
|---|---|---|---|---|---|---|---|---|---|---|---|
| | | 25 | 26 | 27 | 28 | 29 | 30 | 31 | 32 | | |
| 1 | 移動物體的重量 | 10,35 20,28 | 3,26 18,31 | 3,11 1,27 | 28,27 35,26 | 28,35 26,18 | 22,21 18,27 | 22,35 31,39 | 27,28 1,36 | 分割 | 1 |
| 2 | 靜止物體的重量 | 10,20 35,26 | 19,6 18,26 | 10,28 8,3 | 18,26 28 | 10,1 35,17 | 2,19 22,37 | 35,22 1,39 | 28,1 9 | 分離原理（分離、恢復、移除） | 2 |
| 3 | 移動物體的長度 | 15,2 29 | 29,35 | 10,14 29,40 | 28,32 4 | 10,28 9,37 | 1,15 17,24 | 17,15 | 1,29 17 | 改進局部性質原理 | 3 |
| 4 | 靜止物體的長度 | 30,29 14 | - | 15,29 28 | 32,28 3 | 2,32 10 | 1,18 | - | 15,17 27 | 非對稱性原理 | 4 |
| 5 | 移動物體的面積 | 26,4 | 29,30 6,13 | 29,9 | 26,28 32,3 | 2,32 | 22,33 28,1 | 17,2 18,39 | 13,1 26,24 | 合併原理 | 5 |
| 6 | 靜止物體的面積 | 10,35 4,18 | 2,18 40,4 | 32,35 40,4 | 26,28 32,3 | 2,29 18,36 | 27,2 39,35 | 22,1 40 | 40,16 | 萬用性原理 | 6 |
| 7 | 移動物體的體積 | 2,6 34,10 | 29,30 7 | 14,1 40,11 | 26,28 | 25,28 2,16 | 22,21 27,35 | 17,2 40,1 | 29,1,40 | 套疊結構原理 | 7 |
| 8 | 靜止物體的體積 | 35,16 32,18 | 35,3 | 2,35 16 | - | 35,10 25 | 34,39 19,27 | 30,18 35,4 | 35 | 平衡力原理 | 8 |
| 9 | 速度 | - | 18,19 29,38 | 11,35 27,28 | 28,32 1,24 | 10,28 32,25 | 1,28 35,23 | 2,24 35,21 | 35,13 8,1 | 事先的反向作用原理 | 9 |
| 10 | 力 | 10,37 36 | 14,29 18,36 | 3,35 13,21 | 35,10 23,24 | 28,29 37,36 | 1,35 40,18 | 13,3 36,24 | 15,37 18,1 | 預先行動原理 | 10 |
| 11 | 應力或壓力 | 37,36 4 | 10,14 36 | 10,13 19,35 | 6,28 25 | 3,35 | 22,2 37 | 2,33 27,18 | 1,35 16 | 預先防範原理 | 11 |
| 12 | 形狀 | 14,10 34,17 | 36,22 | 10,40 16 | 28,32 1 | 32,30 40 | 22,1 2,35 | 35,1 | 1,32 17,28 | 等位能原理 | 12 |
| 13 | 物體組成成份的穩定度 | 35,27 | 15,32 35 | - | 13 | 18 | 35,24 30,18 | 35,40 27,39 | 35,19 | 反向操作原理 | 13 |
| 14 | 強度 | 29,3 28,10 | 29,10 27 | 11,3 | 3,27 16 | 3,27 | 18,35 37,1 | 15,35 22,2 | 11,3 10,32 | 球面化原理 | 14 |
| 15 | 移動物體的耐久度 | 20,10 28,18 | 3,35 10,40 | 11,2 13 | 3 | 3,27 16,40 | 22,15 33,28 | 21,39 16,22 | 27,1 4 | 動態化原理 | 15 |
| 16 | 靜止物體的耐久度 | 28,20 10,16 | 3,35 31 | 34,27 6,40 | 10,26 24 | - | 17,1 40,33 | 22 | 35,10 | 部分或過度的動作原理 | 16 |
| 17 | 溫度 | 35,28 21,18 | 3,17 30,39 | 19,35 3,10 | 32,19 24 | 24 | 22,33 35,2 | 22,35 2,24 | 26,27 | 轉換到另一個維度原理 | 17 |
| 18 | 亮度 | 19,1 26,17 | 1,19 | | 11,15 32 | 3,32 | 15,19 | 35,19 32,39 | 19,35 28,26 | 震動原理 | 18 |
| 19 | 移動物體所需的能量 | 35,38 19,18 | 34,23 16,18 | 19,21 11,27 | 3,1 32 | - | 1,35 6,27 | 2,35 6 | 28,26 30 | 週期性作用原理 | 19 |
| 20 | 靜止物體所需的能量 | - | 3,35 1 | 10,36 23 | | | 10,2 22,37 | 19,22 18 | 1,4 | 連續的有用作用原理 | 20 |

改進的系統特徵參數

表 5.4　矛盾矩陣表（8／10）

| 系統特徵參數 | | 惡化的系統特徵參數 | | | | | | | | 原理 | |
|---|---|---|---|---|---|---|---|---|---|---|---|
| | | 25 | 26 | 27 | 28 | 29 | 30 | 31 | 32 | | |
| 21 | 功率 | 8, 36 38, 31 | 19, 26 17, 27 | 1,10 35,37 | - | 19,38 | 17,32 16,38 | 35,6 38 | 30,6 25 | 快速原理 | 21 |
| 22 | 能量的損耗 | 15, 6 19, 28 | 19, 6 18, 9 | 7,2 6,13 | 6,38 7 | 15,26 17,30 | 17,7 30,18 | 7,18 23 | 7 | 改變有害成為有用原理 | 22 |
| 23 | 物質的損耗 | 35, 6 23, 40 | 35, 6 22, 32 | 14,29 10,39 | 10,28 24 | 35,2 10,31 | 10,18 39,31 | 1,29 30,36 | 3,39 18,31 | 回饋原理 | 23 |
| 24 | 資訊的遺失 | 10, 24 35 | 10, 35 5 | 1,26 | 26, 7 9, 39 | 30,26 | 30,16 | - | 2,22 | 中介物質原理 | 24 |
| 25 | 時間的浪費 | 10, 20 37, 35 | 10, 20 26, 5 | 15,2 29 | 30,24 14,6 | 26,4 5,16 | 10,35 17,4 | 2,5 34,10 | 35,16 32,18 | 自助原理 | 25 |
| 26 | 物質的數量 | 35, 6 18, 31 | 27, 26 18, 35 | 29,14 35,18 | - | 15,14 29 | 2,18 40,4 | 15,20 29 | - | 複製原理 | 26 |
| 27 | 可靠度 | 3, 8 10, 40 | 3, 10 8, 28 | 15,9 14,4 | 15,29 28,11 | 17,10 14,16 | 32,35 40,4 | 3,10 14,24 | 2,35 24 | 可拋棄原理 | 27 |
| 28 | 量測精準度 | 32, 35 26, 28 | 28, 35 25, 26 | 28,26 5,16 | 32,28 3,16 | 26,28 32,3 | 26,28 32,3 | 32,13 6 | - | 取代機械系統原理 | 28 |
| 29 | 製造精密度 | 28, 32 13, 18 | 28, 35 27, 9 | 10,28 29,37 | 2,32 10 | 28,33 29,32 | 2,29 18,36 | 32,28 2 | 25,10 35 | 氣動或液壓原理 | 29 |
| 30 | 會影響系統的有害因素 | 22, 21 27, 39 | 2, 22 13, 24 | 17,1 39,4 | 1,18 | 22,1 33,28 | 27,2 39,35 | 22,23 37,35 | 34,39 19,27 | 彈性膜與薄膜原理 | 30 |
| 31 | 系統產生副作用 | 19, 22 15, 39 | 35, 22 1, 39 | 17,15 16,22 | - | 17,2 18,39 | 22,1 40 | 17,2 40 | 30,18 35,4 | 孔隙物質原理 | 31 |
| 32 | 容易製造 | 28, 29 15, 16 | 1, 27 36, 13 | 1,29 13,17 | 15,17 27 | 13,1 26,12 | 16,40 | 13,29 1,40 | 35 | 改變顏色 | 32 |
| 33 | 容易操作使用 | 25, 2 13, 15 | 6, 13 1, 25 | 1,17 13,12 | 3,18 31 | 1,17 13,16 | 18,16 15,39 | 1,16 35,15 | 4,18 39,31 | 均質原理 | 33 |
| 34 | 容易維修 | 2, 27 35, 11 | 2, 27 35, 11 | 1,28 10,25 | 1,35 16 | 15,13 32 | 16,25 | 25,2 35,11 | 1 | 拋棄與再生元件原理 | 34 |
| 35 | 適應度 | 1, 6 15, 8 | 19, 15 29, 16 | 35,1 29,2 | 26, 7 9, 39 | 35,30 29,7 | 15,16 | 15,35 29 | - | 性質轉變原理 | 35 |
| 36 | 系統複雜度 | 26, 30 34, 36 | 2, 26 35, 39 | 1,19 26,24 | 26 | 14,1 13,16 | 6,36 | 34,26 6 | 1,16 | 相變化原理 | 36 |
| 37 | 控制的複雜度 | 27, 26 28, 13 | 6, 13 28, 1 | 16,17 26,24 | 26 | 2,13 18,17 | 2,39 30,16 | 29,1 4,16 | 2,18 26,31 | 熱膨脹原理 | 37 |
| 38 | 自動化程度 | 28, 26 18, 35 | 28, 26 35, 10 | 14,13 17,28 | 23 | 17,14 13 | - | 35,13 16 | - | 加速氧化原理 | 38 |
| 39 | 生產力 | 35, 26 24, 37 | 28, 27 15, 3 | 18,4 28,38 | 30,7 14,26 | 10,26 34,31 | 10,35 17,7 | 2,6 34,10 | 35,37 10,2 | 鈍性環境原理 | 39 |
| | | | | | | | | | | 複合材料原理 | 40 |

## 表 5.4　矛盾矩陣表（9／10）

| 系統特徵參數 | | 惡化的系統特徵參數 | | | | | | | | 原理 | |
|---|---|---|---|---|---|---|---|---|---|---|---|
| | | 33 | 34 | 35 | 36 | 37 | 38 | 39 | | | |
| 1 | 移動物體的重量 | 35,3 2,24 | 2,27 28,11 | 29,5 15,8 | 26,30 36,34 | 28,29 26,32 | 36,35 18,19 | 35,3 24,37 | | 分割原理 | 1 |
| 2 | 靜止物體的重量 | 6,13 1,32 | 2,27 28,11 | 19,15 29 | 1,10 26,39 | 25,28 17,15 | 2,26 35 | 1,28 15,35 | | 分離原理（分離、恢復、移除） | 2 |
| 3 | 移動物體的長度 | 15,29 35,4,7 | 1,28 10 | 14,15 1,16 | 1,19 26,24 | 35,1 26,24 | 17,24 26,16 | 14,4 28,29 | | 改進局部性質原理 | 3 |
| 4 | 靜止物體的長度 | 2,25 | 3 | 1,35 | 1,26 | 26 | - | 30,14 7,26 | | 非對稱性原理 | 4 |
| 5 | 移動物體的面積 | 15,17 13,16 | 15,13 10,1 | 15,30 | 14,1 13 | 2,36 26,18 | 14,30 28,23 | 10,26 34,2 | | 合併原理 | 5 |
| 6 | 靜止物體的面積 | 16,4 | 16 | 15,16 | 1,18 36 | 2,36 30,18 | 23 | 10,15 17,7 | | 萬用性原理 | 6 |
| 7 | 移動物體的體積 | 15,13 30,12 | 10 | 15,29 | 26,1 | 29,26 4 | 35,34 16,24 | 10,6 2,34 | | 套疊結構原理 | 7 |
| 8 | 靜止物體的體積 | - | 1 | - | 1,31 | 2,17 26 | | 35,37 10,2 | | 平衡力原理 | 8 |
| 9 | 速度 | 32,28 13,12 | 34,2 28,27 | 15,10 26 | 10,28 4,34 | 3,34 27,16 | 10,18 | - | | 事先的反向作用原理 | 9 |
| 10 | 力 | 1,28 3,25 | 15,1 11 | 15,17 18,20 | 26,35 10,18 | 36,37 10,19 | 2,35 | 3,28 35,37 | | 預先行動原理 | 10 |
| 11 | 應力或壓力 | 11 | 2 | 35 | 19,1 35 | 2,36 37 | 35,24 | 10,14 35,37 | | 預先防範原理 | 11 |
| 12 | 形狀 | 32,15 26 | 2,13 1 | 1,15 29 | 16,29 1,28 | 15,13 39 | 15,1 32 | 17,26 34,10 | | 等位能原理 | 12 |
| 13 | 物體組成成份的穩定度 | 21,35 30 | 2,35 10,16 | 35,30 34,2 | 2,35 22,26 | 35,22 39,23 | 1,8 35 | 23,35 40,3 | | 反向操作原理 | 13 |
| 14 | 強度 | 32,40 28,2 | 27,11 3 | 35,3 32 | 2,13 25,28 | 27,3 15,40 | 15 | 29,35 10,14 | | 球面化原理 | 14 |
| 15 | 移動物體的耐久度 | 12,27 | 29,10 27 | 1,35 13 | 10,4 29,15 | 19,29 39,35 | 6,10 | 35,17 14,19 | | 動態化原理 | 15 |
| 16 | 靜止物體的耐久度 | 1 | 1 | 2 | - | 25,34 6,35 | 1 | 20,10 16,38 | | 部分或過度的動作原理 | 16 |
| 17 | 溫度 | 26,27 | 4,10 16 | 2,18 27 | 2,17 16 | 3,27 35,31 | 26,2 19,16 | 15,28 35 | | 轉換到另一個維度原理 | 17 |
| 18 | 亮度 | 28,26 19 | 15,17 13,16 | 15,1 19 | 6,32 13 | 32,15 | 2,26 | 2,25 16 | | 震動原理 | 18 |
| 19 | 移動物體所需的能量 | 19,35 | 1,15 17,28 | 15,17 13,16 | 2,29 27,28 | 35,38 | 32,2 | 12,28 35 | | 週期性作用原理 | 19 |
| 20 | 靜止物體所需的能量 | - | | | | 19,35 16,25 | - | 1,6 | | 連續的有用作用原理 | 20 |

改進的系統特徵參數

表 5.5　矛盾矩陣表（10／10）

| 系統特徵參數 | | | 惡化的系統特徵參數 | | | | | | | | 原理 | |
|---|---|---|---|---|---|---|---|---|---|---|---|---|
| | | | 33 | 34 | 35 | 36 | 37 | 38 | 39 | | | |
| 改進的系統特徵參數 | 21 | 功率 | 26,35 10 | 35,2 10,34 | 19,17 34 | 20,19 30,34 | 19,35 16 | 28,2 17 | 28,35 34 | | 快速原理 | 21 |
| | 22 | 能量的損耗 | 35,32 1 | 2,19 | - | 7,23 | 35,3 15,23 | 2 | 23,10 29,35 | | 改變有害成為有用原理 | 22 |
| | 23 | 物質的損耗 | 32,28 2,24 | 2,35 34,27 | 15,10 2 | 35,10 28,24 | 35,18 10,13 | 35,10 18 | 28,35 10,23 | | 回饋原理 | 23 |
| | 24 | 資訊的遺失 | 27,22 | - | - | | 35,33 | 35 | 13,23 15 | | 中介物質原理 | 24 |
| | 25 | 時間的浪費 | 4,28 10,34 | 32,1 10 | 35,28 | 6,29 | 18,28 32,10 | 24,28 35,30 | - | | 自助原理 | 25 |
| | 26 | 物質的數量 | 35,29 25,10 | 2,32 10,25 | 15,3 29 | 3,13 27,10 | 3,27 29,18 | 8,35 | 13,29 3,27 | | 複製原理 | 26 |
| | 27 | 可靠度 | 27,17 40 | 1,11 | 13,35 8,24 | 13,35 1 | 27,40 28 | 11,13 27 | 1,35 29,38 | | 可拋棄原理 | 27 |
| | 28 | 量測精確度 | 1,13 17,34 | 1,32 13,11 | 13,35 2 | 27,35 10,34 | 26,24 32,28 | 28,2 10,34 | 10,34 28,32 | | 取代機械系統原理 | 28 |
| | 29 | 製造精密度 | 2,25 28,39 | 25,10 | - | 26,2 18 | - | 26,28 18,23 | 10,18 32,39 | | 氣動或液壓原理 | 29 |
| | 30 | 會影響系統的有害因素 | 2,25 28,39 | 35,10 2 | 35,22 11,31 | 22,19 29,40 | 22,19 29,40 | 33,3,34 | 22,35 13,24 | | 彈性膜與薄膜原理 | 30 |
| | 31 | 系統產生副作用 | - | - | - | 19,1 31 | 2,21 27,1 | ? | 22,35 18,39 | | 孔隙物質原理 | 31 |
| | 32 | 容易製造 | 2,5 13,16 | 35,1 25,11,9 | 2,13 15 | 27,26 1 | 6,28 11,1 | 8,28 1 | 35,1 10,28 | | 改變顏色原理 | 32 |
| | 33 | 容易操作使用 | ■ | 12,26 1,32 | 15,34 1,16 | 32,26 12,17 | - | 1,34 12,3 | 15,1 28 | | 均質原理 | 33 |
| | 34 | 容易維修 | 1,12 26,15 | ■ | 7,1 4,16 | 32,1 25,13,1 1 | - | 34,35 7,13 | 1,32 10 | | 拋棄與再生元件原理 | 34 |
| | 35 | 適應度 | 15,34 1,16,7 | 1,19 7,4 | ■ | 15,29 37,28 | 1 | 27,34 35 | 35,28 6,37 | | 性質轉變原理 | 35 |
| | 36 | 系統複雜度 | 27,9 26,24 | 1,13 | 29,15 28,37 | ■ | 15,10 37,28 | 15,1 24 | 12,17 28 | | 相變化原理 | 36 |
| | 37 | 控制的複雜度 | 2,5 | 12,26 | 1,15 | 15,10 37,28 | ■ | 34,21 | 35,18 | | 熱膨脹原理 | 37 |
| | 38 | 自動化程度 | 1,13 34,3 | 1,35 13 | 27,4 1,35 | 15,24 10 | 34,27 25 | ■ | 5,12 35,26 | | 加速氧化原理 | 38 |
| | 39 | 生產力 | 1,28 7,19 | 1,32 10,25 | 1,35 28,37 | 12,17 28,24 | 35,18 27,2 | 5,12 35,26 | ■ | | 鈍性環境原理 | 39 |
| | | | | | | | | | | | 複合材料原理 | 40 |

資料來源：TRIZ 萃智系統性創新理論與應用（宋明弘，2016）

　　在面臨技術問題時，Altshuller 指出發明者常面臨到「技術矛盾」與「物理矛盾」的問題。「技術矛盾」是指在一系統中，當一個參數被改善時，另一個參數即變差，例如車子的動力對照耗油量、桌子的重量對照強度等；「物理矛盾」則是指同一個參數的兩個互相相對特性的衝突，例如冷和熱、長和短、軟和硬等。

　　矛盾矩陣表（Contradiction Matrix, CM）為 40 行乘 40 列的一個矩陣，應用該矩陣的程序為：首先在 39 個技術參數中，確定使產品品質降低（惡化）及提高（改善）的技術參數，從第 1 行及第 1 列中選取對應的序號，最後在兩序號對應行與列的交叉處確定一特定矩陣元素，該元素所給出的數字為推薦採用的發明原理序號。例如表 5.5 希望改善參數與惡化技術參數分別為 2. 靜止物件重量及 39. 生產力，在矩陣中第 2 列及第 39 行交叉處所對應的矩陣元素如表 5.5 中的橢圓所示，該元素中的數字 1, 28, 15 及 35 為推薦的發明原理序號。

表 5.5　矛盾矩陣簡表

| 惡化參數 / 改善參數 | 1. 移動物件重量 | 2. 靜止物件重量 | … | 39. 生產力 |
|---|---|---|---|---|
| 1. 移動物件重量 | | | | 35,3,24,37 |
| 2. 靜止物件重量 | | | | 1,28,15,35 |
| ⋮ | | | | ⋮ |
| 39. 生產力 | 35,26,24,37 | 28,27,15,3 | | |

矛盾矩陣所提供之發明原理

　　總結前面的做法，解決特性衝突的時候，先找出到底是哪兩個特性的衝突，找到對應的 39 個技術參數，查矛盾矩陣表，得到比較常用來解決這種矛盾的發明原理，利用這些發明原理幫助指引創新思考方向的構思創意做法。

# 5.4 物理矛盾與分離策略

　　物理矛盾其實應該是叫自身衝突，不同參數之間的衝突稱做技術矛盾或者是工程矛盾；同一個參數間的衝突稱為物理矛盾。同一個參數就是像桌子做得比較薄的話，強度不夠，放個重的設備在桌子上面容易壞，所以要把它做厚一點，但做厚一點會變重，搬得時候比較重且比較貴。因此這衝突就是桌子你想要薄又想要厚，在此桌子的厚度就是同一個參數，同一個參數你希望它薄又希望它厚的情況，這是滿足不同面向的問題，不同的面向對同一個參數有不同的要求。這個不同的要求是不能同時達到的，這種情況叫物理矛盾。

　　解決物理矛盾的方法有三種策略來解決：

## 1. 分離衝突需求

　　找到一種方式把這個存在同一個參數的衝突能夠把它分開，讓這個需求是在不同的情況不同的條件之下，兩個都能夠滿足，這個就是分離衝突的需求。

## 2.滿足衝突需求

找到一種方式，讓這兩種需求都能夠滿足，這個就不是原本傳統情況之下，因爲在傳統情況之下，這兩個衝突是不能夠同時滿足的。

## 3.繞過衝突需求

不相容但是讓衝突不要在同一個參數上面成立並繞開它。

這三種解決物理矛盾的方法，以往最主要做法就是用分離衝突需求。

傳統的分離衝突需求有四種分離做法：1.空間分離，2.時間分離，3.關聯分離，4.系統層級分離。四種分離做法與對應的發明原理如表5.6。

表 5.6　傳統物理矛盾四種分離做法與對應的發明原理（1／2）

| | 空間分離 | 時間分離 | 關聯分離 | 系統層級分離 |
|---|---|---|---|---|
| 分離意義 | 將矛盾雙方在不同的空間分離 | 將矛盾雙方在不同的時間段分離 | 將矛盾雙方在不同的超系統元件下分離 | 將矛盾雙方在不同的系統層級上分離 |
| 對應的發明原理 | 1 分割<br>2 分離<br>3 改變局部特性<br>7 套疊<br>4 非對稱化<br>17 空間維度變化 | 9 預先反作用<br>10 預先行動<br>11 預先防範<br>15 動態化<br>34 消失與再生 | 3 改變局部特性<br>17 空間維度變化<br>19 週期動作<br>31 孔隙化<br>32 改變顏色<br>40 複合材料 | 1 分割<br>5 整合／合併<br>12 等位能化<br>33 同質化 |

表 5.6　傳統物理矛盾四種分離做法與對應的發明原理（2／2）

| | 空間分離 | 時間分離 | 關聯分離 | 系統層級分離 |
|---|---|---|---|---|
| 衝突舉例 | 冬天天氣很冷，泰式按摩油壓時，要不要開暖氣？被油壓者沒穿衣服很冷，開暖氣按摩師傅用力很熱。 | 牙籤應該尖硬嗎？餐廳洗碗盤的阿姨手指頭常被牙籤刺傷。客人用餐後使用牙籤剔牙；阿姨清潔碗盤被牙籤刺傷。 | 空氣中常充滿許多細懸浮微粒。我們到底要空氣多吸點，還是少吸點對健康比較好？ | 大賣場手推車要不要容易移動？平面樓層手推車移動購物，手推車要容易移動前進，電扶梯手推車會往下滑撞傷人，手推車要固定不動。 |
| 解法舉例 | 油壓按摩床上放電熱毯。接觸電熱毯使被油壓者周圍溫度提高；按摩師傅未接觸電熱毯周圍溫度低。 | 一種用玉米澱粉製造的牙籤。剔牙功能良好；且一遇水即可自然溶解，不會刺傷人。 | 戴口罩。可以吸取空氣中的氧氣；不會吸取空氣中的細懸浮微粒。 | 手推車輪子會卡住停在電扶梯溝槽。平面樓層手推車移動容易；手推車推上電扶梯後輪子在電扶梯上卡住，輪子不會滾動造成危險。 |

　　表 5.6 中舉空間分離為例並以林永禎教授的案例來說明。空間分離就是說如果兩個衝突的需求，你能夠找到它不重疊的位置、不重疊的空間來隔開的話，這時就可以在空間上分離衝突的需求，所以同一參數的兩個不同需求，假設這兩個不同的需求，一個是 +A 一個是 -A，你能夠找到一個分界能夠切得開，使不同需求在不同的位

置、不同的空間，因此使得衝突的需求在不同的位置，不同的空間內都能各自滿足。

有 6 個發明原理常用來解決空間分離的問題：第 1 個是分割；第 2 個是分離／取出／萃取；第 3 個改變局部特性／局部品質；第 4 個（編號 7 原理）套疊／巢狀結構；第 5 個（編號 4 原理）非對稱化；第 6 個（編號 17 原理）空間維度變化。

林永禎教授有時筋骨痠痛，同事熱心推薦林教授去做泰國的油壓，油壓的師傅油壓之後，林教授身體會比較舒服，感覺氣血有被打通，因為油壓要塗油在身上推壓，所以不能穿衣服，冬天天氣冷又沒有穿衣服相當寒冷，所以冬天生意就變很差，林教授也因為溫度很冷腳會抽筋，但是如果開暖氣，林教授會覺得比較舒服一點，但是油壓師傅因為在推壓身體在出力，所以師傅會很熱，對於被油壓的人是希望室內能夠熱，室內的溫度要高才不會覺得冷，但是對於師傅來說，如果開暖氣的話師傅會熱，因為她要出力，所以希望涼快。此時產生了衝突的需求：對於被油壓的人在油壓時，因為沒有穿衣服，因此冬天很冷時會想要熱，希望室內溫度要高，但是油壓師傅，因為她在出力，她有穿衣服，所以會比被油壓的人容易熱，因此希望不要那麼熱溫度不要那麼高，所以被油壓的人希望室內溫度要高，油壓師傅希望室內溫度不要高，但是兩人處在同樣一個室內溫度，所以這時候就產生了衝突，這個衝突需要看溫度要高的地方跟溫度不要高的地方能不能夠分割出來，想要溫度高的人是被油壓的人，但是不想要溫度高的人是油壓的師傅。本來我們考慮室內溫度又要高又要低，是把整個室內一起考慮，就產生了衝突，但是如果我們可以把空間分割比較細一

點，就可以獲得解答，對於被油壓的人希望周圍溫度是高的，但是按摩師傅希望周圍溫度不要那麼高，所以如果能夠想要一個方法，亦即是在被油壓的人的周圍增加溫度就好，溫度不要加到師傅身上，這樣就可以解決了這個衝突。因為這個衝突就是室內溫度對於被油壓的人來說要高，對師傅來說不要高，她會流汗。

　　利用發明原理來想解答，因為發明原理是一個抽象的概念，所以你想到的跟別人想到的不見得會一樣，例如，你要分割，把整個東西分割成為兩個、三個。也可以把按摩床本來是一個，把它變成兩個或是在上面弄個東西，在這裡舉的是「改變局部特性」原理，室內溫度就不把它變成整體均一的高或是低，而是把溫度變成有不同區域的溫度，所以對於被油壓者來說，希望周圍溫度要高；對於按摩師傅，希望溫度低，因此他們想了一個解決方法，就是在按摩床上面舖了電熱毯，由於電熱毯會直接接觸到被油壓者的身體，被油壓者的身體就不會覺得那麼冷；但是電熱毯不會接觸到師傅，所以師傅就不會覺得熱。

　　如表 5.6 所述。時間分離的做法為衝突的需求可以放在不同的時間，可以用時間來把它分離。時間分離有五個發明原理常使用：預先的反作用、預先的行動、預先防範／補償、動態化、消失與再生。

　　關聯分離時衝突的需求它是對不同的超系統元件，超系統就是它周遭的這些零件，所以它對的是不同的對象的時候，就可以用關聯分離。關聯分離有六個發明原理常使用：改變局部特性、空間維度變化／移到新的空間、週期動作、孔隙化／多孔材料、改變顏色跟複合材料。

　　系統層級分離為衝突的需求可以放在不同的系統層級 ( 系統、子

系統、超系統是不同的系統層級) 來隔開。意即若在系統層級有衝突的需求，但是如果把其中一個需求放到子系統的零件部分，或者是它的超系統的周遭環境時候，在不同系統層級衝突就能夠分得開的話，那這樣就可以用系統層級分離。系統層級的分離有四個發明原理常使用：分割、整合／合併、等位能化、同質化。

## 創新個案

### 建築室內水管及電氣配線工法之創新與改善

#### 早期建築室內水管及電氣配線工法於現代所遭遇之問題

　　建築的價值在早期年代的意義，是一個遮風避雨的地方，以鋼筋水泥作為外牆。早期所用的家電設備大概就是電視機和電風扇，裝設冷氣機的並不多，因此早期的總電流並不高，迴路的設定不用區分太多，電力迴路從頭開始並聯到結束即可。而現代化社會家庭中充滿著家電設備、3C產品，輕易就可以列出十項家電設備，加上現在人手一台3C設備，每個3C產品都需要充電，在插座的使用上，相較早年龐大許多，因此配線量大增，使用從前的方式已經不能滿足現今用量，必須區分迴路系統，以一層為單位使用一個迴路控制，在每個區域都設置主電源，將電流區分到各支路。如此一來主電控箱的線路會變得相當複雜，裡面包含了照明、插座、冷氣等等，所有的電路都在一個配電箱中，造成往後的維修困難。若是淤積灰塵或滲入水氣，容易造成電線走火引發火災，因此必須將屋內配線的線路，經過系統化的整理，將雜亂的箱體變得乾淨整齊。

### 建築室內水管及電氣配線工法之創新改善方法與過程

2017 年林昭錡研究水管及電氣工法之創新與改善，探討屋內配線如何讓住家安全品質提升，以改善早期建築室內水管及電氣配線工法於現代所遭遇之問題。為改善現代建築中家庭管路及電氣配線量大增、線路繁多複雜所形成的問題，以及達到管線配置安全、正確、精準、快速與方便維修之目的，林昭錡利用 TRIZ 理論中找尋問題的原因，確定問題點之後，使用解決技術矛盾與物理矛盾的方法，找尋比較適合的發明原理，利用找到的發明原理構思設備創新與改進的方案，以提出具可行性之方案。

### 建築室內水管及電氣配線工法之創新改善方案

針對早期建築室內水管及電氣配線工法於現代所遭遇之插座安全開關迴路改善、照明設備電力迴路改善、維修電路困難、插座工法改善等四項問題進行探討，進而得到可程式控制器取代安全開關、增加插座迴路安全開關、照明設備的電壓改為 220 伏特、將電路系統 AC 110V 和 AC 220V 分開、插座安裝設定改為水平配置等五個創新改善方案。此五方案大幅度降低跳電次數、配電箱維修時間只需原來 1/3、插座連接電線所需空間體積縮小約 77 倍，可以達到降低成本、安全度提升、系統化設計、改善客戶生活品質之成果。

**資料來源：**

林昭錡（2017）。「水管電氣工程工法創新與改善—以某水管電氣工程公司為例」，明新科技大學管理研究所碩士班碩士論文。

## 重點摘要

1. TRIZ 是「創意問題的解決理論」，阿舒勒（Genrich Altshuller）在蘇聯海軍專利局當專利審核員時，他分析超過二十萬件專利，在其中挑出四萬件他認為具有較佳創新方法的專利來研究，所歸納出創新的方法。他的同事與學生繼續研究，擴大了方法的範圍。

2. 阿舒勒歸納出 40 個創新的基本原理。40 個發明原理它在解決問題的系統裡，是最後會用到的，它是最後提供你思考啟發點的方向，應用在解決技術矛盾會用到發明原理。

3. 技術矛盾指我們常常會遇到一種問題，這問題就是你想要改善一個狀況，所以你做了某一個動作或某一件事情，然後你想要的改善有發生，但是又產生另外一個不好的情況，所以就不能往你要的方向去改善。利用這 39 個技術參數，查矛盾矩陣，得到以往解決這類衝突的發明原理，提供解答的創新思考方法。

4. 物理矛盾是同一個特性參數間的衝突。面對同一個參數有不同的要求，這個不同的要求是不能同時達到之情況叫物理矛盾。解決物理矛盾的策略（方法）有三種：(1) 分離衝突需求；(2) 滿足衝突需求；(3) 繞過衝突需求。以上這三種策略最後要找出來比較適合的發明原理。以往最主要做法就是用分離衝突需求。

5. 傳統的分離衝突需求有四種做法（分離方式）：(1) 空間分離；(2) 時間分離；(3) 關聯分離；(4) 系統層級分離。

## 習題

### 一、基礎題

1. 本章教導哪幾個工具？這些工具可以怎麼組合在一起運用？

2. 什麼是 TRIZ？

3. 什麼是 TRIZ 的工作原理？

4. 什麼是 40 個發明原理？是如何被提出來的？你覺得哪幾個發明原理對你最容易運用？

5. 請舉出一個運用發明原理在你日常生活中的例子。

6. 什麼是技術矛盾？請說明技術矛盾解答的步驟。

7. 什麼是物理矛盾？請說明物理矛盾解答的步驟。

### 二、進階題

1. 請舉出一個運用 2 個以上發明原理在你日常生活中的例子。

2. 請舉出一個運用技術矛盾解答的步驟在你日常生活中的例子。

3. 請舉出一個運用物埋矛盾解答的步驟在你日常生活中的例子。

4. 找日常生活中的問題用本章教導工具組合在一起運用產生解答。

## 參考文獻

1. Isak Bukhman 著，蕭詠今譯（2011），TRIZ 創新的科技，建速有限公司，ISBN：9789868563513。

2. 宋明弘（2016），TRIZ 萃智：系統性創新理論與應用（2 版），鼎茂圖書出版公司，ISBN：9789863452584。

3. 林永禎、謝爾蓋‧伊克萬科（2021），TRIZ 理論與實務：讓你成

為發明達人，五南，ISBN 9789865226725。

4. 孫永偉、謝爾蓋‧伊克萬科（2017），TRIZ：打開創新之門的金鑰匙1，科學出版社。（簡體字）（第1版第4刷）

5. 高木芳德著，李雅茹譯（2106），創意不足？用TRIZ40則發明原理幫您解決！五南圖書出版公司，ISBN：9789571187013。

6. 國際TRIZ協會。「TRIZ評論」（簡體字）http：／／www.matrizchina.cn／_d276094827.htm

7. 許棟梁（2016），萃智創新工具精通（上冊）（四版），亞卓國際顧問公司，ISBN：9789868579521。

8. 許棟梁（2019），萃智創新工具入門，亞卓國際顧問公司，ISBN：978986952695。

9. 趙敏、史曉凌、段海波（2011），TRIZ入門與實踐，鼎茂圖書出版公司，ISBN：9789862266328。

# 第六章　專利概念及專利申請

王蓓茹

## 學習目標

1. 了解什麼是智慧財產權。
2. 了解專利制度的精神、專利制度的起源與專利執行的方式。
3. 了解知識產權保護的態樣、專利種類與標的，並了解新穎性及創造性的判斷準則。
4. 了解知識產權與創新的關係，能在創新週期的不同階段搭配使用不同的知識產權來進行布局。
5. 了解在市場上如何主張知識產權，不受侵權而保有商業利益與先機。
6. 了解專利申請方式及研發者需注意的事項。
7. 了解為什麼要進行專利檢索，並認識各國專利資料庫及免費線上檢索站台。
8. 了解專利檢索欄位的意義及關鍵字的設定方法。
9. 實際演練檢索流程，以熟悉檢索介面及解讀檢索結果。
10. 看懂專利說明書及學習專利說明書撰寫原則。

## 本章架構

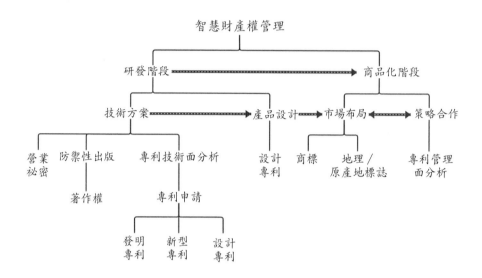

# 6.1 什麼是智慧財產權？

### 1. 智慧財產是一種無形的財產

　　智慧財產（Intellectual Property, IP）是經由人類智慧的創造性產出，例如發明、文學藝術作品、設計、商業中使用的符號、名稱和圖像，其屬於可以被交易的無形商品，因此是一種能產生商業價值的「財產」。

　　知識產權（Intellectual Property Right, IPR）係為了確保創造者能利用創造所產生的優勢而受益，從而激發人類思維的創造力以造福所有人、鼓勵創造性活動，並使研究者和開發投資者能獲得公平的投資回報。知識產權制度旨在通過創新者的利益和更廣泛的公共利益之間

取得適當的平衡下，營造一種創造力和創新能夠蓬勃發展的環境。

## 2. 知識產權受到法律保護

知識產權法規範了涉及獲取和使用涵蓋不同類型創作的一系列權利（例如：專利法、商標法、著作權法等），這些不同類型的創作可能是工業技術、文學或藝術，藉由法律保護來鼓勵創作者向公眾發布和揭露其創作而不是保密，同時鼓勵商業企業選擇創作作品進行開發。因此，知識產權法是授予創作者從其創作中受益的專有權，例如專利、版權和商標，而進一步賦予個人、企業或其他實體有權排除他人使用該創作的權利，但是這也屬於一種壟斷權利，故而在權利範圍、持續時間和地理範圍上都是有限的。

知識產權的所有權人可通過執行這種權利來阻止製造、使用或銷售包含知識產權的產品，因此可能對工業和貿易產生直接和實質性的影響，對知識產權這種無形資產的控制也意味著對產品和市場的控制。

## 3. 知識產權與創新成效密不可分

一個運作良好的知識產權保護體系增加了經濟地點在創新方面的吸引力，促進了可持續的經濟增長。先進國家仰賴於對知識產權（IP）的充分和可執行的保護以維持國家的競爭力。

充分並有效地保護知識產權可以鼓勵創新，是開發創新產品和服務所需的大量工作和資本投資的重要激勵因素，這是創新運作週期的先決條件。在開發新產品的過程中，公司在創新週期的不同階段使用

不同的知識產權。例如發明專利（專利的一種）在基礎研究中發揮了重要作用，它保證發明人擁有使用該專利的專有權（限於 20 年），研發初期的發明（發明未連接「專利」兩字時指創新成果或動作）必須在它仍然是新穎的和未公開的階段盡早開始進行專利申請，同時在產品開發和營銷階段，設計和商標的保護至關重要。

　　保護知識產權使創新型公司能夠將銷售和許可的收入再投資於持續開發和新產品。因此，知識產權是創新運作的基礎，它是一個支持元素，從第一個想法到開發和成功實施，再到產品和服務的最終營銷。保護知識產權可以促進持續性的經濟增長，尤其是創新和出口導向型經濟的國家，特別依賴於對國內外知識產權的有效和可預測的保護。

## 6.1.1 知識產權的選擇方案

　　公司的知識產權可以占其整體價值的很大一部分。即使在小公司中，知識產權也可以發揮重要作用，它是重要的價值驅動因素，在國內和國際市場上創造了戰略優勢。從過去的歷史中發現，成功的產品通常會被複製，這就是為什麼在早期階段將知識產權管理方式整合到公司的戰略流程中非常重要，因為沒有法律的保護，即便具備堅強的技術也只是紙老虎，取得適切的技術專有實施權利是知識產權戰略中必須審慎考量的部分。

表 6.1　知識產權分類

| 知識產權的保護類型 | 保護項目 | 主要應用領域 |
| --- | --- | --- |
| 專利<br>Patents | 新的、非顯而易見的，適用於工業的發明 | 所有行業，如化學品、藥品、塑料、電機、電子、科學儀器、通訊設備等 |
| 商標<br>Trademarks | 標識商品和服務的標誌或符號 | 所有行業 |
| 工業設計<br>Industrial designs | 商品外觀設計 | 所有行業、如電子、汽車、家具、日用品、廚具等 |
| 積體電路布局設計<br>Topography of semiconductor products | 原始布局設計 | 微電子行業 |
| 著作權<br>Copyright | 原創作品 | 出版物、視頻、照片、廣播等 |
| 鄰接權<br>Neighbouring rights（Related rights） | 原創作品 | 表演藝術家、錄音製品製作人和廣播組織等 |
| 防止不公平競爭<br>Protection against unfair competition | 以上全部 | 所有行業 |
| 營業祕密<br>Trade secrets | 祕密商業信息 | 所有行業 |

## 1. 發明／新型專利

　　當完成一項發明時，發明人應該仔細考慮如何以最為有利的方式

保護其發明。專利保護的客體爲物品結構、機械裝置、製程方法及物質組成，依照發明的技術特徵以及產品生命週期的不同，發明人可選擇以發明專利或新型專利來保護。決定申請專利保護時，需要考慮成本及代價是否是爲發明人所期望的，因爲當發明進入了專利申請的程序一段時間後技術就會被公開（通常是 18 個月後，如果是新型和設計專利則更短），如果發明無法克服審查的歷程而未取得專利權時，該發明技術會成爲公共財。因此，可以先經過自我審視以下問題並靈活運用，擬定專利申請的最佳策略。

**(1)確認要在何處保護發明創新**

專利是屬地主義，僅在其註冊的國家／地區有效。專利權是能夠阻止他人使用、製造、販賣的排他權，因此發明人須仔細考慮想要註冊知識產權的所有地方，包括目前和潛在的生產和銷售專利產品的市場在何處、以及可能授權專利的國家或地區爲何，據以選擇專利申請的國家，抑或要經由歐盟（EPO）或世界智慧財產權組織（WIPO）提交 PCT 申請案。其中，EPO 申請案及 PCT 申請案爲透過單一申請程序，在指定的多國獲得臨時保護，最終在通過審查的國家取得專利權保護。

a. EPO 申請案申請歐洲多國專利：透過單一申請程序在大多數歐洲國家獲得臨時保護，經過中央授權程序審查發明的新穎性和創造性後，即可在多個歐盟會員國中得到專利權保護，可節省時間和精力。申請歐洲專利的成本較高，通常如果僅需要在少數歐洲國家布局專利，也可以考慮選擇個別國家的專利局送件，可以節省費用。此外，如果在集中異議程序中被撤銷歐盟專利，則所有締約國都將失去

專利保護。

　　b. 國際專利申請：世界智慧財產權組織 WIPO 以「專利合作條約」（Patent Cooperation Treaty, PCT）使申請人可以在所需的許多締約國提出 PCT 申請案，可在 PCT 的所有締約國受到臨時保護，進入「國際階段」，然後 WIPO 設於締約國的 PCT 受理單位會對現有技術進行搜索，並在優先權日期後 18 個月內發布「國際檢索報告」供後續之可專利性審查時參考。在優先權日期之後的 30 個月內，申請人將在希望獲得專利保護的國家／地區啟動「國家階段」，由選定的各國專利局負責審查該申請案，決定是否授予專利權。需注意的是我國非屬 PCT 會員國，需經過其他會員國的 PCT 專利局提交。

　　**(2)如何初步評估新穎性和創造性？**

　　發明創新必須具有新穎性和創造性，方能通過專利審查程序取得專利權，發明人可以透過幾個方向進行初步研究以了解先前技術的現況，來驗證明發明的可專利性。

　　a. 透過搜索引擎搜索類似功能的產品，可經由產品目錄和貿易展覽來了解相關產品的市場規模及趨勢，並收集競爭者資訊，以便進行後續的專利檢索。

　　b. 在學術文獻資料庫中搜尋，了解最新的前端技術。

　　c. 在專利文獻資料庫中進行檢索，了解技術演進及競爭技術的法律保護狀態，可避免誤觸專利地雷（仍受到專利權保護中的技術），並獲得可用的專利技術（已過期的專利技術）。

　　如果評估後認為發明具有可專利性而選擇提出專利申請，必須在專利申請書中明確並全面地介紹該發明，所謂明確是指該技術領域的

技術人員必須能夠理解該解決方案，還必須清楚究竟要求保護的是什麼。發明人可以利用以下方法與先前技術做比較，來突顯出該發明具有區別性的技術特徵：

    a. 指出發明與已知解決方案的共同特徵

    b. 指出與已知解決方案不同的創新技術特徵

    c. 指出發明具有的額外益處，但對本發明來說並非屬於不可或缺的特徵

    然而，也並非每項發明都需要以專利來保護，例如在產品週期非常短的行業中，專利也並不一定是必要的。因此，對於每個發明和每個公司來說，所謂的最佳保護措施可能非常不同，它可以取決於行業或市場環境、個人承擔風險的意願以及存在侵權風險的程度，此外投資者和客戶的需求也是考慮的要點。發明人可參酌其他的替代選項來適當的維護權益、創造利益。

## 2. 設計專利

    設計專利係用於表彰物品形狀或配置的專有權。工業設計構成了物品的裝飾或美學方面的特徵，包括物品形狀或表面的三維特徵，或其圖案、線條或顏色等二維特徵。設計專利的審查，必須以是否在先前技術的基礎上產生具有區別性的視覺上效果為準，因此有別於發明／新型專利的結構特徵，設計專利並不以物品結構的功能性作為其可獲准專利的要件。因此，倘若發明創新的特徵在於物品外觀的創意、物品視覺性效果的展現上，可以考慮以設計專利作為專利保護的標的。此外設計專利還有申請費低廉、審查時間較短、容易舉證侵權

及賠償金額容易計算的優點，是近年來被廣泛運用的一種權利保護態樣。

## 3. 營業祕密

營業祕密是指企業擁有的知識，包括方法、技術、製程、配方、程式、設計或其他可用於生產、銷售或經營之資訊，對於知悉該知識的人以保密協議保護該知識不被披露的權利。

因為專利權有期間限定，一旦專利權到期則屬於公共財的一部分，任何人都可以自由使用該專利發明，但只要保密措施得當，營業祕密則可以無限期地保護。如果發明之技術無法直接從成品發現被複製的話，以營業祕密來保護技術是值得考慮的，特別是針對化學產品相關的配方、組成等技術。

需要注意的是其他人可以經由逆向工程和找尋到技術解決方案來使用與營業祕密相同的技術，甚至可以申請專利，即第三人以獨立方式研發出與該營業祕密相同的技術時，該營業祕密技術的所有人並不能主張他人侵害其營業祕密，且他人研發出與營業祕密相同的技術後申請專利，更可能對營業祕密技術所有人造成損失。因此，要以專利權或營業祕密保護發明之技術實則各有利弊，各種因素必須綜合衡量，才能更完善的保護發明者的權益。

欲選擇營業祕密或是專利保護，需考量以下的情況：

### (1)評估產品／技術的生命週期

如果發明的技術經評估認為具有大於二十年的生命週期，則可考慮採用營業祕密保護，可避免專利專利權保護期限屆滿，任何人均

得以自由實施該發明技術的問題，以獲得更長久的技術／市場獨占優勢。

### (2)能否避免不必要的技術公開

如果無法明確肯定該發明技術內容是否符合「進步性」和「新穎性」等專利要件之要求時，可採取營業祕密之方式加以保護，避免因為發明專利的「早期公開」而喪失該技術的祕密性，以及專利審查可能無法通過專利審查而無法取得專利權的問題，屆時將無法主張該技術為技術所有人的營業祕密，也不能阻止第三人使用該申請專利的技術。

### (3)能否採取合理的保密措施

營業祕密指方法、技術、製程、配方、程式、設計或其他可用於生產、銷售或經營之資訊，但該資訊必須具備「祕密性」、「經濟性」及「所有人已採取合理保密措施」等三項要件。營業祕密的所有人，必須加以評估其保密措施的可行性。如果評估結果認為，任何合理的保密措施都無法保證該技術的祕密性，或採取保密措施的成本過高，則應採取專利權之方式加以保護。

### 4.防禦性出版

如果發明人不想要專利，但又不希望其他人能夠對此發明申請專利，該怎麼辦？防禦性出版可以公開發明，並具有表明發明人、發明時間的目的。例如，發明人可以在任何公開的平台上發布，或寫一篇關於該技術的文章。這樣的作法是將技術公開成為先前技術，因此沒有人可以獲得專利。發明人可以繼續使用該發明，然而競爭對手也

可以使用，但不能取得專利。這種操作方式，可用於欲節省專利申請及維護的開銷，只針對最主要的核心技術進專利申請，衍生的技術則以防禦性出版的方式公開，達到技術圍牆布局的目的，以避免競爭對手以插旗方式對周邊技術申請專利而造成專利技術在商業實施上的問題。

## 5. 商標

商標（Trademark）是能夠區分一個企業的商品或服務與其他企業的商品或服務的標誌。商標可以追溯到古代，當時工匠會在他們的產品上標示他們的簽名或記號。一般來說，商標是應用於產品或服務或與產品或服務相關的商標或其他顯著標誌，不代表產品或服務本身。可以註冊的商標形式包括單詞、字母和數字的組合及設計過的圖樣。商標也可能具有三維特徵，如商品的形狀和包裝，以及不可見的標誌，如聲音或香味，或用作區別特徵的色調等無限的可能性組合。

## 6. 地理標誌和原產地名稱保護標誌

地理標誌被認為是知識產權，在國際間的貿易談判中發揮著越來越重要的作用。地理標誌（Geographical indications）和原產地名稱保護標誌（Protected designation of origin）是用於具有特定地理來源，且具有基本上可歸因於該原產地所致的品質、聲譽或特徵的商品。例如歐盟提供的原產地名稱保護標識證明商標，用於「標明生產、加工和製備全都在指定的地理區域內進行的、遵循特定的傳統生產過程和相關地區的配料的產品」，旨在保護特定產品的名稱，以促進其獨特的特徵與表彰其地理來源和傳統技術的相關聯性；而地理標誌識別保

證只有真正出產於某個區域的食物才可以以此區域的名義出售，以求保護食物產地的名譽，排除不公平競爭和避免消費者買到非真正產區食品，使消費者能夠信任和區分優質產品，同時幫助生產者更好地推銷他們的產品。

## 7. 著作權

軟體程式受著作權法（而非專利法）的保護，因為軟體程式本身並不是技術解決方案。然而，當軟體程式攸關於發明的功能部分而能解決技術問題，例如車輛的防鎖死制動系統的控制，則可以獲得專利。一般來說，著作權（Copy right）不是專利保護的替代品。著作權保護格式，即作品的表達而不是其內容。著作權適用於文學、戲劇、藝術和音樂作品、音頻和視頻錄製、廣播和有線傳輸等領域。著作權是屬於人格權，在創作時便自動生成，不需要申請並且在創作者去世後仍能持續 70 年。

## 8. 數據庫權利

歐盟特有的數據庫權利（Database right）適用於不受版權保護的數據庫，最長期限為 15 年，是在著作權法、民法以及反不正當競爭法外設立的一類智慧財產權。

## 6.1.2 如何主張知識產權

## 1. 標記受專利保護的產品

如果獲得專利，專利權人可以在產品包裝或產品本身上註明。這

可能是一個賣點，也可以警告潛在的專利侵權者。如果在授予專利權之前將產品推向市場並貼上標籤，則應該標示為「專利申請中（Pat. pend. 或 Patent pending）」。常見的標示方式是在商品或其包裝上標示例如「U.S. Patent Pending」字樣，進一步可標示專利申請號碼，例如：U.S. Patent Pending–Application No. 專利申請號。專利權人可以選擇是否要對產品進行標示，也可以要求該專利的被授權人也使用這些標示，但是濫用不實標示則屬於一種刑事犯罪。不實標示包括：

(1) 在非專利物品打上專利號碼

(2) 標示過期專利號

(3) 明知標示有誤卻仍故意誤導他人

美國法院曾針對專利不實標示給予「每件」不實標示物品罰金 500 美元的裁罰判例（而非以一個事件計算），顯見不實標示的後果會將十分嚴重，以每一不實標示物品來計算罰金，金額會非常龐大。

## 2. 避免被侵權——密切關注市場競爭對手及其產品

專利權人有責任識別侵權案件並執行其權利。因此，專利權人應該密切關注市場競爭對手及其產品。有人在未經專利權人許可的情況下利用發明時，可視為潛在的侵權行為。許多侵權案件都是無意中發生的，有關各方通常能夠在庭外解決這些案件，這比訴訟更快、更便宜。通常情況下，只需發送一封表明侵權行為並要求停止的信函，並描述侵權行為繼續存在的法律狀況和後果就足夠了。

### 3. 專利授權

專利是獲得發明和開發努力的回報的權利。專利權人擁有開發專利發明的專有權，這項權利可以帶來好處，但不能保證能成功的達成商業化。因此除了銷售專利產品，專利權人也可以通過授權讓其他人商業化利用該發明。一個專利權可以專屬授權或非專屬授權的方式，將專利權給予一個或多個對象進行商業實施，專利權人則獲得權利金回報。

| 習題 |
| --- |
| 一、基礎題 |
| 1. 智慧財產權的分類有哪些？ |
| 2. 專利與營業祕密分別如何保護智慧財產，兩者的優缺點為何？ |
| 二、進階題 |
| 1. 找一件商品假設是你的發明，試想從研發到商品化的階段，你會如何為這個商品做智慧財產權的規劃？ |
| 2. 找一件市面上標榜擁有專利權保護的商品，從廠商提供的專利資訊〔專利證書、專利號、專利申請國家（本國、外國、多國）〕來探討其產品的專利布局策略。 |
| 3. 找一件市面上標榜擁有專利權保護的商品，從廠商提供的專利資訊（例如申請國家、專利權期限）來探討其專利權主張的限制為何（例如某產品只有美國專利權，但其銷售地是在亞洲地區）？ |

# 6.2 專利（Patent）與發明（Invention）

## 6.2.1 什麼是發明？

發明是指使用技術來解決特定的問題，發明可以是產品或過程。換句話說，發明的技術特徵具有解決問題（即該發明的目的）的功能。

發明完成時，其發明人可以向專利局申請專利。發明專利所需的技術特性要求，是以使用自然法則來實現該發明的目的，且必須是新的（Novel）、非顯而易見（Non-obvious）的和產業上可利用的（Useful）技術解決方案。只有符合發明要求的技術方案才能獲得專利，專利是描述發明的法律文件，並賦予發明人或其繼承人財產權。

## 6.2.2 專利權

專利是鼓勵創新的長期手段，賦予專利權人獨家開發權，並使其能夠通過製造、使用或銷售包含該專利所涵蓋技術的產品或工藝來利用該發明。專利所有權人還可以允許他人在一段時間內利用發明，以換取公平的報酬，補償他們在構思和生產中所涉及的知識和物質方面的努力。

因此，專利制度是確保自由獲取信息和保護發明人利益之間一種非常明智的妥協。作為在一段時間內授予專利持有人壟斷權利的回報，發明人有義務詳實的揭露其申請專利的技術，而國家在發明人提出專利申請後約 18 個月公布專利申請內容來揭露其發明。這樣的模

式有助於促進相關技術領域的技術發展，一旦公開了發明的實際內容，就可以作爲相關領域研究的基礎並加速技術的改進。

### 6.2.3 專利權提供什麼樣的保護？

原則上，專利權人擁有防止或阻止他人商業開發該專利發明的專有權。換句話說，專利保護意味著未經專利所有人同意，該發明不能由他人商業製造、使用、進口或販賣。專利制度爲專利所有權人提供了防止未經授權使用專利技術及對任何以侵權行爲使用該發明者提起法律訴訟的權利及手段。

### 6.2.4 專利權的限制

#### 1. 專利是屬地主義

專利是一種地域權利。一般而言，專有權僅適用於根據該國家或地區的法律提交和授予專利的國家或地區執行。

#### 2. 專利權的期間限定

專利授予的權利的另一個限制是持續時間，一般而言，發明專利的保護期限通常爲申請日起 20 年，具體的保護期則取決於國家／地區的法律規定。

表 6.2　各主要國家專利權期限

|  | 發明專利 | 新型專利 | 設計專利 | 植物專利 |
|---|---|---|---|---|
| 台灣 | 申請日起 20 年 | 申請日起 10 年 | 註冊日起 12 年 | 無 |
| 美國 | 申請日起 20 年 | 無 | 授權日起 14 年 | 授權日起 20 年 |
| 日本 | 申請日起 20 年 | 申請日起 10 年 | 申請日起 20 年 | 無 |
| 中國 | 申請日起 20 年 | 申請日起 10 年 | 申請日起 20 年 | 無 |
| 韓國 | 申請日起 20 年 | 申請日起 15 年 | 授權日起 20 年 | 無 |

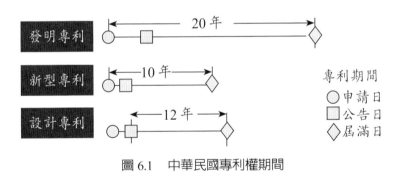

圖 6.1　中華民國專利權期間

## 6.2.5 誰擁有發明的權利？

### 1. 發明人具有專利申請權

　　專利主體為個人（自然人）和法人實體，一般來說發明人具有專利申請權，可以申請專利，然而專利申請權可以讓與給其他自然人或

法人而成為專利所有者,當專利獲准時,專利所有者稱為專利權人,唯有專利權人能從該專利中獲益。

## 2. 雇傭關係中產生的發明

職務上之發明係指受雇人於僱傭關係中之工作所完成之發明、新型或設計,發明人受雇於工作上完成之發明、新型或設計其專利申請權及專利權屬於雇主。雇主應支付受雇人適當之報酬。但契約另有約定者,從其約定。

## 3. 出資聘請他人從事研究開發

出資人出資聘用他人從事研究開發者,其專利申請權及專利權之歸屬依雙方契約約定;契約未約定者,屬於發明人、新型創作人或設計人,但出資人得實施其發明、新型或設計。

## 6.2.6 申請專利的好處?

1. 作為專利權人,可以在商業上專門使用該發明長達 10-20 年,從而防止他人生產或銷售它。在此期間,專利權人可以收回研發成本,並從其發明中獲利。

2. 專利權人可以像處理其他財產一樣交易專利。例如,以出售或者授權的方式允許其他人在某些條件下使用它。此外,專利權作為一種產權,可以被質押、贈與及繼承。

3. 專利證明了公司的創新實力,它們可以提高公司的聲譽、幫助營銷,並讓投資能找到技術開發者,相輔相成地在商業上及科技上促進發展。

## 6.2.7 專利要件

要獲得專利，發明應該是新的，即不是以前存在的簡單和明顯的延伸。對於某技術領域的技術人員來說，新技術的改良必須是非顯而易見的、或涉及創造性的步驟，才能具備可專利性（Patentability）。此外，它應該是有用的或具有工業應用。各國專利法對於發明具可專利性的要求，通常具備以下特點：

### 1. 適格的標的（Patentable Subject Matter），即專利的客體

美國專利法 101 條揭櫫可專利標的為「人類製造的任何東西（anything under the sun that is made by man）」，此一定義隱含的例外是自然法則、自然現象和抽象概念，不具有可專利性。適格的標的包括：

(1) 物品（Product）：例如商品、工具、設備和機械、化學物質、物質組成或材料。

(2) 方法（Method）：描述了用於特定目的行動之流程（Process），例如製造過程（製造產品的工作或生產步驟）、控制程序（使用設備或機器的處理步驟）、測量方法。

(3) 新用途（New use）：例如已知化學物質的新用途、舊藥新用等。

### 2. 屬於以下類別的創新不能獲得專利

(1) 違反法律和秩序（或倫理道德）的發明：例如複製人類的方法。

(2)單純的發現、科學理論,數學公式。

(3)美學創作、計畫、原則和方法、遊戲規則:屬於人類心智活動的範疇,亦即這類活動必須藉助人類推理力、記憶力等心智活動始能執行之方法或計畫,因其本身不具有技術性,而不能獲得專利。

(4)演算法程式碼:它們受版權保護。然而,與電子控制系統等程序相關的技術發明可以獲得專利。

(5)用於生產動物或植物的動物、植物和基本生物學方法,動物物種、植物或動物的生產過程,其中生產微生物的方法除外,例如生物技術發明,從酵母細胞中提取「人胰島素」,可以獲得專利。

(6)治療人體或動物體的手術或治療方法和診斷方法,例如矯正視力的手術治療方法,但用於該方法儀器設備,可以獲得專利。

## 3.產業利用性(Useful)

發明不能僅僅是理論上的,而是必須具有實施的潛力,如果發明構成產品的一部分或構成產品本身,那麼產品必須能夠製造。例如,各國專利法明定「永動機」相關的發明不能被授予專利,「永動機」是一類宣稱不需外界輸入能源、能量或在僅有一個天然來源的熱源存在下,能夠不停止運作並且對外做功的機械,然而實際上永動機違反了第一及第二熱力學定律而注定不可能實現,因此也無法被製造,故不具有產業利用性,不能被授予專利。

| 案例討論 |
|---|
| 思考下面的例子,作為專利申請時是否符合具備產業利用性之要件或可據以實施? |

---

(A) 申請專利之發明爲一種防止臭氧層減少而導致紫外線增加，以
　　吸收紫外線之塑膠膜包覆整個地球表面的方法。

(B) 申請專利之發明爲一種新穎大腸桿菌 Z 之製造方法，其特徵在
　　於將大腸桿菌暴露於 X 射線而隨機突變爲新穎大腸桿菌 Z。

---

## 4. 新穎性（Novelty）

　　一個申請專利的發明中，至少它的某些方面（被稱爲「技術特徵」）必須是新的，因而構成此發明的整體不是習知的先前技術（Prior art）的一部分。各國專利法中規範了新穎性要求（Novelty Requirement），其目的是防止習知技術再次獲得專利。習知技術指在申請專利之前已在世界任何地方能公開獲得的所有知識，包括印刷品、線上出版物、公共講座展覽和展示等。

　　通常，發明人在發明專利申請前能取得的外部資訊或知識等都會被視爲先前技術，因此在申請專利之前，必須確保發明保密，如果必須向第三方公開發明的技術，例如爲了進行實驗或產品開發的目的，發明人應該在披露技術之前先與第三方簽署保密協議。此外很重要的一點，申請專利前的技術公開（由發明人自行公開或非出於發明人意願的公開）意味著它不能獲得專利，因此，如果爲了實驗或論文發表等目的，發明人應該依照各國的「新穎性優惠期」規定儘早提出專利申請以確保權益。如果發明在「專利申請日」（Filing date）或其優先權日（Priority date）之前是公知的，則發明不具有可專利性。

### 5. 專利申請日與優先權日

「專利申請日」指的是專利申請文件提交到專利局的日期，而同一申請人就相同發明或新型在 WTO 會員國或中華民國相互承認優先權之外國，第一次申請之專利申請日，稱為「優先權日」。如圖6.2 所示，在優先權日起 12 個月內向我國申請專利者，得主張優先權（Priority），此時我國申請案的新穎性要求便以其優先權日之前的先前技術為主，更可以排除優先權期間的他人相關專利申請。

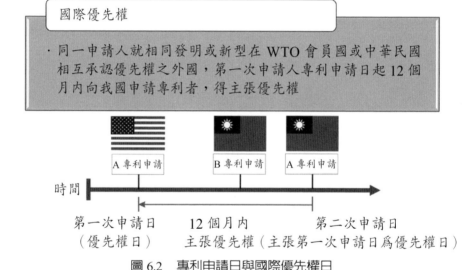

圖 6.2　專利申請日與國際優先權日

### 6. 新穎性優惠期

新穎性優惠期對產業是一個對發明人及產業友善的制度。巴黎公約（Paris Convention）第 11 條規定：各會員國應依其國內法之規定，

對於任一會員國對在其領土內舉辦的官方或國際公認的國際展覽會上展出的商品，對可獲得專利的發明、新型、工業品外觀設計和商標給予一段期間的臨時保護，稱為「新穎性優惠期」。

　　此臨時性保護期限是指不會因特定的公開行為（商品的展出、發表論文、實驗）而導致發明、新型、工業品外觀設計及商標在後續申請程序時喪失新穎性，只要援引優先權並提供各國要求作為所展示物品的身份和引入日期的證據為必要的文件證據，就能保障其在所有會員國獲得保護的權利。

### 表 6.3　各主要國家專利新穎性優惠期限

| | 專利類型 | 優惠期間 | 計算開始日 |
|---|---|---|---|
| 美國 | 發明／設計專利 | 12 個月 | 有效申請日 |
| 中國 | 發明／實用新型／外觀設計專利 | 6 個月 * | 本國申請日或優先權日 |
| 台灣 | 發明／新型 | 12 個月 | 本國申請日 |
| | 設計專利 | 6 個月 | |
| 歐洲 | 發明專利 | 6 個月 * | EPO 申請日 |
| | 註冊設計 | 12 個月 | EUIPO 申請日或優先權日 |
| 日本 | 發明專利 | 6 個月 | 本國申請日 |
| | 實用新案 | | |
| | 意匠 | | |
| 南韓 | 發明專利 | 12 個月 | 本國申請日 |
| | 實用新型 | 12 個月 | |
| | 設計專利 | 6 個月 | |

表 6.3　各主要國家專利新穎性優惠期限（續）

| | 專利類型 | 優惠期間 | 計算開始日 |
|---|---|---|---|
| 新加坡 | 發明專利 | 12 個月 | 本國申請日 |
| | 註冊設計 | 6 個月 * | |

（＊註：針對公開態樣有做限制，並非所有的情況都能主張該公開不影響申請案之新穎性）

　　由表 6.3 可知各國對新穎性優惠期的規定不一，甚至有些國家並無新穎性優惠期之規定。主要國家優惠期制度與相關法律規定如下：

　　(1)美國：發明專利、設計專利申請日起算，申請日前 12 個月內為優惠期。

　　(2)中國：發明專利、實用新型及設計專利申請前 6 個月內，有主張優先權時，以優先權日為基準。中國之優惠期期間與優先權期間可累加計算。

　　(3)台灣：發明專利／新型專利之本國申請日起算，前 12 個月以內為優惠期；設計專利之本國申請日起算，前 12 個月以內為優惠期。

　　(4)歐洲：發明專利以 EPO 之申請日起算，前 6 個月以內為優惠期；註冊設計以 EUIPO 之申請日或優先權日前 12 個月以內為優惠期。

　　(5)日本：發明、實用新案、意匠專利之本國申請日前 12 個月內為優惠期。

　　(6)南韓：發明專利、實用新型之本國申請日前 12 個月以內為優惠期；設計專利之本國申請日前 12 個月以內為優惠期。

　　(7)新加坡：發明專利之本國申請日前 12 個月以內為優惠期；註冊設計之本國申請日前 6 個月以內為優惠期。

| 案例討論 |
| --- |

事實：

某甲於 2013 年 7 月 1 日向智慧財產局申請一發明專利申請案，並以其於 2013 年 2 月 1 日已在德國紐倫堡參加國際展覽會展示公開之事實，作為主張新穎性優惠期之時點。

而官方審查時，發現某乙亦已於 2013 年 5 月 1 日向智慧財產局提出與甲相同發明之發明專利申請案，並以其 2013 年 2 月 1 日之外國（美國）申請案為優先權基礎案。

問題：

如該發明經審查符合專利要件時，就甲、乙兩人發明專利申請案之認定，何者正確？

(A) 甲、乙二人之申請案均得准予專利

(B) 甲之申請案不得准予專利，乙之申請案得准予專利

(C) 甲之申請案得准予專利，乙之申請案不得准予專利

(D) 甲、乙二人之申請案均不得准予專利

## 7. 進步性

「進步性」在其他國家的專利法中，又可稱為創造性、非顯而易見性（Non-obvious）或涉及創造性的步驟（Inventive step）。對於該領域的技術人員來說，發明必須要不是顯而易見的，才具有可專利性（Patentability）。在專利法中，「該領域的技術人員」是一假設在其專業領域中了解先前技術的人。如果發明人向該領域的技術人員展示

其發明的目的，並且該領域技術人員很容易想出與發明人相同的解決方案（謂之「能輕易完成」），那麼該解決方案就是顯而易見的，而不具有進步性。

根據中華民國專利審查基準中關於進步性所述，「能輕易完成」係指根據一份或多份引證文件中揭露之先前技術，並參酌申請時的通常知識，而能將該先前技術以轉用、置換、改變或組合等方式完成申請專利之發明，為能輕易完成者，而不具有進步性。

**(1)進步性之判斷步驟**

a. 確定申請專利之發明的範圍

b. 確定相關先前技術所揭露的內容

c. 確定申請專利之發明所屬技術領域中具有通常知識者之技術水準

d. 確認申請專利之發明與相關先前技術之間的差異

e. 該發明所屬技術領域中具有通常知識者參酌相關先前技術所揭露之內容及申請時的通常知識，判斷是否能輕易完成申請專利之發明的整體

**(2)進步性的「輔助性判斷因素」（Secondary Consideration）**

a. 發明具有無法預期的功效

b. 發明解決長期存在的問題

c. 發明克服技術偏見

d. 發明獲得商業上的成功

| 案例討論 |
| :---: |
| 1. 長久以來許多文獻（先前技術），揭示了含二氧化碳的飲料在<br>裝瓶流程中，經過高溫殺菌消毒後必須立即密封，以避免飲料<br>自瓶子噴出。<br>假設一申請專利之發明，提出了一種在裝填含二氧化碳的飲料<br>的高溫殺菌消毒程序後，無須立即密封的技術。<br>問題：在判斷本申請專利之發明是否具有進步性時，其屬於輔<br>助判斷因素中的那一項？<br>(A)具有無法預期之功效<br>(B)解決長期存在的問題<br>(C)克服技術偏見<br>(D)獲得商業上的成功 |

## 6.3 專利類型

　　世界各國對於專利種類的規定不同，依我國現行專利法規定，專利可分為發明專利、新型專利及設計專利等三種。一個發明創作可能同時受到多種類的專利保護，其保護的標的態樣、權利範圍、授權時間及時限不盡相同，發明人可靈活運用以期在商品化階段得到最經濟有效的權利保護。

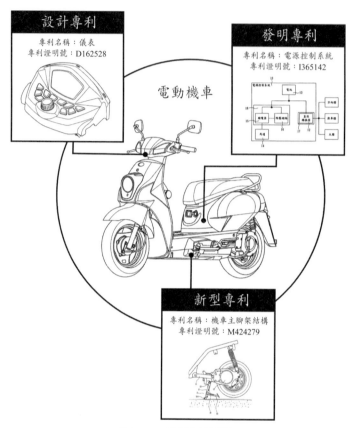

圖 6.3 專利的種類

　　我國現行專利法規定，專利可分爲發明專利、新型專利及設計專利。其中發明專利保護之標的分爲物之發明及方法發明兩種；新型專利則必須是占據一定空間的物品實體，且具體表現於物品上之形狀、構造或組合的創作，相較於發明專利，新型專利在標的上較爲限縮。設計專利是指對物品全部或部分之形狀、花紋、色彩或其結合，透過視覺訴求的創作。

我國專利之種類

| 發明專利 |
| --- |
| ‧利用自然法則之技術思想之創作 |

| 新型專利 |
| --- |
| ‧利用自然法則之技術思想，對物品之形狀、構造或裝置之創作 |

| 設計專利 |
| --- |
| ‧對物品之形狀、花紋、色彩或其結合，透過視覺訴求之創作 |

圖 6.4　我國專利類別的定義

## 發明、新型與設計專利的區別

　　圖 6.5 為新型、發明及設計專利在標的、申請時程、費用、專利權期限及權利穩定性方面的比較其中，發明與新型之保護標的雖有重疊，但發明專利之保護範疇較新型專利廣，發明專利包括物質（無一定空間型態）、物品（有一定空間型態）、方法、生物材料及其用途；新型則僅及於物品之形狀、構造或組合之創作。此外發明專利與設計專利須通過專利要件之實體審查才能取得專利權，新型專利則以形式審查來快速取得專利，故新型專利本質上權利具有不安定性與不確定性。

　　設計專利保護之標的為應用於物品之形狀、花紋、色彩或其二者或三者之結合，透過視覺訴求之創作，因此設計專利的審查，必須以是否在先前技術的基礎上產生具有區別性的視覺上效果為準，因此有別於發明／新型專利的結構特徵。

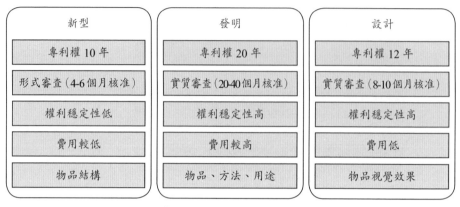

圖 6.5　新型、發明及設計專利的比較

## 6.3.1 發明專利

### 6.3.1.1 發明專利實體審查

　　發明是利用自然法則所產生的技術思想，表現在物或方法的高度創作，世界各國的發明專利均採行實體審查制度，審查申請專利之發明是否具備產業利用性、新穎性及非顯而易見性。發明專利審查時程較長，也因此發明專利權取得後權利也較為穩固，但第三人仍可依專利法提起舉發撤銷程序。

　　進行實體審查的程序之前，尚須經過「形式審查」的過程，藉以確認申請人、發明人資料，並確認提出申請的標的為適格之標的，否則申請案就會被駁回。通常申請案絕少在形式審查階段被駁回。通過形式審查後，才開始進入「實體審查」階段，在後續審查程序中，主管機關與申請人就專利內容及申請專利範圍進行新穎性及進步性的審究及論述，最終結果為符合專利法之專利要件的情況下，可以取得發

明專利權。

## 6.3.1.2 專利的「實體審查」是什麼？

關於「實體審查」所稱之「實體」，指的是專利說明書中文字陳述的內容，包括：

1. 本案之技術內容。

2. 必要之圖示。

3. 申請專利範圍。

## 6.3.1.3 發明的技術條件

專利審查官以申請案的專利申請日為分界點進行專利檢索，得到相關技術的前案資料，在前案（先前技術）的基礎上，審究申請專利之發明的技術是否具備：

1. 產業利用性：可以重複被大量製造且具有特定功能者。

2. 新穎性：相較於先前技術，申請專利之發明手段為全新的組合。

3. 進步性：以相同技術領域具有通常知識者之角度觀之，此新穎之技術手段組合並非顯而易見，且發明技術特徵所致的功效，無法被先前技術所預期。

如果符合上述要件，申請案就會被核准，申請人在接到審查機構所核發的「核准通知」後，就可以在完成辦理「領證」及「繳納專利年費」後，取得專利權。

### 6.3.1.4 發明專利之權利保護態樣

　　發明專利保護之態樣分為物的發明及方法發明兩種，物的發明包括「物質」與「物品」，以「應用」、「使用」或「用途」為標的名稱之用途發明則視同方法發明。

**表 6.4　發明專利之權利保護態樣**

| 發明專利保護的標的 | | | |
|---|---|---|---|
| 發明<br>利用自然法則之技術思想之創作 | 物的發明 | 物質 | 例如化合物 A |
| | | 物品 | 例如螺絲 |
| | 方法發明 | 物的製造方法 | 例如化合物 A 之製造方法或螺絲之製造方法。 |
| | | 處理物的技術方法 | 例如空氣中二氧化硫之檢測方法、或例如使用化合物 A 殺蟲的方法 |
| | | 物的新用途 | 例如化合物 A 作為殺蟲之用途（或應用、使用） |

### 6.3.1.5 發明專利之案例

　　1. 物之專利權：專有排除他人未經其同意而製造、為販賣之要約、販賣、使用或為上述目的而進口該物之權。

案例 1：物的發明中屬「物質」者：
發明名稱：抗病毒化合物（專利證書號 I640526）

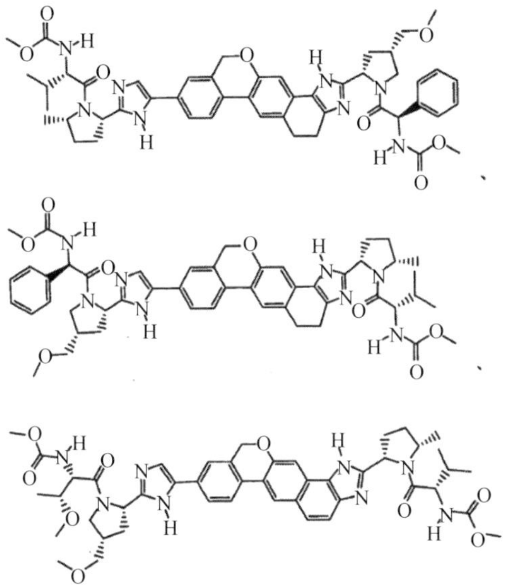

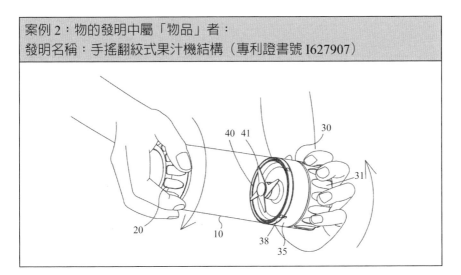

圖 6.6　物質發明專利

案例 2：物的發明中屬「物品」者：
發明名稱：手搖翻絞式果汁機結構（專利證書號 I627907）

圖 6.7　物品發明專利

2. 方法之專利權：專有排除他人未經其同意而使用該方法及使用、為販賣之要約、販賣或為上述目的而進口該方法直接製成之物之權。

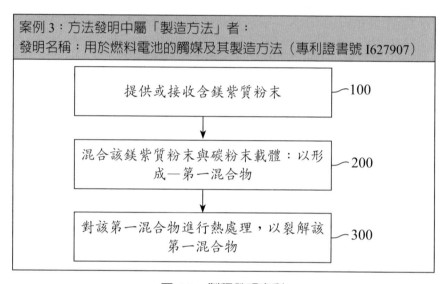

圖 6.8　製程發明專利

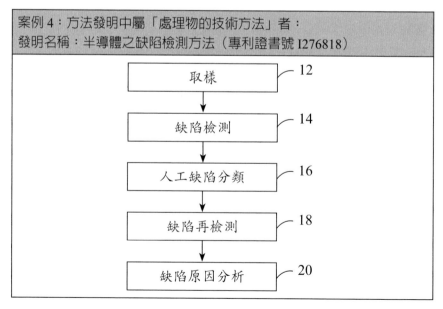

圖 6.9　方法發明專利

案例 5：方法發明中屬「物的新用途」者：
發明名稱：類黃酮化合物用於製備傷口癒合組合物之用途（專利證書號
I633884）

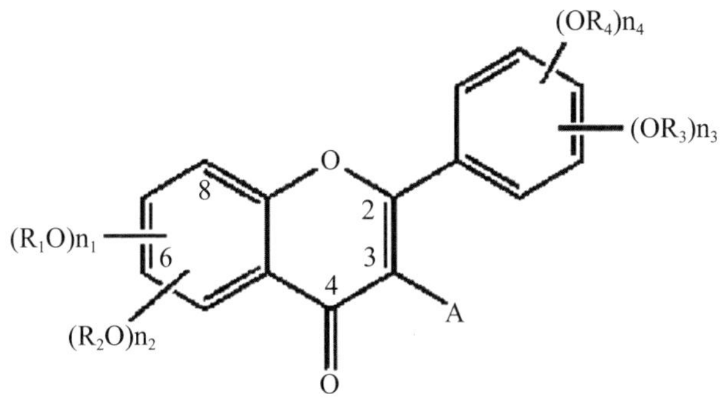

圖 6.10 新用途方法發明專利

案例討論

試討論下列案例，想想看何者符合發明專利的定義，何者不是？

(A) 利用新穎技術之方法使鑽石產生外觀上的美感效果。

(B) 非以診斷、治療為目的之美容方法。

(C) 〔發明名稱〕鹵化銀之分解反應

〔申請專利範圍〕鹵化銀受光或放射線照射而分解成銀與鹵素
氣體之反應方法

〔發明內容〕……$AgCl$、$AgBr$ 等鹵化銀對光或放射線極為敏
感，當其直接遭受光或放射線照射時，立即會分解成金屬銀與
鹵素氣體。由於鹵化銀受光或放射線之照射後，其分解速度非
常快，且由反應生成之金屬銀或鹵素氣體之量，會隨光或放射
線之照射量而變化。

(D)〔發明名稱〕漢字檢索編碼方法

〔申請專利範圍〕一種利用注音或字形、筆劃檢索漢字之編碼方法

〔發明內容〕根據本發明之漢字編碼方法，可迅速檢索出所需要的漢字。

## 6.3.2 新型專利

### 6.3.2.1 新型專利形式審查

政府為因應某些產業的產品生命週期較短、市場需求汰換率高，廠商在新產品開發時傾向於進行所謂「再發明」的結構改良，而有新型專利制度之存在。發明專利因為需要經過實體審查，其過程常需一年半至三年的時間，新型專利審查時間約三個月至六個月，相對發明專利來說，新型更符合某些產品追求快速上市的需求，兼具專利上排他的權利，因此可鼓勵產品的創新開發並促進商業上的良性競爭。

新型專利形式審查制度是指專利申請後，主管機關不進行前案檢索亦不做是否滿足實體審查之專利要件判斷，由於未經實體審查即授與專利權保護，也因此新型專利權本身存在不安定性及不確定性。

## 1. 新型形式審查不予專利之事項

(1)非屬物品之形狀、構造或組合者：包括各種物質、組成物、生物材料、方法及用途。

(2)有妨害公共秩序或善良風俗者：所申請新型專利內容在商業利用上，會妨害公共秩序或善良風俗，例如郵件炸彈、吸食毒品之用具等。

(3)違反說明書、申請專利範圍、摘要及圖式之揭露方式（撰寫格式）者。

(4)違反一新型一申請之單一性規定：僅須判斷新型專利之申請專利範圍的各獨立請求項之間在形式上具有相同或相對應的技術特徵，原則上判斷爲具有單一性，而不論究其是否有別於先前技術。

(5)說明書、申請專利範圍或圖式未揭露必要事項，或其揭露明顯不清楚者。

## 2.新型專利技術報告

爲了防止新型專利權人濫用權利，我國專利法第 116 條規定新型專利權人行使新型專利權時，需提示「新型專利技術報告」方得對疑似侵權對象進行警告。「新型專利技術報告」的申請資格規定於專利法第 115 條，新型專利公告後任何人皆可以申請新型技術報告，使公眾可以藉由新型技術報告了解該專利是否符合專利要件，並判斷可否加以利用、避免侵害他人權利或迴避重複研發。

## 3.新型專利技術報告的申請及性質

新型技術報告針對申請專利範圍每一請求項進行比對，以判斷新型專利是否有效，並將比對結果賦予代碼 1 至 6 等，其中：代碼 1～3 爲非具新穎性、進步性之比對結果、代碼 4～5 爲不符先申請原則

之比對結果、代碼 6 為具新穎性、進步性並符合單一性等要件之比對結果。且在逐項比對過程中，得以參據引用文獻及任何人（含申請人）主動提供之資料，納入申請專利範圍全部請求項之創作判斷。

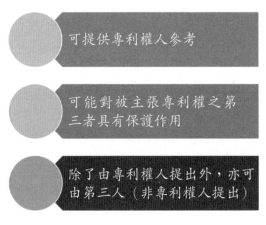

新型技術報告 Tips！

可提供專利權人參考

可能對被主張專利權之第三者具有保護作用

除了由專利權人提出外，亦可由第三人（非專利權人提出）

圖 6.11　新型技術報告的特點

## 4. 新型專利技術報告的重要性

　　新型技術報告是審查機關對新型的申請專利範圍（請求項）進行專利要件之比對結果並賦予代碼，以供新型專利權人在主張權利時的參考依據。新型技術報告旨在支撐新型權利人於行使權力時的正當性，進而保護新型專利權人不致落入未正當行使的責任與法令規範中，此外新型技術報告亦防止了新型專利權人的權利濫用。因此，新型技術報告實為雙方面的保護傘。

此外需要注意的是，由於新型技術報告申請約需 6～8 個月的時間，建議新型專利公告後便可立即申請技術報告的製作，以確保新型權利的安定性，以及預防專利產品在遭受侵權的狀況下無法及時提示新型技術報告進行警告，而造成權利、財產損害的問題。

技術報告的內容係有關於專利要件之判斷，當比對後任一請求項的比對結果代碼為 6，表示該申請專利具有可被授予專利的範圍，該範圍可用以主張權利，然而由於新型技術報告並非一種行政處分，專利權人對於新型技術報告內容如有異議，亦無法進行行政救濟。

若所有請求項的代碼均為 1、2 或 3 時表示新型專利不具新穎性及／或不具進步性要件，審查機關將會發出「技術報告引用文獻通知函」通知新型專利權人，於新型技術報告製作完成寄發前（實務作業約 1 個月），專利權人得針對請求項不予新穎性或進步性之部分，提出技術報告表示意見書（補強之資料或證據），而待參酌說明內容後便不再發出通知函，會直接製成技術報告。

表 6.5　新型專利技術報告之代碼說明

| 代碼 | 說明 |
| --- | --- |
| 代碼 1 | 不具新穎性（專利法第 120 條準用第 22 條第 1 項第 1 款）。 |
| 代碼 2 | 不具進步性（專利法第 120 條準用第 22 條第 2 項）。 |
| 代碼 3 | 擬制喪失新穎性（專利法第 120 條準用第 23 條）。 |
| 代碼 4 | 與申請日前提出申請的發明或新型申請案相同（專利法第 120 條準用第 31 條第 1 項、第 4 項）。 |

表 6.5 新型專利技術報告之代碼說明（續）

| 代碼 | 說明 |
|------|------|
| 代碼 5 | 與同日申請的發明或新型申請案相同（專利法第 120 條準用第 31 條第 2 項、第 4 項）。 |
| 代碼 6 | 無法發現足以否定其新穎性等要件之先前技術文獻。 |
| 不賦予代碼 | 說明書或申請專利範圍記載不明瞭等，認為難以有效的調查與比對之情況。 |

此外專利法第 117 條亦規定：「新型專利權人之專利權遭撤銷時，就其於撤銷前，因行使專利權所致他人之損害，應負賠償責任；但其係基於新型專利技術報告之內容，且已盡相當之注意者，不在此限」。因此，即便新型專利權人已取得新型專利技術報告並據以行使專利權，其專利權仍有遭撤銷之可能，故新型專利權人仍須盡相當之注意義務，以避免侵害第三人之權益。

### 6.3.2.2 新型專利之權利保護態樣

新型專利保護之標的是有形物品之形狀、構造或其組合之創作，排除各種物質、組成物、生物材料、方法及用途。所謂有形物品係指具有確定形狀且占據一定空間者，例如：手工具、溫度計、杯子、電子裝置等，而舉凡物之製造方法、處理方法、使用方法等，及無一定空間形狀、構造的化學物質、組成物，均不屬於新型專利的範疇。

表 6.6　新型專利之權利保護態樣

| 新型專利保護的標的 | | | |
|---|---|---|---|
| 新型<br>利用自然法則之<br>技術思想之創作 | 物的<br>創作 | 物質🚫 | - |
| | | 物品 | 形狀：例如具有輔助施力角緣之剪刀刀柄 |
| | | | 構造：例如反向傘之傘骨構造 |
| | | | 組合：（形狀＋構造），例如具有萬向插孔的電鑽裝置 |

## 6.3.2.3 新型專利之案例

### 1. 形狀

指物品外觀之空間輪廓或形態者，例如：十字形螺絲起子、具有輔助施力角緣之剪刀刀柄等。但不具確定形狀的氣體、液體、粉末狀、顆粒狀等物質或組成物，則不屬於形狀的範疇。

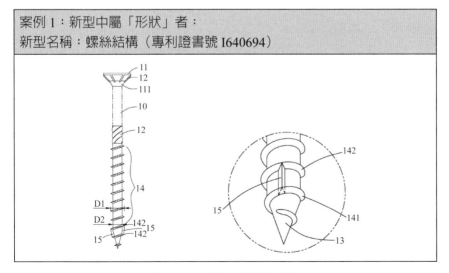

案例 1：新型中屬「形狀」者：
新型名稱：螺絲結構（專利證書號 I640694）

圖 6.12　形狀的新型專利

## 2. 構造

指物品內各組成元件間的安排、配置及相互關係，且此構造之各組成元件並非以其本身原有的機能獨立運作者。例如：反向傘之傘骨構造、具有層狀結構之鍍膜層物品等。

案例 2：新型中屬「構造」者：
新型名稱：具有安全性自動反向傘（專利證書號 M526307）

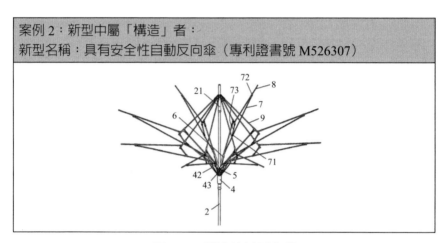

圖 6.13　構造的新型專利

## 3. 組合

指為達到某一特定目的，將二個以上具有單獨使用機能之物品予以結合裝設，於使用時彼此在機能上互相關連而能產生使用功效者，稱之為物品的「組合」。例如：由螺栓與螺帽組合的結合件。

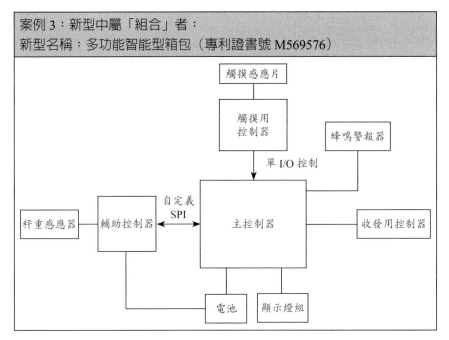

案例 3：新型中屬「組合」者：
新型名稱：多功能智能型箱包（專利證書號 M569576）

圖 6.14　組合的新型專利

### 6.3.3 設計專利

　　設計之定義是指對物品全部或部分之形狀、花紋、色彩或其結合，透過視覺訴求的創作，必須符合「應用於物品」且屬於「透過視覺訴求」之具體設計，不包括有關聲音、氣味或觸覺等非外觀之創作。為配合科技的演進，應用於物品之電腦圖像及圖形化使用者介面（Graphical User Interface, GUI），為一種透過顯示裝置顯現而暫時存在之平面圖形，該圖形本身為花紋或花紋與色彩之結合的性質，亦屬可申請取得設計專利之標的。

### 6.3.3.1 設計專利實體審查

設計專利的審查期間大約 6～10 個月，包含程序審查階段及實體審查階段。實體審查的內容包括審查申請專利之標的是否可重複被製造及標的本身是否具有「創作性」，不須審究其是否具有功效或功能上的進步性，只要標的本身所呈現的外觀在同類產品、結構中沒有，則具有「新穎性」，再者具有可被客觀認為屬創作的呈現，則具有「創作性」，及符合設計專利之要件，可獲得專利權。

### 6.3.3.2 設計專利不予專利之事項

1. 純功能性之物品造形：物品造形特徵純粹係因應其本身或另一物品之功能或結構者，即為純功能性之物品造形，其設計不具有創造性。

2. 純藝術創作：純藝術創作本質上屬精神創作，無法以生產程序重複再現之物品，為著作權保護的美術著作；若其係以生產程序重覆再現之創作，無論是以手工製造或以機械製造，均得准予設計專利。

3. 積體電路電路布局及電子電路布局：積體電路或電子電路布局為基於功能性之配置而非視覺性之創作，另有積體電路布局保護法適用。

4. 物品妨害公共秩序或善良風俗者。

### 6.3.3.3 設計專利與發明、新型不同之處

設計專利著重於視覺效果之增進強化，藉商品之造形提升其品

質感受，設計之形狀、花紋或色彩，著重於物品質感、親和性、高價
值感之視覺效果表達，以增進商品競爭力及使用上視覺之舒適性。反
之，新型專利及發明專利則在於其功能、技術、製造及使用方便性等
方面之改進。

## 6.3.3.4 設計專利保護之標的

　　設計專利保護之標的為應用於物品、應用於物品之電腦圖像及圖
形化使用者介面之形狀、花紋、色彩或其二者或三者之結合，透過視
覺訴求之創作，包括物品之全部設計、部分設計、成組之物品設計及
同一物品之兩個以上的衍生設計。

　　1. 形狀：指物品所呈現三度空間之輪廓或形態，其包含物品本
身之形狀，例如車子，包裝盒或手工具之形狀；或是具有變化外觀之
物品形狀。

　　2. 花紋：指點、線、面或色彩所表現之裝飾構成。花紋之形式
包括以平面形式表現於物品表面者或以浮雕形式與立體形狀一體表現
者；或運用色塊的對比構成花紋而呈現花紋與色彩之結合者。

　　3. 即色彩之選取及用色空間、位置及各色分量、比例等。

　　4. 結合：指物品之形狀、花紋、色彩或其中二者或三者之結合
所構成的設計。

表 6.7　設計專利之權利保護態樣

| 設計專利保護的標的 | | |
|---|---|---|
| 設計<br>物品透過視覺訴求之創作 | 應用於物品 | 形狀 |
| | | 花紋 |
| | | 色彩 |
| | | 形狀、花紋、色彩<br>之二者或三者之結合 |

## 6.3.3.5 設計專利之案例

### 1. 整體設計

案例 1：設計為物品之全部設計
設計名稱：安全帽（專利證書號 D193683）

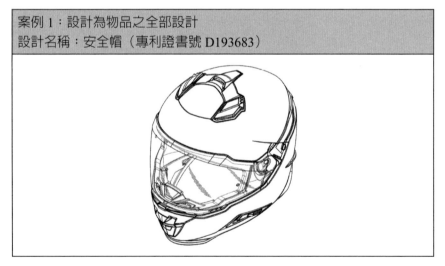

圖 6.15　整體設計

## 2. 部分設計

案例 2：設計為物品之部分設計（以實線繪製）
設計名稱：安全帽之部分（專利證書號 D193684）

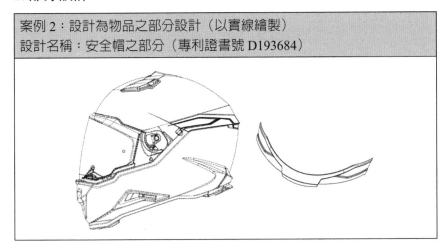

圖 6.16　部分設計

## 3. 圖像設計

案例 3：設計為物品之電腦圖像及圖形化使用者介面設計
設計名稱：顯示螢幕之圖像（專利證書號 D191646）

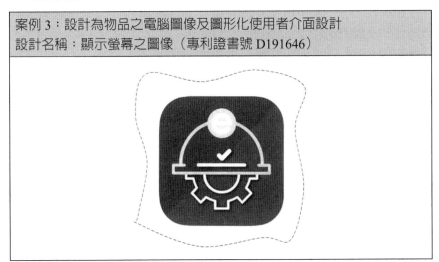

圖 6.17　圖像設計

## 4. 成組設計

案例 4 設計為成組物品設計
設計名稱：一組音箱（專利證書號 D190761）

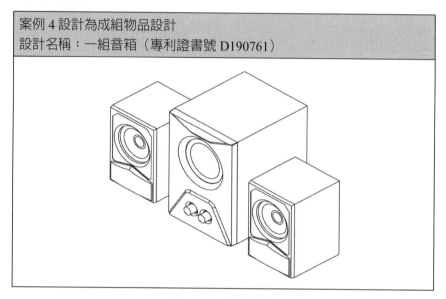

圖 6.18　成組設計

## 5. 衍生設計

案例 5：為同一申請人就二個以上近似之設計申請之原設計及其衍生設
　　　　計專利
設計名稱：收納盒（32）衍生（2）、收納盒（32）衍生（3）
（專利證書號 D190473、專利證書號 D190474）

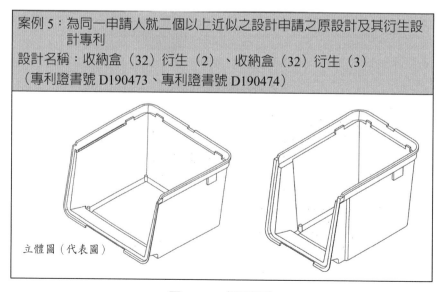

立體圖（代表圖）

圖 6.19　成組設計

| 習題 |
|---|
| 一、基礎題 |
| 1. 專利權的種類有哪些？保護的標的分別爲何？ |
| 2. 國際優先權與新穎性優惠期有何差異？ |
| 3. 申請專利需要具備哪些要件，才能通過專利審查而取得權利？ |
| 二、進階題 |
| 1. 試以一個市面上的產品爲例，如果要進行專利保護的規劃，你會如何安排申請何種專利？爲什麼？ |

# 6.4 專利資料檢索

## 從發明到專利──專利檢索簡介

### 1. 爲什麼要進行專利檢索？

　　當你有一個能夠解決現有問題或開創性的新技術想法，此時最重要的一步就是確保沒有其他人在你之前提出過這個想法！首先利用搜尋引擎了解技術現況，並進行專利檢索是創新的第一步，如果找到已經過期的專利技術，可能得以節省專利申請的費用（可以直接免費使用過期的技術）；此外，在初期通常還不能達到申請專利的要求，需要發明人以具有技術性的手段達成，必要時可以提出實驗數據佐證或以圖示呈現，經過這些檢視過程確保此想法是一個可行的發明，就可以開始申請專利，而專利檢索提供的靈感或歷史信息，能幫助發明人

建構更好、更強大的專利申請範圍，並促使專利申請案更順利的通過審查歷程。

## 2. 如何開始專利檢索

作爲關鍵的第一步，需要學習如何進行專利檢索，目前有許多的免費工具及資料庫可以運用。

使用 USPTO 建議的 7 步驟專利檢索策略

Step 1：列出用於查找分類的關鍵字。

Step 2：查找並確認專利分類（在各國官方資料庫中的專利代碼列表中查找）。

Step 3：如果該分類有定義，則通過查看定義來驗證專利分類的相關性。

Step 4：使用這些分類號檢索核准的專利，挑出最相關的。

Step 5：深入閱讀上一步中選擇的專利，尤其是權利要求項（申請專利範圍）。申請人和／或專利審查員引用的參考文獻可能會引導獲得其他相關專利。看看該專利援引的國際分類，思考是否有更多適用的類別。

Step 6：使用您選擇的分類檢索先前技術專利申請案。

Step 7：擴大搜索範圍，使用從先前技術得到的更貼近發明的關鍵字搜索查找其他出版物、申請人或發明人的其他專利。

## 3. 免費線上專利資料庫

(1) 中華民國專利資訊檢索系統：https://www.tipo.gov.tw/

(2)美國專利商標局（USPTO）網站：https://www.uspto.gov/

(3)歐洲專利局（EPO）網站：https://ep.espacenet.com/

(4)世界智慧財產權組織（WIPO）IPDL 電子圖書館：https://www.
wipo.int/

(5)日本特許廳（JPO）網站：https://www.jpo.go.jp/

(6)中國國家知識產權局專利信息檢索系統：https://www.sipo.go.cn/

(7)Google Patents：https://www.google.com/patents

圖 6.20　免費線上專利資料庫標識

## 4.踏出第一步：選擇檢索欄位

### (1)如果已知相關案件的專利號

專利號是打開專利資料庫取得資訊的神奇鑰匙。由於專利號經常出現在製造物品上，因此你可以使用專利號來查找與特定商品有關的信息。無論專利發布的日期是什麼，如果您知道專利號，您可以通過搜索 Google Patents、各國官方資料庫，例如中華民國專利資訊檢索

系統（僅限台灣專利）、美國專利商標局網站（僅限美國專利），快速取得專利全文。此外，幾乎所有免費網站都允許輸入美國專利號檢索並下載該專利的 PDF 版本。

**(2)如果沒有專利號**

可以輸入發明人名字（例如發明大王愛迪生「Thomas Alva Edison」）、申請人（公司，例如「IBM」）搜索專利，也可以針對發明的主題擬定關鍵字進行搜尋。另外，使用 Google Patents 的「高級搜索」，可以指定要搜索的字段。

**(3)關鍵字檢索搭配專利分類代碼**

國際專利分類（International Patent Classification, IPC）的專利分類代碼是在申請之初即將每個專利都按其主題進行分類，並給予一或多個特定的分類號，以表明該專利所涉及的技術領域。國際專利分類系統是以樹狀結構將技術細分為許多層及子類，並且每個級別的分類具有唯一的參考代碼。

在檢索時，僅使用關鍵字搜索可能會得到過於大量的結果，使用專利分類代碼搭配關鍵字搜索可以幫助將結果集中到更接近的技術領域類別，因此是一種很有效的搜索方式。搜索者可將準備描述本發明的關鍵字列表並識別相關的分類代碼，當相同的術語可用於描述不同技術領域的發明（例如，植牙用的螺栓結構與一般工具的螺栓結構）時，可以高階分類是有用的。較低階分類可用於縮小大量案件的搜索（例如，選擇子類代碼以找到醫療用的螺栓結構）。

**(4)全球專利局使用的兩種主要分類方案是：**

a. 國際專利分類（IPC）。大約有 70,000 種不同的 IPC 代碼。可

以在 WIPO 網站 IPC 頁面上瀏覽專利標題並進行關鍵字搜索。

　　b. 合作專利分類（CPC）是 IPC 的擴展。它由歐洲專利局和美國專利商標局共同管理。

　　圖 6.21 為在經濟部智慧財產局的網站中查詢的國際專利分類表。從首頁點選【專利】後進入，再從左側灰色欄位中選擇【國際專利分類】，即可瀏覽國際專利分類表，或利用查詢欄位輸入已知分類號或關鍵字。

圖 6.21　IPC 國際專利分類表

## 6.4.1 從 Google Patents 專利搜索開始

　　建議第一次進行專利搜索，可以 Google 的專利搜索引擎（Google

Patents）作爲起點，因爲 Google 專利搜索是一站式檢索的設計，相較於各國官方資料庫或專業檢索站台，它具有非常簡潔的搜尋框，即使是對專利完全不熟悉的人，第一次使用也不會無從下手；對於熟手來說，Google Patents 也提供進階檢索及表格檢索，可以做更精準的檢索策略運用。

Google Patents 的另一項特點，是它會主動搜索某個關鍵字的同義詞。發明人常常在檢索時遇到的困難是下了關鍵字但找不到任何東西，會發生這種狀況的原因是發明人雖然了解自己的發明，但可能不會知道專利從業人員通常用於描述該發明的特徵和功能的確切用語。要使用單詞搜索找到最佳結果，發明人需要了解過往一些已經核准的相關專利內容，以及專利從業者如何以文字描述專利的技術和名詞。

在資料庫涵蓋方面，Google Patents 提供以美國專利申請、PCT 申請案及歐盟申請案爲主的資料庫，因此涵蓋了所有 PCT 會員國、歐盟會員國的申請資料及專利家族資訊，此外 Google Patents 包含的專利一直追溯到 19 世紀初，比起美國專利線上資料庫只收錄從 1976 年至今的專利資訊，其資料庫更加完整強大。HTML 格式更提供線上翻譯，因此只要以英文關鍵字搜尋，還可以找到英文以外語言的申請案（例如、中文、日文、法文、德文等）申請狀態。

## 1. Google 搜尋【Google Patents】

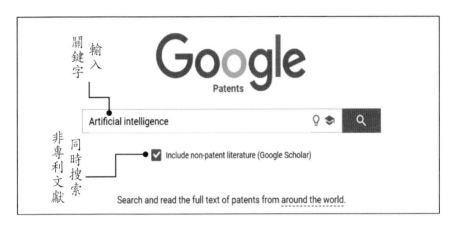

圖 6.22　Google 專利搜索首頁

　　在檢索欄位方面，如圖 6.21 及圖 6.22 所示，可直接以關鍵字檢索、專利號、申請人或發明人名稱、申請日期等字段（此處字段指一段文字）（並允許按不同參數對結果進行排序）檢索，找到想要看的專利，可以直接下載 PDF 格式的專利公開文件，不需要任何登入或認證。因此，Google Patents 是廣泛專利檢索的一個不錯的起點，Google 專利搜索也是專利家族及法律狀態歷史搜索的絕佳工具。唯一的缺點是，關鍵字搜尋以英文輸入才能涵蓋較多案件，因為資料庫來源是以英語系為主，以中文進行關鍵字檢索有所侷限，但可以找到以中文為送件語文的 PCT 專利申請案件，也是十分方便。

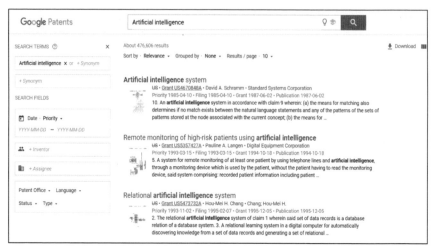

圖 6.23　Google 專利搜索結果列表頁面

　　圖 6.24 是經過關鍵詞檢索後，從圖 6.23 的結果列表選出的專利案件：美國專利號 US467088A 的結果頁，內容包含專利書目資料、法律狀態異動、專利說明書的全文 HTML 檔及 PDF 檔案。

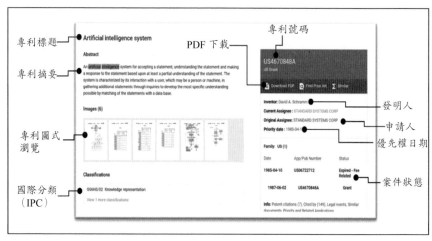

圖 6.24　Google 專利搜索──選定之專利結果頁

## 6.4.2 查詢台灣專利資料

### 1. Google 搜尋【TIPO】，點選【檢索系統】

圖 6.25 Google 搜尋頁之智慧財產局檢索系統結果

### 2. 示範：進入【中華民國專利資訊檢索系統】，輸入關鍵字進 行檢索

圖 6.26 中華民國專利資訊檢索系統網站入口頁

## 3. 示範：得到關鍵字「抽屜」的檢索結果，並點選欲查詢案件的專利編號

圖 6.27　中華民國專利資訊檢索系統檢索結果頁

## 4. 示範：進入欲查詢案件的頁面瀏覽

圖 6.28　中華民國專利資訊檢索系統專利案件頁面

## 5. 示範：選擇下載專利說明書影像資料

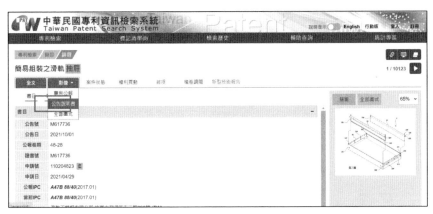

圖 6.29　中華民國專利資訊檢索系統專利案件資料下載

## 6. 示範：瀏覽權利案件狀態

圖 6.30　中華民國專利資訊檢索系統案件詳細資料內容頁面

## 7.示範：輸入驗證碼下載整份專利說明書 PDF 檔

圖 6.31　中華民國專利資訊檢索系統說明書下載頁面

## 6.4.3 智慧財產局「全球專利檢索系統」介紹

中文介面的一站式檢索工具

1. 輸入網址 https://gpss.tipo.gov.tw/ 進入全球專利檢索系統後，直接輸入關鍵字，按【查詢】開始搜索全球專利

圖 6.32　智慧財產局「全球專利檢索系統」首頁

## 2. 於結果列表左方「國家」及「專利類別」，選擇欲瀏覽之國家的案件

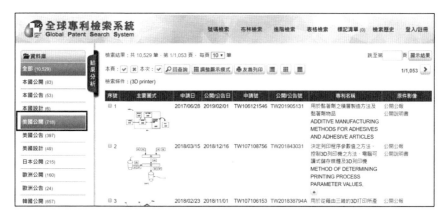

圖 6.33　智慧財產局「全球專利檢索系統」檢索結果列表

## 3. 於結果列表右方選擇欲瀏覽之專利

圖 6.34　智慧財產局「全球專利檢索系統」檢索結果列表

## 4.顯示選擇之專利的全文視窗，可直接瀏覽或下載、列印

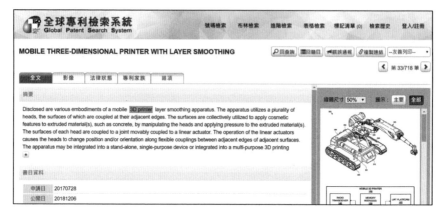

圖 6.35 智慧財產局「全球專利檢索系統」專利全文區

| 習題 |
|---|
| 一、基礎題 |
| 1. USPTO 所建議的專利檢索 7 步驟為何？ |
| 2. 全球專利局使用的兩種主要技術分類方案是什麼？ |
| 3. 列舉幾個你所知道的一站式檢索工具／平台。 |
| 二、進階題 |
| 1. 嘗試用關鍵字在 Google Patents 及中華民國專利資料庫搜尋有興趣的技術（例如：Organic Light-Emitting Diode, OLED／有機發光二極體），你是否能在檢索結果得出該技術領域大致的 IPC 分類號有哪些？ |
| 2. 嘗試用關鍵字／國際專利分類號（IPC）在 Google Patents 及中華民國專利資料庫搜尋有興趣的技術，列出檢索到的專利數 |

量，思考檢索結果跟你原先預期的案件量有何差距，爲什麼？可以如何修正檢索條件（改變關鍵字、IPC）來得到適當的檢索結果（案件量）？

3. 嘗試用關鍵字／國際專利分類號（IPC）在 Google Patents 及中華民國專利資料庫搜尋有興趣的技術，並選出符合你想要閱讀的至少一件專利案件，思考檢索結果跟你原先設定關鍵字／IPC 時預期能得到的技術內容有何差距。

# 6.5 專利申請與專利說明書撰寫

## 6.5.1. 專利申請之前的工作

### 6.5.1.1 發明人自我檢視

### 1. 詳實描述發明內容

　　以文字、製圖、照片、實驗數據等描述發明的整體及特徵，並說明發明的技術手段及目的。

### 2. 進行前案檢索並製作前案資料比對表

　　於 Google Patents 或專利相關技術發展較爲先進的國家之專利局資料庫進行專利檢索，必要時更進一步搜尋學術論文資料庫，篩選出技術最爲接近的案件後，再以「前案技術資料比對表」分析找出本發明不同於先前技術的特徵。

表 6.8　範例：前案技術資料比對表

| 前案技術資料比對表 | | | | |
|---|---|---|---|---|
| 關鍵技術（元件） | 技術 A | 技術 B | 技術 C | 技術 D |
| 本發明 | V | V | V | V |
| 前案一 | V | | | |
| 前案二 | | V | V | |
| 前案三 | V | | V | |

**(1)決定權利主張的範圍（Claim scope）**

根據前案檢索與比對的結果，決定申請專利之發明的技術特徵所在，作為擬定專利權範圍的參考，一個專利申請案可能包含不同的專利權範圍。

**(2)專利組合及布局**

根據發明的技術特徵及其衍生的相關技術方案，配合未來商品化可能的規劃，選擇不同的專利種類（發明、新型或設計專利）、申請標的（物品、方法或外觀設計）、申請國家（根據可能授權的國家、產品製造地、銷售地區等）作為專利家族組合的布局考量。

**(3)專利提案書撰寫**

①發明標題：清楚簡明的標題

②發明摘要：精確簡短地描述發明的技術，不需提及優點及好處

③發明背景：發明所屬的技術領域

　　　　　該技術領域所待解決的問題

　　　　　解決該問題的習知方法與技術及其限制

④說明發明的新穎性：提供技術最接近的前案供撰稿或官方審

查之參考

　⑤強調發明的進步性：發明相較於先前技術之非顯而易見性

**(4)提呈 IDS 揭露相關的先前技術**

　　根據美國專利法規定，專利申請人有協助審查的義務，因此專利申請人對於所知悉的先前技術（Prior art）有向官方誠實揭露的義務，特別是對專利申請案是否具可專利性有影響的先前技術。專利申請人須透過提呈 Information Disclosure Statement（IDS）履行上述義務。

## 6.5.1.2 內部團隊評估

## 1. 與發明人進行溝通

　　內部評估者須對發明本身具備一定的了解，包括技術內容及發明目的，以利後續對發明的專利申請方向及商品化方向把關及提供建議。

## 2. 確定前案檢索的正確性

　　內部評估者根據對發明本身技術及研發背景的認識，審視發明人的前案檢索工作是否充分，並適時提供外部資源（例如專利事務所）協助進行更進一步的檢索。

## 3. 評估技術強度

　　內部評估者根據前案檢索的結果可進行技術面及管理面分析，針對歷年專利數量、專利技術週期、競爭國家及競爭公司的專利布局狀態，了解該發明技術申請專利的必要性，並從巨觀的角度設定該發明技術在組織中發展的前景。評估的項目包括：

(1)前瞻性

(2)可行性

(3)布局性

## 4. 評估可專利性

內部評估者根據前案檢索的結果進行可專利性分析，從微觀的面向比對競爭者的技術與自身的差異，設定研發提案申請專利的門檻，並站在取得專利權及商業價值的角度協助訂定權利範圍及提出布局策略建議。評估的項目包括：

(1)新穎性

(2)進步性（非顯而易見性）

(3)能否增加專利強度和價值

## 5. 專利盤點及專利庫存管理

內部評估者將組織中的智慧財產進行分類與盤點，明瞭每一個技術區塊所涵蓋的專利申請案件，做到即時更新專利案件法律狀態，隨時動態的調整以建立防禦性專利並彌補技術漏洞；對於技術性質重複或已經在市場上被淘汰的技術放棄維護，對於主導市場的商品則策略性的延長專利保護週期。

## 6.5.2 發明專利申請書及說明書教學範本

### 6.5.2.1 建構專利說明書及撰寫順序

專利申請文件的撰寫沒有一定的順序，然而雖然各國說明書格式

不同，除了以合於各國專利專責機關所要求的專利申請文件格式外，應以嚴密的邏輯建構出一個能層層推演且環環相扣的專利說明書結構，以達到涵蓋完整的專利權利。建議的順序如下：

## 1. 繪製及編排圖式（圖式／Drawing）

(1)圖式繪製時將發明的必要組成元素進行名稱及組件的定義，並編列元件編號，按專利標的的不同，例如硬體／軟體／系統／方法／步驟／物質元素等等，圖式可包含一系列的機構圖、方法流程圖、電子線路圖、區塊圖等。

(2)繪製及編排圖式的過程有助於模擬發明揭露之內容是否正確無矛盾。將發明的必要組成的元件進行一系列的模擬聯結，可以釐清各元件之間的關係，並確認其合理性或可行性。

(3)所有的圖式順序安排及呈現視角，均是為了清楚說明專利所要設定的構造組成、連結關係、使用方式或應用的手段及功效。

(4)「專利代表圖」是讓相關領域人士理解發明全貌的最重要一環之一，並讓專利審查人員能知悉申請專利的重點所在。

　　以下為專利說明書中常見的圖式種類

【區塊圖】　　　　　　　　　　　　【電子線路圖】

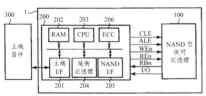

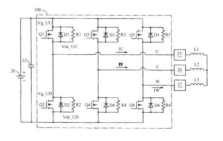

【立體圖】

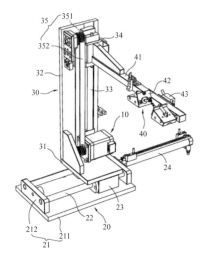

【流程圖】

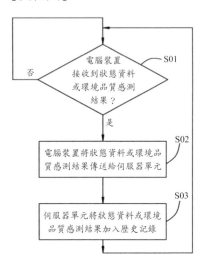

【截面圖】

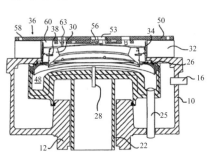

【工程側面圖】

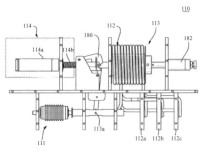

【化學結構式】

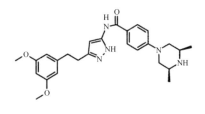

【實驗圖表】

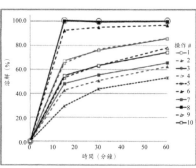

## 2. 擬定專利範圍（權利要求書／Claims）

(1) 專利說明書中的權利要求書是審查機關主要進行可專利性審查的章節，也是申請人與審查機關攻防的重點，權利要求書中元件的必要組成關係必須以文字清楚的界定，其定義必須充分地以文字說明或圖式的方式揭露於專利說明書中。

(2) 專利權利的範圍（Scope）應不牴觸專利前案檢索到的先前技術範圍，並利用上位化用語（Generic term）界定元件及技術手段，將權利適度擴充至合理的範圍。

| Claims 專利範圍請求項之類型 |
| --- |
| ■ 專利範圍請求項在記載形式上分為兩種：<br>獨立項（Independent claim）<br>附屬項（Dependent claim）／多項附屬項（Multiple dependent claim）<br>■ 獨立項界定了請求標的之最大權利範圍，附屬項用於對其依附項範圍之限縮。<br>■ 附屬項僅在記載形式上不同，亦可改寫為獨立項。<br>假設：Claim 1 為獨立項，2、3、4、5 為附屬項；其中 4 及 5 為多項附屬項。<br>Claim 1. X 包含 A+B+C<br>Claim 2. 如請求項 1 所述之 X，包含 D<br>（權利範圍：A+B+C+D） |

Claim 3. 如請求項 2 所述之 X，包含 E

（權利範圍：A+B+C+D+E）

Claim 4. 如請求項 1 或 2 所述之 X，包含 F

（權利範圍：A+B+C+F 或 A+B+C+D+F）

Claim 5. 如請求項 1 或 2 所述之 X，包含 G

（權利範圍：A+B+C+G 或 A+B+C+D+G）

## 3. 撰寫專利名稱（Title of Invention）

申請專利範圍的主要標的（通常是獨立請求項的標的）可作為專利名稱，必要時可搭配其主要特徵手段及功效來決定專利名稱。

## 4. 撰寫摘要（Abstract）

以申請專利範圍的獨立請求項內容，寫成一般性敘述的段落，包含發明的所有必要元件、連結關係及功效手段即可，不需要強調功能或商業性宣傳用語。

## 5. 撰寫說明書（Specification），說明書內容所需段落包括

### (1) 發明領域（Field of invention）

係用以作為進行國際分類的依據，申請人應明確描述發明的技術所屬的領域為何。通常可以兩階層方式描述，例如：「本發明是屬於一種水龍頭結構，特別是一種快拆式的水龍頭結構」。

**(2) 先前技術（Background）**

針對發明所屬技術領域所待解決的問題，及解決該問題的習知方法與技術及其限制進行說明。

**(3) 發明內容（Summary）**

將申請專利之發明（即申請專利範圍的所有內容），以與申請專利範圍（Claims）著重之法律面向不同的簡潔白話之文字記載，讓發明所屬技術領域之人可以清楚明瞭本發明之重點。

**(4) 實施方法（Detailed description of invention）及圖式說明**

以實施例的方式詳細說明如何達成申請專利之發明，包括元件定義、名詞說明、操作方法、應用情境、實驗數據（最佳參數下的功效展現）、元件組成、等效物列舉等，詳實的揭露於此，可作為支持請求專利權範圍的重要依據。

| 習題 |
|---|
| 一、基礎題 |
| 1. 專利說明書包含哪些章節？ |
| 2. 在申請專利之前，發明人應該準備哪些資料來審視自己的發明是否值得申請專利？ |
| 3. 根據不同的專利態樣（例如：物品、裝置、方法、製程、化學組成物等），分別可以用哪些圖式來輔助說明技術特徵？ |
| 二、進階題 |
| 1. 嘗試用關鍵字在 Google Patents 及中華民國專利資料庫搜尋有興 |

趣的技術（例如：Organic Light-Emitting Diode, OLED／有機發光二極體），找出其申請專利範圍（Claims）及實施方法（Detailed Description of Invention）中使用哪些上位化用語來界定元件及技術手段。

2. 從找到的專利案件中，探討其申請專利範圍（Claims）的文字界定出何種技術態樣，並用「前案技術資料比對表」來比較至少兩件不同案件的技術差異。

3. 從找到的專利案件中，探討其實施方法（Detailed Description of Invention）所揭露的技術內容，是否能支持申請專利範圍（Claims）所主張的專利權範圍，是否有範圍過大的疑慮。

## 重點摘要

1. 智慧財產權（Intellectual Property Right, IPR 或 IP），是經由人類智慧的創造性產出，例如發明、文學藝術作品、設計、商業中使用的符號、名稱和圖像，其能產生財產上之價值，並由法律保護其財產價值。智慧財產權主要分為：營業祕密（Trade secrets）、商標權（Trademarks）、著作權（Copyrights）、專利權（Patents）。

2. 發明是指使用技術來解決特定的問題，可以是產品或過程。發明完成時，其發明人可以向專利局申請專利。發明專利所需的技術特性要求，是以使用自然法則來實現該發明的目的，只有符合發明要求的技術方案才能獲得專利，專利是描述發明的法律文件，

並賦予發明人或其繼承人財產權。

3. 專利是鼓勵創新的長期手段，賦予專利權人獨家開發權，並使其能夠通過製造、使用或銷售包含該專利所涵蓋技術的產品或工藝來利用該發明。專利制度是確保自由獲取信息和保護發明人利益之間的一種妥協，這樣的模式有助於保障發明人的權益並促進相關技術領域的技術發展。

4. 我國現行專利可分為發明專利、新型專利及設計專利，一個發明創作可能同時受到多種類的專利保護，在商品化階段可靈活運用得到最經濟有效的權利保護。發明專利保護之標的為物之發明及方法；新型專利必須為具體表現於物品上之形狀、構造或組合的創作，設計專利則是指對物品全部或部分之形狀、花紋、色彩或其結合，透過視覺訴求的創作。

5. 進行專利檢索是創新的第一步，經過檢索過程進一步檢視並確保發明的創新性及可行性後，就可以開始申請專利，而專利檢索提供的歷史信息或技術靈感，能幫助發明人建構更好、更強大的專利申請範圍，並促使專利申請案更順利的通過審查歷程。

6. 專利申請之前的工作包括詳實描述發明內容及進行前案檢索並製作前案資料比對表，首先以文字、製圖、照片、實驗數據等描述發明的整體及特徵，並說明發明的技術手段及目的後，於專利局資料庫及學術論文資料庫進行檢索，篩選出技術最為接近的案件後，再以「前案技術資料比對表」分析找出本發明不同於先前技術的特徵。

7. 可專利性評估係根據前案檢索的結果進行分析，從微觀的面向比

對競爭者的技術與自身的差異，設定研發提案申請專利的門檻，並站在取得專利權及商業價值的角度訂定權利範圍及布局策略。評估的項目包括新穎性、進步性（非顯而易見性）、前瞻性、可行性及布局性，以增加專利強度和價值。

8. 專利申請文件的撰寫應配各國專利專責機關所要求的專利申請文件格式，以嚴密的邏輯建構出一個涵蓋完整的專利權利。進行的順序建議為：繪製及編排圖式、擬定專利範圍、撰寫專利名稱、撰寫摘要及說明書。

## 參考文獻

1. 經濟部智慧財產局編著（2013）；專利審查基準（二版）。經濟部智慧局，2013.05。ISBN:978-986-03-6818-5

2. 陳麗娟（2001）；德國專利法、新型專利法、新式樣專利法。經濟部智慧局。ISBN:957-01-0044-3

3. Krasser Rodolf，單曉光，張韜略，于馨淼（2016）；專利法：德國專利和實用新型法、歐洲和國際專利法（智慧財產權經典譯叢）。知識產權出版社。ISBN:9787513041638

4. 格萊克，張南，波特斯伯格，（2016）；歐洲專利制度經濟學：創新與競爭的智慧財產權政策（智慧財產權經典譯叢，譯自：The economics of the European patent system.）。知識產權出版社。ISBN: 9787513039550

5. Hauptman, Benjamin J.,Le, Kien T. 脫穎，黎建，國家知識產權局

專利復審委員會組織（2017）。美國專利申請撰寫及審查處理策略（智慧財產權經典譯叢，US patent application drafting and prosecution strategies）。知識產權出版社。ISBN: 9787513049344

6. 106 年專門職業及技術人員高等考試專利師考試試題
7. 105 年專門職業及技術人員高等考試專利師考試試題

# 第七章　創新創業競賽

賴文正

## 學習目標

1. 明白何謂創意、創新與創業。
2. 向成功創業者學習創新創業新思維。
3. 善用「創客空間」與「群眾募資」資源。
4. 了解如何準備「發明競賽」及增加「獲獎率」。
5. 認識國內外各項發明展、設計展及創意競賽。
6. 了解從創意、創新到創業的成功案例。

## 本章架構

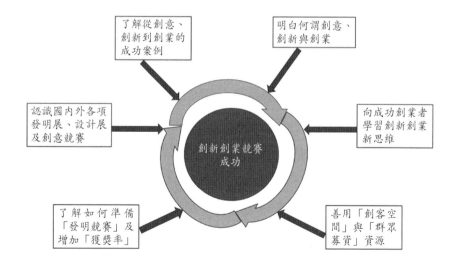

# 7.1 從創意、創新到創業

## 7.1.1 何謂創意、創新與創業

　　所謂的「創意」是新而有用的想法，舊元素新組合，可以使用「奔馳法」（SCAMPER）：取代（Substituted）、結合（Combined）、調整（Adapt）、修改／擴大（Modify）、改變用途（Put to other uses）、縮小／減少（Eliminate）、重組／逆向（rearrange）等來重新組合；而「創新」則是指實踐的成果。創新的類型包括：產品、製程、組織、策略、市場、突破等。Bowen 與 Hisrich（轉引自劉文良，2019）認為：「創業是一種投資努力與時間以開創事業的過程，必須冒財務、心理及社會的風險，最後得到金錢報酬與個人的滿足感。」以我國而言，政府擬定七大國家新興產業，包括：生物科技、觀光旅遊、綠色能源、醫療照護、精緻農業、文化創意、電資通光電，這就是不斷追求創新與創業的精神。而創意、創新及創業就是一般所指的「三創」。

## 7.1.2 創新創業新思維

　　宏碁集團創辦人施振榮董事長經常被問到：創業成功的關鍵是什麼？他總是不忘提醒：「創業」是要為社會創造價值，要創造價值就需要以「創新」的方式才能成功。這說明了「創新」的重要性，同時「創業」的核心價值就是帶給社會便利與高品質的生活目標。創業成功是無法複製的，每個人在創業時都有相對應的時空背景與各種艱

鉅的條件，然而「創造價值」、「利益平衡」、「永續經營」才是成功的三大核心理念，如圖 7.1 所示。也就是透過不斷創新創造價值，從顯性價值（有形、直接、現在）推廣到隱性價值（無形、間接、未來），持續建構一個能共創價值且利益平衡的機制，才能達到永續經營的目標。

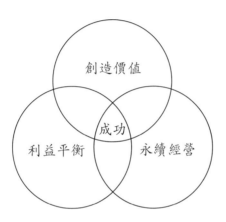

圖 7.1　創業成功的三大核心理念

　　施董事長也提到，創業要能成功要先有「新微笑曲線」的觀念，同時在新經濟時代裡，「體驗經濟」與「共享經濟」將是主導新經濟的未來發展。以「體驗經濟」來說，是從用戶體驗做為產品及服務的最終體現，關鍵在於能否為用戶創造最高價值，讓用戶有美好的體驗，願意買單。「體驗經濟」是一種無形的價值，讓我們對新的體驗嚮往，是微笑曲線的右端，重視為消費者創造創新的體驗價值。而「共享經濟」則是為了要創造更有效益的經濟活動，因此要思考如何以跨域、跨業的創新商業模式、生態或服務平台，來為用戶創造更高

的價值及經濟效益,例如:foodpanda、Uber Eats、Ubike、微笑單車等。以「新微笑曲線」來看,新經濟整合了不同產業領域的價值鏈,才能創造用戶的不同體驗,以及有效共享的新模式。「新微笑曲線六維觀」,以 X(上中下游)、Y(附加價值)、Z(領域別)三軸,再加上要考量「時間軸、有無形軸、直間接軸」畫出「新微笑曲線」,如圖 7.2 所示。不同產業領域都有各自的「微笑曲線」可以詮釋其附加價值所在,而「新微笑曲線」強調的是藉由跨領域整合,才能在新經濟中創造新的體驗並共享資源,如此才能創造新價值,這也是台灣未來轉型升級提升附加價值的關鍵所在。面對未來的挑戰,應及早培養新核心能力,包括:系統化的創造力、跨領域的整合力、問題根源的探索力,在創業過程中逐步累積這些能力,定能對創業成功有所助益。

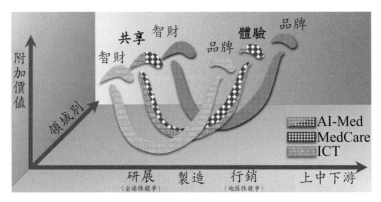

圖 7.2 新微笑曲線

資料來源:施振榮,2019。

馬雲也曾說過:記住這四個字,創業路上少走彎路。第一個字

是「整」，你能整合多少資源、多少渠道，就會擁有多少財富。第二個字是「借」，造船過河，不如借船過河。趨勢無法阻擋，要學會借勢。第三個字是「學」，古人云：富不學，富不長；窮不學、窮不盡。贏在學習，勝在改變。第四個字是「變」，想要改變口袋，先改變腦袋。社會一直在淘汰有學歷的人，但不會淘汰有學習能力，願意改變自己的人。

## 7.1.3「創客空間」與「群眾募資」

　　自從 3D 列印機問世，還有國外興起「募資網站」之後，全世界吹起一股「自造者風潮」，也就是鼓勵每個人把自己腦中的發明構想，自己製作出來，在國外就是專門的「創客空間」，創客就是中文「發明家」的意思，這裡提供想自己發明東西的人，有一個地方來打模製作「發明品」，而現在這類「創客空間」已經引進到台灣。目前台灣實現動手做夢想的「創客空間」如下：

- Openlab Taipei：位於寶藏巖國際藝術村，地址：台北市中正區汀州路三段 230 巷 37 弄 8 號。Facebook: Openlab Taipei；Blog: www.openlabtaipei.org

- Fablab Taipei：地址：台北市重慶南路三段 15 巷 9 號 1 樓。聯絡電話：(02)2322-3387。Facebook: Fablab Taipei；www.fablabtaipei.org

- Taipei Hackerspace：地址：台北市太原路 133 巷 26 號 4 樓。聯絡電話：(02)2550-7630。Facebook: Taipei Hackerspace；tpehack.no-ip.biz

- Fablab Dynamic：地址：台北市士林區福華路 180 號（DAC 台北數位藝術中心二樓）。Facebook: Fablab Dynamic；www. fablabtaiwan.org.tw
- FabCafe Taipei：地址：台北市中正區八德路一段 1 號。聯絡電話：（02）3322-4749。Facebook: FabCafe Taipei；taipei.fabcafe. com
- Makerbar Taipei：地址：台北市中正區金山南路一段 9 號 5 樓（近捷運忠孝新生站 2 號出口）。Facebook: Makerbar Taipei；makerbartaipei.com
- Fablab Tainan：地址：台南市中西區南門路 21 號 4 樓（台灣文學館斜對面，波哥人文茶坊旁。胖地空間）。Facebook: Fablab Tainan
- 享實做樂：地址：台中市龍井區遊園南路 131 號。Facebook：享實做樂
- FutureWard 未來產房：地址：台北市中山區中山北路三段 40 號（大同大學校園內）。Facebook: FutureWard 未來產房
- DOIT 共創公域：地址：台北市大安區敦化南路二段 216 號

因此，創新創業最重要的是能夠先觀察市場趨勢，準確抓準時機將開發出來的產品，利用有形與無形的資源推廣出去。尤其是「群眾募資」是目前可行的方式，可以直接接收到消費者端對於產品認同程度的訊息，一旦受到廣大的募資者認同，很容易就能籌措到創業的基金，進而將產品商品化。「創新創業」的過程雖然艱辛，但還是有許多人願意花時間與精力去完成創業的夢想。

　　「創新創業競賽」主要有兩個目的，一個是希望藉由比賽的歷練，讓創意產品被大眾廣為看見與接受，增加其曝光度，同時藉由評審及大眾給的回饋意見，修正產品讓它變得更完美。另一個目的是，可藉由競賽獲得一筆資金，成立一個開發團隊，學習從創新創意創業啟發到市場驗證至創業實作過程，深化創新創業扎根，例如：教育部推動「大學校院創新創業扎根計畫」，建構「大學校院創業實戰學習平台」。

　　綜觀創業者，本身必須具備有高度的專業、創新能力、跨領域整合、溝通特質、發現問題與解決問題的能力、承擔經營風險等，才能帶領創業團隊結合不同專長相互支援，並且藉由「創客空間」與「群眾募資」或其他方式籌措一筆創業圓夢基金，才能啟動創業。這過程通常會經歷實作創意作品、申請專利，參加發明展、設計展、創意競賽，甚至群眾募資，最後再將創意轉為商品化。

## 7.2 如何準備「創新創業競賽」及增加「獲獎率」

　　台灣近年在國際發明競賽屢屢獲獎，深受國際的肯定，經常看到許多發明家的參展作品，已經商品化並在市場上做販售，這表示發明家的創意能夠獲得肯定，為了保護創意許多發明家申請專利，而把專利商品化對發明家來說更是條艱辛的過程，最後，才能將便利的發明專利回饋給社會。因此，商品化對於發明競賽來說，能公開並且更有說服力的讓想法表達出來讓民眾與評審去理解。

　　創意成果評估常以見多識廣眼光、凡事都有自己的道理和標準來評斷創意表現，在凡事存疑的「雞蛋裡挑骨頭」裡，經常會把審美觀點、實用論調、優質作品、標準表現、尺碼細緻、創新意象、超然卓越等視界，放在看到創意作品的後設思維中再一一品鑑。在現今企業之間的競爭非常激烈，若想要打贏這場競賽，創新商品的美觀設計、功能、品質、價格、可靠度等，對於產品本身競爭力的強弱，有其關鍵的重要性。因此，在國際競賽時把這些細節掌握住，就越能夠把本身所創作產品，在講解或是展示的時候，更能完整地吸引評審委員或是觀眾的目光。

　　除了作品本身之外，在不同的國家中，在語言與文化都有所差異，或許在台灣某種作品很有潛力與其價值，但在高緯度地區的國家或許沒有實用的價值，或是在比較乾燥的地區，作品在不同的環境下是否會受到影響造成效果大打折扣，都是要事前就考慮進去的細節。另外，溝通與表達上最重要的就是語言了，再好的作品如果辭不達意，相信金牌也會與你擦身而過，可見掌握評審標準與呈現要領是多麼重要。

## 7.2.1 參展資訊與作品

### 1. 參展國家

　　本節所描述以參加「2014 韓國首爾國際發明展」的經驗為主，希望讀者觸類旁通，可以運用在不同的發明展與競賽。這發明展參加者分別來自 34 個國家，有近千件作品，其中台灣占 214 件作品。

## 2.參展作品

防打瞌睡裝置。

## 3.準備步驟

(1)參加者先蒐集資料，了解發明展主要的目的與過程，然後規劃出國前的準備用具、作品。

(2)透過不斷的操作與測試，確定作品能夠正常運作，並且在介紹的過程中不斷修改不適合的冗長文句。

(3)在出國前幾個禮拜，確認要帶的工具或是個人用品有無缺少，例如：作品如果需要電池是不是有帶備用的電池以免沒電無法運作。

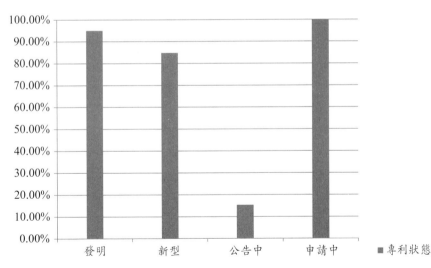

圖 7.3 「2014 韓國首爾國際發明展」得獎率分析

資料來源：台灣發明協會、韓國首爾國際發明展台灣參展團專刊

　　由圖 7.3「2014 韓國首爾國際發明展」得獎率分析的統計數據來看，獲得發明或新型專利並非獲獎之關鍵因素，反而是申請中的獲獎率接近 100%。原因可能是許多專利並未進行商品化，或者參與競賽時未做好充分準備，都會直接影響比賽的成績不盡理想。

　　參展時主要的注意事項包含三大項：語言、作品、視覺，說明如圖 7.4。「語言」須考慮自身的英文能力或聘請現場翻譯；「作品」應符合市場趨勢以及當地的實用性；「視覺」應達到 5C 的原則：清晰（Clear）、簡潔（Concise）、正確（Correct）、具體（Concrete）、慎重（Courteous），同時桌面布置整體擺設也很重要。以下將針對參展目標與報名準備、現場準備與布置、評審當天進行進一步說明。

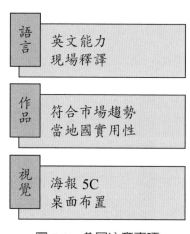

圖 7.4　參展注意事項

## 7.2.2 參展目標與報名準備

### 1. 參展目標

能夠受到評審的青睞與肯定獲獎，並且吸引觀眾的注目，從中找到商機或合作的夥伴。

### 2. 報名及準備過程

作品在報名表中須選擇「產品種類」，應選擇最適合自己產品的種類，若產品適用 2 種以上類別，可選擇相對競爭件數較少之類別，以增加獲獎機會，另外，須注意作品的外觀與操作是不是兼顧美觀與便利性，如果在操作過程中不順暢，對於評估這項產品的委員難免會耗費許多時間在等待，過程中的空窗期就會顯得格外尷尬與緊張，對於雙方來說都不是理想的結果。

### 3. 行前確認

(1) 各種必備工具準備有沒有齊全，例如：螺絲起子這種工具是否能帶上飛機要先問清楚，以免到現場無法使用相關用具做維修與應用，造成無法呈現應有的表現造成遺憾。

(2) 參賽者是否能順利出入境，例如：兵役問題須先申請並準備好證明單，到機場時後會一併做檢驗等。

## 7.2.3 現場準備與布置

### 1. 張貼海報

海報張貼要掌握 5C 的原則：清晰（Clear）、簡潔（Concise）、

正確（Correct）、具體（Concrete）、慎重（Courteous），如圖 7.5 所示。海報是在解說中能夠有效利用的資源之一，盡量讓海報能夠完整呈現給大家看到，不僅是對評審或是觀眾；對於自己也是可以解說的一個方向，一時緊張忘記還能夠藉由海報重新整理自己的思緒，如果有附上圖片或是流程，也更簡單就能吸收與理解，你或許有看過有人沒準備作品；但一定沒看過有人沒準備海報吧！所以我們張貼的時候一定使海報整齊、乾淨，盡量不要讓殘膠裸露在外或是遮蔽到內容影響觀感。

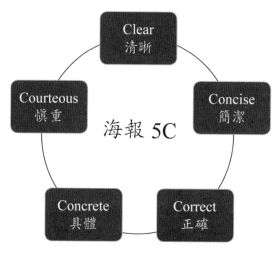

圖 7.5　海報張貼要掌握 5C 的原則

## 2. 作品之擺放

　　畢竟參展所提供的桌子面積有限，所以擺設作品與其他輔助工具也須先安排好，如果有名片建議能放在作品前面方便有興趣的民眾做

拿取，如果有廠商有意願合作這時候名片就顯得格外重要，如果能夠進一步的發展也是比賽中另外的收穫。

圖 7.6 以本作品為例，會場攤位及擺放方式

## 3. 呈現該專利已商品化為產品

由於把專利商品化是條艱辛的過程，本作品有專利也已經商品化，應該清楚呈現出來。應展示專利證書如圖 7.7，商品化成果如圖 7.8。

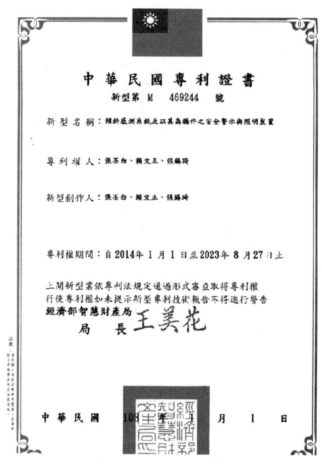

圖 7.7 本作品之專利證書

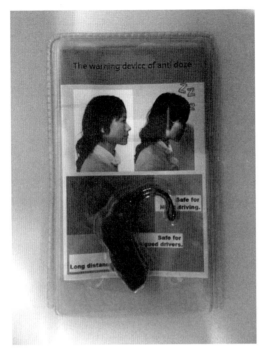

圖 7.8　以本作品為例，呈現商品化之專利作品

## 4. 地理位置

　　先環顧四週，看看周邊各自為哪所學校或是廠商的攤位，先互相有個認識，有利之後參展期間相互的照應，評審來前就可以聽到風聲，幫助自己提早進入狀態，不至於講解過程中因過於緊張亂了步驟。評審結束之後也能互相幫忙顧攤，有需要廁所或是去參觀其他攤就能夠輪流去休息，對於參加人數不多的攤位，需要特別留意這個問題。

圖 7.9　台灣發明團的代表攤位周遭環境

## 7.2.4 評審當天

### 1. 互相溝通

　　如果有請翻譯，需要溝通好各自的工作，可以請翻譯介紹給你聽，掌握翻譯內容是否與原意有所出入，直到可以清楚表達作品內容，當然自己本身如果可以，最好也先知道如何用英文作介紹，這樣就可應付各國參觀的發明家或是廠商跟觀眾。像是以韓國為例，可以跟翻譯學習韓文問候語是怎麼說，對於韓國當地人來說也會倍感親切。

## 2. 勤加練習

　　通常評審前幾個小時就會開放民眾入場，好好利用這種機會看到有人有興趣就練習介紹的方式，或許剛開始介紹會不流暢，但這幾小時的時間也能充分理解自己的問題在哪，或是民眾有提的問題解釋的不夠清楚，在正式開始前都是你改進的好機會，或是還沒開放入場前，也能介紹給左鄰右舍的朋友當作很好的練習，也不失為一個認識彼此作品的方式。

## 3. 慢條斯理

　　當評審快來之前，深吸一口氣再開始是不錯的方式，緩和自己緊張的情緒相對就降低出錯的機會，當輪到自己的時候，記得保持親切的微笑，並且有禮貌地打聲招呼，主要聽清楚評審詢問什麼問題，不要答非所問含糊不清，如果一時慌張解釋不被認同就得不償失了。

　　本件作品代表明志科技大學參與「2014年韓國首爾國際發明展」，並且榮獲金牌獎的佳績，競賽前充分做好行前的準備工作是必要的，尤其是第一次參加國際的發明展者，除了確認作品正常外，身心上的調適也是要注意的地方，畢竟一件好的作品也需要完整又清楚的講解，才能讓評審更了解這件作品的優勢在哪裡，人與人之間的溝通就顯得格外重要。到了異鄉能與同樣來自台灣的師長同學一同互相幫忙，更能增添不少信心。本文分享參展期間所看到、學到之要領，盼能對商品化專利參與國際競賽有所助益。

## 7.2.5 小結

1. 本節為完整比賽流程經驗分享，經過整理經驗加以敘述能讓他人縮短摸索的時間，較易獲得不錯的成績。同時能夠對於想進一步參加這種國際展覽的發明家們來說，有一定程度上面的幫助。

2. 產品要夠生活化與實用，對安全性上也要一併兼顧保障使用上的無虞，才能吸引觀眾，得到裁判的認可。

3. 許多獲獎作品大多是已商品化的產品，受到市場的認可也更具潛力。因此，是否有準備作品或是道具供評審使用與操作，以及隨行翻譯，要互相做好溝通與分配工作等，都是獲獎之要領。

## 7.2.6 提醒事項

1. 頒獎結束後，可多利用時間去參觀其他人的作品，刺激自己的想法或許能激發更多創意，也能互相做交流，有助於產生新創意。

2. 若產品屬較高科技方面的原理與技術，應及早與翻譯溝通，使其盡量完全了解其原理，在評審關鍵問題上才能應對如流，有好的表現。

3. 參加國際發明展，可以自備行軍椅到現場使用，因為現場提供座椅有限，如要添加要額外收費。

4. 須特別注意，專利法第二十條規定：陳列於政府主辦或認可之展覽會，致發生申請前已公開之情形，於展覽之日起六個月內申請專利者，不喪失新穎性。

# 7.3 國內外各項發明展、設計展及創新創業競賽介紹

## 7.3.1 教育部「大學校院推動創新創業教育計畫」

　　國內有關創意、創新、創業相關主題的競賽繁多，其中最具代表性的是教育部「大學校院推動創新創業教育計畫」。它是爲了提升大專校院創新創業課程品質，目的爲強化學校產學、育成組織的鏈結，促進大專校院進行關鍵技術研發與產業需求接軌；並推動校園創新創業課程模組，轉換創新知識，落實學校提供學生創業團隊及新創企業資金、課程與諮詢，實踐新創孵化機制，逐步建構、活絡校園創新創業生態圈，鼓勵學生勇於嘗試、大膽創新。並從教師創新教學品質著手，串連教師能量，鏈結精實課程模組培訓，將資源投入教學現場，期望藉由兩者相輔相成之效，培育具創業家精神、創業及產業實務經驗之人才，串聯學校研發成果與產業需求，提高技術移轉、產學合作機會，塑造創新創業循環圈。

　　其中，計畫中包含建構「大專校院創業實戰學習平臺」、「創創計畫（大學校院推動創新創業計畫之簡稱）開關公司項目」，皆鼓勵學校不限系所學生都能組隊報名參與，及透過教師教學種下創新種子，培育學生具創業家精神、創業及產業實務經驗之人才，於校園中打造人才培育系統，塑造創新創業循環圈，期望透過交流教學相長，以有效提升學生創業理念。「大專校院創新創業教育計畫」是值得想從事創業者申請的計畫，通常申請前會先辦理校內初選，經由學校初選後才能進入教育部正式的遴選機制，以下是提供讀者參考之「110

學年度創新創業教育計畫校園創業遴選會」申請作業及教育部提供之「110 學年度大專校院創新創業教育計畫開關公司申請須知」。

## 110 學年度創新創業教育計畫校園創業遴選會（參考用）

### 1. 補助方式

　　大專校院在校生組成創業團隊（以下稱團隊）提出公司創業構想，申請初審通過後，再經由校園創業遴選會，選出獲選團隊，由教育部補助 10 萬元資金進行公司營運至關閉。

### 2. 申請對象

　　具本校正式學籍之在學學生（團隊至少 3 人組成，不限科系，負責人須年滿 20 歲）。

### 3. 實施期程

　　(1)第一階段申請作業（校園創業遴選會）申請時間至 110 年 XX 月 XX 日止

　　(2) 通過第一階段創業遴選的團隊，方可進入第二階段

　　(3)第二階段公司設立及流程（自公司營運至關閉）自 110 年 XX 月至 111 年 XX 月止

### 4. 申請方式

　　(1)由學校窗口（創創計畫助理）統一彙整創業團隊相關提案文件提案繳交。（請務必配合上述校內申請截止時間點）

(2)於期限內提送創業簡報，資料請寄信至 abc@mail.abc.edu.tw，主旨「創創計畫／校園創業遴選會申請一（創業團隊名稱）」

## 5.申請應備文件

(1)5 分鐘創業簡報

(2)簡報需檢附以下內容：

①創業團隊名稱、團隊成員基本資料（按照範例）

②公司創業動機與構想

③公司產業分析與市場定位

④公司生產產品與服務設計

⑤公司關鍵資源與行銷

⑥公司財務規劃與未來發展

## 6.聯絡窗口：abc@mail.abc.edu.tw

大專校院創新創業教育計畫開關公司申請須知

‧本計畫參與學生規定需配合參加學校舉辦工作坊一場（1 天 8 小時）。

‧本計畫規定公司開設不能使用公司行號，公司設立成員最少需 3 人設立。

‧本計畫教育部給予團隊經費 10 萬元，學生團隊須全數用於公司基本花費上，須全數花光。如：公司設立規費、記帳費、印刷費、材料費、雜支（文具）等科目為原則。不得將支用於人事費、公關交際費、耐久性設備、硬體修繕等費用。（單筆

消費不可超過 1 萬元）

‧本計畫規定學生參與公司營運期間須拍攝營運照片，如：設計公司商品實作拍攝、營運過程等。

‧在公司營運期間，團隊需繳交每月支用憑證明細表，按各家有足夠憑證，紀錄日期、發票字軌、金額、收據，就日期、金額，按月核對，並依照教育部核銷方式進行花費、作帳。

‧公司團隊需於每月開設會議，並配合參與計畫相關輔導課程。

‧公司於開立後配合計畫執行運作，並簽署合約為憑，至計畫結束。

申請時需繳交以下資料（word 檔）：

1. 公司負責人姓名（需年滿 20 歲）

2. 公司團隊所有成員姓名、科系學號、信箱、手機、聯絡 Line 帳號、及團隊指導老師姓名

3. 需 10 個預想的公司設立名稱，用於正式開立使用（以中文為主）

4. 公司營運方向目標、產品說明及介紹、未來市場目標、目標客群（詳細說明）

5. 公司負責人、成員身份證正反面影本 1 份、學生證正反面影本

校園創業遴選會／徵選方式：

由團隊進行 5-7 分鐘簡報分享公司未來營運方向及目標，2 分鐘 QA 時間，學生可攜帶簡報及作品來說明，全數隊伍報告結束後由委員會進行評分，取最高分五隊為入取團隊。

・評分機制：將由委員於團隊報告結束後進行評分，最終由分數
　前五名團隊入取，共錄取五隊。

徵選簡報內容須提及：

1. 公司創業構想價值鏈設計為何

2. 公司主要產品說明及介紹

3. 公司如何運作生產及銷售手法

4. 公司未來市場目標及未來發展

5. 公司主要目標客群及顧客價值主觀為何

6. 參與本計畫目的

## 7.3.2 國內外各項創新發明、設計競賽

許多國內外發明展雖然名為發明展有對群眾展示作品，但其實也是創新發明競賽，許多隊伍參加之主要目的是參加競賽獲獎。國內外創新發明、設計競賽非常多，在此僅能選取某些比較有代表性來做介紹。

### 一、台灣各項創新發明競賽

台灣其他有關各項創新發明競賽資料如下表 7.1：

表 7.1　台灣各項創新發明競賽展覽與報名資料表

| 展覽名稱 | 展覽地點 | 主辦單位／報名處 | 報名日期 | 展覽日期 |
|---|---|---|---|---|
| 國家發明創作獎 | 視主辦單位決定 | 經濟部智慧財產局 | 約 3～4 月（2 年 1 次） | 約 6 月間 |
| IEYI 台灣區世界青少年發明展 | 各縣市輪辦 | 中華創意發展協會 | 每年約 2～4 月間 | 約 12 月間 |
| 東元科技創意競賽 | 視主辦單位決定 | 東元科技文教基金會 | 每年約 3～7 月間 | 約 8 月間 |
| 台灣創新技術博覽會 | 視主辦單位決定 | 經濟部智慧財產局 | 每年約 5～6 間 | 約 9～10 月間 |
| 台中盃創意大獎 | 台中市 | 台中市政府 | 約 8～9 月 | 約 10 月間 |
| 伽利略衛星創新大賽 | 新竹市 | 工業設計協會 | 約 4～6 月間 | 約 11 月間 |
| 專利分析與布局競賽 | 台北市 | 工研院技轉中心 | 約 4 月 | 約 8 月間 |
| 百萬創意擂台賽 | 各區分賽 | 勞動部 | 約 6 月間 | 約 11 月間 |
| LITEON AWARD | 視主辦單位決定 | 光寶科技 | 約 2 月間 | 約 8 月間 |
| 台灣國際創新發明競賽 | 視主辦單位決定 | 台灣知識創新學會 | 約 4 月間 | 約 7 月間 |
| 物聯網開發競賽 | 台灣 | 聯發科技 | 約 5～7 月間 | 約 8～10 月間 |
| IIIC 國際創新發明競賽 | 台灣 | 中華創新發明學會國際創新發明聯盟總會 | 約 5-10 月 | 約 10～11 月間 |

## 二、國際創新發明競賽

國際競賽可分為「非政府補助國際發明展」及「政府補助國際發明展」，如下之分類：

## 1. 非政府補助之國際創新發明競賽

表 7.2 非政府補助之國際創新發明競賽展覽與報名資料表

| 展覽名稱 | 展覽地點 | 主辦單位／報名處 | 報名日期 | 展覽日期 |
|---|---|---|---|---|
| 英國倫敦國際發明展 | 英國倫敦市 | 台灣發明協會祕書處 | 約 7～8 月間 | 約 10 月間 |
| 捷克國際發明展 | Trinec Werk Arena 展覽館 | 中華創新發明學會 國際創新發明聯盟總會 | 每 2 年約 4 月間 | 每 2 年約 6 月間 |
| 澳門國際創新發明展 | 漁人碼頭展覽中心 | 世界發明智慧財產聯盟 | 每年約 4～5 月間 | 約 6～7 月間 |
| 新加坡國際發明創新展 | 新加坡國際展覽館 | 台灣發明協會祕書處 | 1～2 月（2 年一次） | 約 3 月間 |
| 日本東京創新天才國際發明展 | 東京 | 台灣國際發明得獎協會 國際創新發明聯盟總會 | 約 3 月 | 約 5 月間 |
| 韓國 WiC 世界創新發明大賽 | 首爾 | 台灣國際發明得獎協會 國際創新發明聯盟總會 | 約 4 月 | 約 6 月間 |

表 7.2　非政府補助之國際創新發明競賽展覽與報名資料表（續）

| 展覽名稱 | 展覽地點 | 主辦單位／報名處 | 報名日期 | 展覽日期 |
|---|---|---|---|---|
| 中國發明展 | 各大城市輪流舉辦 | 台北市發明人協會 | 約7月（2年一次） | 約11月間 |
| 科威特中東發明展 | 科威特 | 台灣發明協會祕書處 | 約8～9月間 | 約11月間 |
| 加拿大國際發明創新競賽 | 多倫多 | 世界發明智慧財產聯盟 | 約5月間 | 約7月間 |
| 泰國國際發明展 | 曼谷 | 世界發明智慧財產聯盟 | 約1月間 | 約2月間 |
| 香港創新科技國際發明展 | 香港 | 中華創新發明學會 國際創新發明聯盟總會 | 約8-9月間 | 約12月間 |

## 2.政府補助之國際創新發明競賽

表 7.3　政府補助之國際創新發明競賽展覽與報名資料表

| 展覽名稱 | 展覽地點 | 主辦單位／報名處 | 報名日期 | 展覽日期 |
|---|---|---|---|---|
| 馬來西亞MTE國際發明展 | 太子世界貿易中心 | 中華創新發明學會 國際創新發明聯盟總會 | 每年約1月間 | 約2月間 |
| 莫斯科阿基米德國際發明展 | Sokolniki展覽場 | 中華創新發明學會 國際創新發明聯盟總會 | 每年1～2月間 | 約3月間 |

表 7.3　政府補助之國際創新發明競賽展覽與報名資料表（續）

| 展覽名稱 | 展覽地點 | 主辦單位／報名處 | 報名日期 | 展覽日期 |
|---|---|---|---|---|
| 瑞士日內瓦國際發明展 | 日內瓦展覽館 | 台灣發明協會祕書處 | 每年約 1 月間 | 約 3 月間 |
| 馬來西亞 ITEX 國際發明展 | KLCC 展覽場 | 台灣發明智慧財產協會 | 每年約 3～4 月 | 約 5 月間 |
| 法國巴黎國際發明展 | 巴黎凡爾賽展覽場 | 台灣傑出發明人協會 | 每年約 2～3 月間 | 約 4～5 月間 |
| 羅馬尼亞歐洲杯國際發明展 | 羅馬尼亞雅西文化宮 | 世界發明智慧財產聯盟 | 每年 5 月 | 約 3～4 月間 |
| 烏克蘭國際發明展 | 賽瓦斯托波爾 | 中華創新發明學會 國際創新發明聯盟總會 | 每年約 8 月間 | 約 9 月間 |
| 波蘭國際發明展 | 波蘭華沙 | 台灣國際發明得獎協會 國際創新發明聯盟總會 | 每年約 8～9 月間 | 約 10 月間 |
| 克羅埃西亞國際發明展 | 札格雷布市展覽場 | 世界發明智慧財產聯盟 | 每年 7～8 月 | 約 11 月間 |
| 德國紐倫堡國際發明展 | 紐倫堡會展 | 台灣傑出發明人協會 | 每年約 7 月間 | 約 10～11 月 |
| 韓國首爾發明展 | 首爾國際展覽場 | 台北市發明人協會 | 每年約 9～10 月 | 約 11 月間 |

## 三、國際設計展與競賽

　　與前面所述相似，許多國際設計展雖然名為設計展有對群眾展示設計作品，但其實也是設計作品之競賽，許多隊伍參加之主要目的是參加競賽獲獎。國際各項「設計展」非常多，在此僅能選取某些比較有代表性的來做介紹。有關國際各項「設計展」資訊如下表 7.4：

表 7.4　國際各項「設計展」展覽與報名資料表

| 展覽名稱 | 展覽地點 | 主辦單位／報名處 | 報名日期 | 展覽日期 |
|---|---|---|---|---|
| Red dot 紅點設計獎 | 德國 | Design Zentrum Nordrhein Westfalen | 約 4～5 月間 | 約 8 月間 |
| iF 設計獎 | 德國 | 德國國際論壇設計公司 | 約 9 月間 | 隔年約 2 月間 |
| G-Mark 設計獎 | 日本 | 日本設計振興會 | 每年約 4～6 月間 | 約 8 月間 |
| IDEA 設計獎 | 美國 | Industrial Designers Society of America | 約 2 月間 | 約 9 月間 |
| GPDA 金典設計獎 | 台灣 | 經濟部工業局 | 約 8～9 月 | 約 10 月間 |
| 世界設計大展 | 世界各國輪流主辦 | 台灣創意設計中心 | 由主辦單位邀約 | 約 9～10 月間 |
| 台灣設計大展 | 台灣 | 台灣創意設計中心 | 約 2 月 | 約 9～10 月間 |

表 7.4 國際各項「設計展」展覽與報名資料表（續）

| 展覽名稱 | 展覽地點 | 主辦單位／報名處 | 報名日期 | 展覽日期 |
|---|---|---|---|---|
| 台北設計獎 | 台北市 | 台北市政府產業發展局 | 約 7 月間 | 約 10 月間 |
| 新光三越青年設計大賽 | 台灣 | 新光三越 | 約 9〜11 月間 | 隔年約 4〜6 月間 |
| Openstack 應用黑客松大賽 | 世界各國輪流主辦 | OpenStack 基金會 | 約 1 月間 | 約 4 月間 |
| 台灣國際文化創意博覽會 | 台灣 | 文化部 | 約 7〜9 月間 | 約 10 月間 |

## 亮點個案

### 從創意、創新到創業的成功案例——電腦防盜螺絲鎖

隨著電腦資訊科技不斷發展，個人電腦是不可或缺的資訊產品。在 1980 年早期電腦剛起步發展的年代，電腦可謂欣欣向榮的產業，周邊商品也因運而生。而電腦最重要的核心就是主機板內的 CPU、記憶體、硬碟等，因此機殼的防護與防盜是很重要的，不管是學校、政府機關、私人企業、網咖等公用電腦都會成為小偷覬覦的目標。在此情況下，2015 年 16 歲就讀建國中學學生汪郁哲，和就讀關島美國學校的汪晉永兄弟檔，他們與威橋實業有限公司合作設計「電腦防盜螺絲鎖」，以特殊鑰匙取代螺絲起子，來鎖緊與放鬆螺絲，防止電腦主機外殼用一般螺絲起子就被

輕易打開，主要是在主機外殼加上防盜螺絲鎖頭，必須要有鑰匙才能打開，以防電腦內的硬碟與重要資料被竊取。這項產品參加「2015 美國匹茲堡國際發明展」榮獲金牌獎，正在申請專利中，售價暫定只要 2 美元（約 61 元台幣）。

本項產品主要設計出六種不同形狀的防盜螺絲鎖頭，如圖 7.10 所示，須有對應特殊鑰匙才能打開，使用者可以自己 DIY 快速安裝，有良好的安全性與便利性，降低電腦內的硬碟與重要資料被竊取機會。「電腦防盜螺絲鎖」實際的應用方式，如圖 7.11 所示。從初步想法產生創意，經過創新參與競賽獲獎，最後往創業之路逐步邁進，確實是一個創新創業競賽成功的案例。

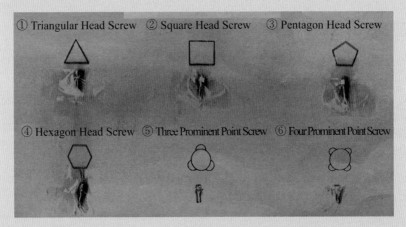

圖 7.10　六種不同形狀的防盜螺絲鎖頭

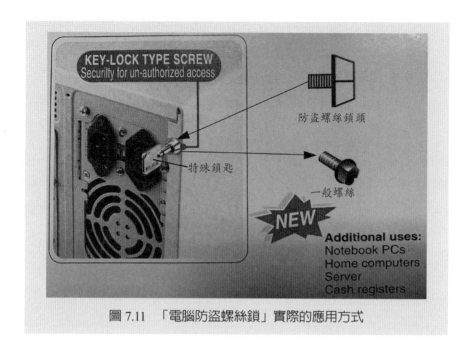

圖 7.11　「電腦防盜螺絲鎖」實際的應用方式

## 重點摘要

1. 所謂的「創意」是新而有用的想法，舊元素新組合，可以使用「奔馳法」（SCAMPER）：取代（Substituted）、結合（Combined）、調整（Adapt）、修改／擴大（Modify）、改變用途（Put to other uses）、縮小／減少（Eliminate）、重組／逆向（Rearrange）等來重新組合；而「創新」則是指實踐的成果。創新的類型包括：產品、製程、組織、策略、市場、突破等。「創業」是一種投資努力與時間以開創事業的過程，必須冒財務、心理及社會的風險，最後得到金錢報酬與個人的滿足感（轉引自劉文良，2019）。

2. 宏碁集團創辦人施振榮董事長認為創業成功的關鍵是：「創業」

是要為社會創造價值，要創造價值就需要以「創新」的方式才能成功。同時「創業」的核心價值就是帶給社會便利與高品質的生活目標。創業成功是無法複製的，每個人在創業時都有相對應的時空背景與各種艱鉅的條件，然而「創造價值」、「利益平衡」、「永續經營」才是成功的三大核心理念。

3. 施董事長也提到，創業要能成功要先有「新微笑曲線」的觀念，同時在新經濟時代裡，「體驗經濟」與「共享經濟」將是主導新經濟的未來發展。以「體驗經濟」來說，是從用戶體驗做為產品及服務的最終體現，關鍵在於能否為用戶創造最高價值，讓用戶有美好的體驗，願意買單。

4. 「新微笑曲線六維觀」，以 X（上中下游）、Y（附加價值）、Z（領域別）三軸，再加上要考量「時間軸、有無形軸、直間接軸」畫出「新微笑曲線」。不同產業領域都有各自的「微笑曲線」可以詮釋其附加值所在，而「新微笑曲線」強調的是藉由跨領域整合，才能在新經濟中創造新的體驗並共享資源，如此才能創造新價值，這也是台灣未來轉型升級提升附加價值的關鍵所在。

5. 馬雲曾說這四個字讓創業少走彎路。「整」，你能整合多少資源、多少渠道，就會擁有多少財富。「借」，造船過河，不如借船過河。趨勢無法阻擋，要學會借勢。「學」，富不學，富不長；窮不學、窮不盡。贏在學習，勝在改變。「變」，想要改變口袋，先改變腦袋。社會一直在淘汰有學歷的人，但不會淘汰有學習能力，願意改變自己的人。

6. 「創新創業競賽」主要有兩個目的，一個是希望藉由比賽的歷練，

讓創意產品被大眾廣爲看見與接受，增加其曝光度，同時藉由評審及大眾給的回饋意見，修正產品讓它變得更完美。另一個目的是，可藉由競賽獲得一筆資金，成立一個開發團隊，學習從創新創意創業啟發到市場驗證至創業實作過程，深化創新創業扎根，例如：教育部推動「大學校院創新創業扎根計畫」，建構「大學校院創業實戰學習平台」。

7. 參展目標：(1) 能夠受到評審的青睞與肯定獲獎，並且吸引觀眾的注目，從中找到商機或合作的夥伴。(2) 開拓視野並觀察各國不同創新發明之想法，累積自己的實力激發更多的發明。

8. 報名及準備過程：(1) 作品在報名表中所選擇「產品種類」，應選擇最適合自己產品的種類，若產品適用 2 種以上類別，可選擇相對競爭件數較少之類別，以增加獲獎機會。(2) 須注意作品的外觀與操作是不是兼顧美觀與便利性，如果在操作過程中不順暢，對於評估這項產品的委員難免會耗費許多時間在等待，對於雙方來說都不是理想的結果。

9. 行前確認：(1) 各種必備工具準備有沒有齊全，例如：螺絲起子這種工具是否能帶上飛機要先問清楚，以免到現場無法使用相關用具做維修與應用，造成無法呈現應有的表現造成的遺憾。(2) 參賽者是否能順利出入境，例如：兵役問題須先申請並準備好證明單，到機場時後會一併做檢驗等。

10.參展注意事項：(1)「語言」須考慮自身的英文能力或聘請現場翻譯；(2)「作品」應符合市場趨勢以及當地的實用性；(3)「視覺」應達到 5C（清晰、簡潔、正確、具體、愼重），同時桌面布置整

體擺設也很重要。

11. 張貼海報：(1) 海報是你在解說中能夠有效利用的資源之一，盡量讓海報能夠完整呈現給大家看到，不僅是對評審或是觀眾；一時緊張忘記還能夠藉由海報重新整理自己的思緒。(2) 如果有附上圖片或是流程，也更簡單就能吸收與理解，或許有人沒準備實體作品；但沒有人沒準備海報！所以我們張貼的時候一定使海報整齊、乾淨，盡量不要讓殘膠裸露在外或是遮蔽到內容影響觀感。

12. 作品之擺放：(1) 參展所提供的桌子面積有限，所以擺設作品與其他輔助工具也須先安排好，如果有名片建議能放在作品前面方便有興趣的民眾做拿取。(2) 如果有廠商有意願合作這時候名片就顯得格外重要，如果能夠進一步的發展商機也是比賽中另外的收穫。

13. 地理位置：(1) 先環顧四週，看看周邊各自為哪所學校或是廠商的攤位，先互相有個認識，有利之後參展期間相互的照應。(2) 評審來前就可以聽到風聲，幫助自己提早進入狀態，以至於講解過程不會過於緊張亂了步驟。(3) 評審結束之後也能互相幫忙顧攤，有需要上廁所或是去參觀其他攤就能夠輪流去休息，對於參加人數不多的攤位，需要特別留意這個問題。

14. 互相溝通：(1) 如果有請翻譯，需要溝通好各自的工作，可以請翻譯介紹給你聽一遍是否與原意有所出入，直到你認為可以即可，當然自己本身如果可以，最好也先知道如何用英文作介紹。(2) 對於各國參觀的發明家或是廠商跟觀眾，像是以韓國為例，可以跟翻譯學習韓文問候語是怎麼說，對於韓國當地人來說也會倍感親切。

15.勤加練習：(1) 通常評審前幾個小時就會開放民眾入場，好好利用這種機會看到有人有興趣就練習介紹的方式，或許剛開始會不流暢，但這幾小時的時間也能充分理解自己的問題。(2) 民眾有提的問題解釋的不夠清楚，在正式開始前都是你改進的好機會，或是還沒開放入場前，也能介紹給左鄰右舍的朋友當作很好的練習，也不失為一個認識彼此作品的方式。

16.慢條斯理：(1) 當評審快來之前，深吸一口氣再開始是不錯的方式，緩和自己緊張的情緒相對就降低出錯的機會。(2) 當輪到自己的時候，記得保持親切的微笑，並且有禮貌地打聲招呼，主要聽清楚評審詢問什麼問題，不要答非所問含糊不清，如果一時慌張解釋不被認同就得不償失了。

17.產品要夠生活化與實用，對安全性上也要一併兼顧保障使用上的無虞，才能吸引觀眾，得到裁判的認可。

18.許多獲獎作品大多是已商品化的產品，受到市場的認可也更具潛力。因此，是否有準備實體作品或是道具供評審使用與操作，以及隨行翻譯，要互相做好溝通與分配工作等，都是獲獎之要領。

19.若產品屬較高科技方面的原理與技術，應及早與翻譯溝通，使其盡量完全了解其原理，在評審關鍵問題上才能應對如流，有好的表現。

20.須特別注意，專利法第二十條規定：陳列於政府主辦或認可之展覽會，致發生申請前已公開之情形，於展覽之日起六個月內申請專利者，不喪失新穎性。

## 習題

（　）1. 一般來說，成功的創業家（Entrepreneur）應具有下列哪一項態度？　〔單選〕A. 越挫越勇　B. 自以為是　C. 被動消極 D. 推卸責任

（　）2. 下列何述不是創業的優點？　〔單選〕A.「創業」的核心價值就是帶給社會便利與高品質的生活目標　B. 創業成功是可以複製的，每個人在創業時都有相對應的艱鉅條件　C. 可以做自己有興趣的工作　D.「創業」是要為社會創造價值

（　）3. 政府擬訂之七大國家新興產業，下述何者不包括？　〔單選〕A. 文化創意　B. 精緻農業　C. 觀光旅遊　D. 農林漁牧

（　）4. 創業要能成功要先有「新微笑曲線」的觀念，同時在新經濟時代裡，「體驗經濟」與「共享經濟」將是主導新經濟的未來發展。下列敘述何者錯誤？　〔單選〕A. 以「新微笑曲線」來看，新經濟整合了不同產業領域的價值鏈，才能創造用戶的不同體驗，以及有效共享的新模式　B.「共享經濟」是為了要創造更有效益的經濟活動思考如何以跨域、跨業的方式來為用戶創造更高的價值及經濟效益　C. 以「體驗經濟」來說，是從用戶體驗做為產品及服務的最終體現，關鍵在於能否為用戶創造最高價值，讓用戶有美好的體驗，願意買單 D.「體驗經濟」是一種有形的價值，讓我們對新的體驗響往，是微笑曲線的右端，重視為消費者創造創新的體驗價值

（　）5. 所謂的「創意」是新而有用的想法，舊元素新組合，可以使用「□□法」：取代（substituted）、結合（combined）、

調整（adapt）、修改／擴大（modify）、改變用途（put to other uses）、縮小／減少（eliminate）、重組／逆向（rearrange）等來重新組合。　〔單選〕A. 奔馳法　B. 速度法　C. 創新法　D. 演算法

(　)6. 下列有關「創新創業」之敘述何者為<u>正確</u>？　〔單選〕A. 創新創業的過程雖然難辛，很少人願意花時間與精力去完成創業的夢想　B. 創新創業競賽目的是希望藉由比賽的歷練，讓創意產品被大眾廣為看見與接受，減少其曝光度　C. 藉由競賽獲得一筆資金，成立一個開發團隊，學習從創新創意創業啟發到市場驗證至創業實作過程，深化創新創業扎根　D. 創新創業最重要的是能夠先開發出產品，再觀察市場趨勢，利用有形與無形的資源推廣出去

(　)7. 綜觀創業者，本身<u>不需</u>具備有　〔單選〕A. 跨領域整合的能力　B. 創新的能力　C. 承擔經營風險的能力　D. 製造問題的能力

(　)8. 如何來增加「發明競賽作品的獲獎率」下列哪些須列入考慮：(1) 作品實用就好不用考慮其審美觀 (2) 溝通與表達會中文就好 (3) 語言文化的差異 (4) 在不同的環境下可能會受到影響造成效果大打折扣　〔單選〕A.(1)(2)　B.(3)(4)　C.(1)(3)　D.(2)(4)

(　)9. 誰曾說過：記住這四個字，創業路上少走彎路。第一個字是「整」，你能整合多少資源、多少渠道，就會擁有多少財富。第二個字是「借」，造船過河，不如借船過河。趨勢無

法阻擋，要學會借勢。第三個字是「學」，古人云：富不學，富不長；窮不學、窮不盡。贏在學習，勝在改變。第四個字是「變」，想要改變口袋，先改變腦袋。社會一直在淘汰有學歷的人，但不會淘汰有學習能力，願意改變自己的人。 〔單選〕A. 王永慶　B. 郭台銘　C. 馬雲　D. 比爾蓋茲

(　)10. 參展時主要的注意事項包含三大項：(1) 態度 (2) 語言 (3) 穿著 (4) 作品 (5) 視覺　〔單選〕A.(1)(2)(3)　B.(1)(2)(4)　C.(2)(3)(4)　D.(2)(4)(5)

(　)11. 海報張貼要掌握 5C 的原則：(1) 清晰（Clear）(2) 簡潔（Concise）(3) 正確（Correct）(4) 計算（Calculation）(5) 慎重（Courteous）(6) 具體（Concrete）(7) 校準（Calibration）〔單選〕A.(1)(2)(3)(5)(6)　B.(1)(3)(4)(5)(6)　C.(2)(3)(5)(6)(7)　D.(1)(3)(5)(6)(7)

(　)12. 下列有關於參加發明展需考慮的地方何者不恰當？　〔單選〕A. 是否有準備實體作品或是道具供評審使用與操作　B. 須顧及產品安全性　C. 只要中文解說流利就好　D. 產品要夠生活化與實用

(　)13.大學校院創業實戰學習平台參加的應備資料何者說明有誤？〔單選〕A. 提案主題（15 字內）　B. 創業構想影片 1-3 分鐘（1080P）　C.LOGO 或產品照片，請以產品或品牌名稱為主題　D. 提案內容不限字數，須包含提案重點或內容，並至少 3 張輔助照片

（　）14. 參加發明展目標下列敘述何者<u>錯誤</u>？　〔單選〕A. 累積自己
實力激發更多發明　B. 從中找到商機或合作夥伴　C. 抄襲
別人已經申請專利之商品價值　D. 受到評審青睞與肯定

（　）15. 出發前的行前確認應注意哪<u>些</u>，下列何者<u>不恰當</u>？　〔單
選〕A. 注意作品是否需要充電或帶電池　B. 作品很堅固不
用考慮攜帶螺絲起子或其他維修工具　C. 兵役問題須先申
請並準備好證明單　D. 護照是否過期

（　）16. 參展評審當天作品介紹時應做好哪些準備 (1) 評審前反覆練
習介紹 (2) 介紹時慢條斯理詳細介紹 (3) 如果有請翻譯，需
要溝通好各自的工作 (4) 靈機應變不需要事前練習介紹 (5)
產品有擺出來就好，不用在意擺設　〔單選〕A.(1)(2)(3)
B.(2)(3)(4)　C.(1)(2)(5)　D.(2)(3)(5)

（　）17. 須特別注意，專利法第二十條規定：陳列於政府主辦或認可
之展覽會，致發生申請前已公開之情形：於展覽之日起□個
月內申請專利者，不喪失新穎性。
試問□內時間為多少？　〔單選〕A. 三個月　B. 四個月
C. 六個月　D. 一年

（　）18. 國內有許多創新、創意競賽，其中最具代表性的是教育部推
動「大學校院創新創業扎根計畫」，建構「大學校院創業實
戰學習平臺」，讓學生從創意創新創業啟發到市場驗證至創
業實作過程，深化校園創新創業扎根。下列有關其申請規定
何者<u>有誤</u>？　〔單選〕A. 申請資格：曾修習校內創新創業課
程之在校學生　B. 申請資格：團隊須由指導老師／業師以

及 3 位在校學生組成，不可以跨校組隊　C. 申請程序：團隊成立後須和校方創新育成中心聯繫，並供「團隊申請資料表」資料，來進行平臺帳號建立　D. 應備資料：提案內容至少需有 500 字，須包含提案重點或內容，並至少 3 張輔助照片

（　）19. 下列有關「創新創業」之敘述何者<u>錯誤</u>？　〔單選〕A. 創新創業最重要的是能夠先觀察市場趨勢，再抓準時機將開發出來的產品，利用有形與無形的資源推廣出去　B. 創新創業競賽目的是希望藉由比賽的歷練，讓創意產品被大眾廣為看見與接受，減少其曝光度　C. 創新創業的過程雖然難辛，但還是有許多人願意花時間與精力去完成創業的夢想　D. 產品一旦受到廣大募資者認同，很容易就能湊到創業基金，進而將產品商品化

（　）20. 創業要能成功要先有「新微笑曲線」的觀念，同時在新經濟時代裡，「體驗經濟」與「共享經濟」將是主導新經濟的未來發展。下列敘述何者<u>錯誤</u>？　〔單選〕A. 不同產業領域都有各自的「微笑曲線」可以詮釋其附加價值所在　B.「體驗經濟」是一種有形的價值，讓我們對新的體驗響往，是微笑曲線的右端，重視為消費者創造創新的體驗價值　C. 以「新微笑曲線」來看，新經濟整合了不同產業領域的價值鏈，才能創造用戶的不同體驗，以及有效共享的新模式　D.「新微笑曲線」強調的是藉由跨領域整合，才能在新經濟中創造新的體驗並共享資源，如此才能創造新價值

（　）21. 創業成功是無法複製的，每個人在創業時都有相對應的時空
背景與各種艱鉅的條件，然而「□□□□」「利益平衡」「永
續經營」才是成功的三大核心理念。請問□□□□當中填入
何者較為恰當？〔單選〕A. 獨裁投資　B. 自怨自艾　C. 製
造問題　D. 創造價值

（　）22. 參加創意、創新發明競賽當評審問問題時，以何種方式應答
較為恰當？〔單選〕A. 無關緊要　B. 緊張怯場　C. 沉著
冷靜　D. 講話很大聲

（　）23. 下列哪項國際競賽是「政府補助的國際發明展」？〔單選〕
A. 韓國首爾發明展　B. 英國倫敦發明展　C. 中國發明展
D. 日本東京新創新天才國際發明展

（　）24. 下列哪項國際競賽是「非政府補助的國際發明展」？〔單
選〕A. 中國發明展　B. 波蘭國際發明展　C. 法國巴黎國際
發明展　D. 瑞士日內瓦國際發明展

（　）25. 想成為成功的創業家我們應多方面培養人格特質，下列何種
人格特質不是我們須培養的？〔單選〕A. 有條理　B. 有紀
律　C. 有責任感　D. 膽怯

## 參考文獻

1. 劉文良（2019），「創新與創業管理結合創業經營核心能力指標
國際認證」，碁峰資訊股份有限公司，第 1-2 頁。

2. 施振榮（2019），「創新創業新思維」，聯合新聞網 2019-07-

18：https://udn.com/news/story/7340/3935118

3. 馬雲（2019），「記住這四個字，創業路上少走彎路」，騰訊視頻 2019 年 11 月 13 日發布。https://v.qq.com/x/page/o3020t4usbr.html

4. 陳冠豪、賴文正（2015），「商品化專利如何掌握在國際發明展獲獎之要領」，第八屆商務科技與管理研討會，第 B2-2-p.01-16-24 頁。

# 第八章　創業案例

## 學習目標

1. 了解不同類型企業新創之情況。

2. 了解不同類型企業新創時很重要的需要做的幾件事。

3. 了解不同類型企業新創時千萬不要做的幾件事。

## 本章架構

　　本章所介紹的內容，可以組成如下圖的概念關係圖。

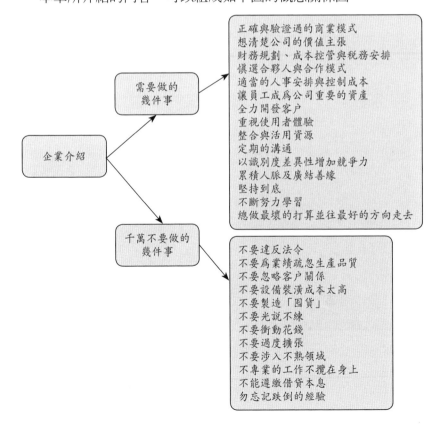

本章提供六個類型差異很大的創業案例，希望讀者能從其中擷取比較符合自己創業需要的養分，幫助自己的創業之路更加順利。

# 8.1 法蘭司蛋糕有限公司（高垂琮）

### 8.1.1 公司介紹

創辦人高垂琮原是台北車站前的「綠灣麵包」生產課長，因夫妻都在烘焙業服務，工作時間長，一家人分居台北、苗栗、彰化三地，純粹只為想讓家人能在一起，27 歲那年離職創業，於 1994 年 11 月與太太鄒美玲共同創立法蘭司麵包坊（GAO & ZOU'S BAKEHOUSE），英文名稱以兩人的姓氏為名，第一家店面設立於台北市榮星花園旁，如圖 8.1。

圖 8.1　建國北路總店照片

## 1. 首創冷凍麵包網購宅配商機

　　法蘭司在國內首創冷凍麵包網購宅配商機，並開創網路宅配銷售第一名麵包「維也納牛奶麵包」爲法蘭司特色商品，每日銷售 6,000 條，主要通路爲實體門市及網路宅配銷售。麵包以低溫長時間發酵搭配添加自家畜養酵母菌製作，以限時、限量、限地銷售，並以冷凍配送的方式，完全顛覆傳統麵包店的商業模式。這款麵包自 2007 年因宅經濟開始熱銷，銷售數量不斷的成長；能成長主要因素是創業初衷對於品質的堅持、不斷改良製作流程、工序，才能在時機成熟時，一次到位。這款產品長銷到現在，團購訂單必須排隊 3～6 個月，過去的經驗讓我們不躁進，反而覺得產量不一定要做到很大，而是在精簡範圍內，做在行的事，才能夠獲利而且是要有合理利潤爲目標，因此不願爲了擴大產能而貿然擴張人力。追求品質而不追求產量，堅持手工製做、新鮮配送，並且在麵包的製作方法、材料配方上不斷的演進，以追求更好的產品。除此之外更加強網路銷售客服，讓顧客有如親臨門市般的服務。讓網路的聲量不斷提升，流量增加，營業額跟著提升。

## 2. 經營的理念

　　公司的企業文化是實踐邁向一個向百年品牌前進，以用心、誠懇、踏實的心意做好每一個產品，以責任、精進、回饋的行動給消費者滿足的笑容。主要營業項目爲麵包、蛋糕、點心、伴手禮的製造與零售，目前在台北市區擁有四家門市、一個中央工廠及一個網路店。公司所生產的烘焙產品爲達到理想的品質，不斷的提升製程及設備，

並將生產設備更新爲德國製造烘焙設備，如此不但可提高生產效率，也可以帶給消費者更好的烘焙產品及服務，達到提高公司競爭力，創造更多就業機會的結果。展望未來，法蘭司蛋糕將以更積極的態度服務消費者，並創造天然、美味、安心的產品，帶領每位一起和法蘭司蛋糕成長的同仁，實踐百年企業永續經營的理念，善盡社會責任。

## 3. 企業轉變爲有限公司

　　創業以來最大的一次變革，是於 2006 年，由行號的經營方式轉變爲有限公司，更名爲法蘭司蛋糕有限公司，在這期間人事編制開始形成部門及階層，經營模式則由單店管理轉向連鎖門市，並搭配網路商店及宅配服務。所有的營運模式都是前所未有的體驗，完全進入新的領域。在這變革過程中所得到最寶貴的經驗在於，傳統行業要升級、成長，不僅在設備技術的部分升級以外，人事組織的運作在公司成長過程中尤爲重要，不但要一直引進各領域的專才，各部門能夠順暢溝通甚爲重要。在這過程中衝突不斷，必須以會議方式協調解決各部門間的問題，除了聽取各部門的意見之外，也使員工對於企業的決策有參與感。財務會計、行銷計畫、資訊管理等這些一般公司基本運作事務，對於一個只會烘焙技術的創辦人眞是一大挑戰。這時期他透過大量閱讀、參加坊間的經營管理講座，自學管理知識。帶領團隊不斷成長，將公司營運逐漸步入正常軌道。企業的變革，若由領導人帶頭做、全體員工用心配合，很快就能達到既定的目標，期間努力追尋解決的方法，並且徹底執行。再加上執行的過程中不斷修訂目標，使追求的目標更接近現實。

## 4. 公司經營目標

(1) 公司高效率運作：公司組織明確化，各部門權責分明，利用組織運作模式產生應有效率，減少人力的浪費，而不是僅憑技術面維繫公司運作。

(2) 營業額逐年增長：藉由行銷管理與顧客分析以及財務管理，能運用於日常營業額、來客數與客單價提升，做到顧客管理的目的，並以長期維護顧客關係、使老客戶黏著度提高、減少沉睡客戶為目標。透過以上的運作能為公司創造每年 10% 營業額的增長。

(3) 健全的財務管理：財務會計的健全能讓公司成為一家健康的企業，因為有健全的財務管理才能創造利潤，進而提升同事生活品質及實踐更多企業社會責任。短期目標是提高淨利率，每年自 8% 提升到 15%。

## 8.1.2 一款新麵包讓公司逆轉重生

研發維也納牛奶麵包是法蘭司公司重要的轉捩點，一個有競爭力的創新商品可以讓一家公司起死回生，非常值得借鏡。因此，這裡介紹法蘭司公司瀕臨倒閉，拼盡力氣，逆轉重生的故事。成功都是不斷的累積努力與學習而來的，我們常只看到成功的結果，而沒有看到努力的過程。

## 1. 拓展太快　瀕臨倒閉

高垂琮 27 歲那年離職創業，開店純粹只為讓分居台北、苗栗、彰化 3 地的家人能守在一起。1994 年在榮星花園附近開店，「全家

住在地下室，小孩裝在紙箱裡，餓了就給麵包、蛋糕吃，雖然艱困，但很幸福。」如此奮鬥10年，才敢拓出第1家位於敦化北路的分店。

不料開在醫院旁的敦北店因 SARS 業績大砍 2/3、隔年開設的松江店因虧損結束，加上同時另開設的伊通店、總店重新裝修，資金缺口越來越大，甚至一度向民間借貸公司借 3 分利。

2006 年，因資金調度出問題，差點落得店倒子散。「1 個月有24 天要籌措資金，當時很擔心債主來家裡討債，甚至聯絡好台東的家扶中心，準備把小孩送過去！」這般《夜市人生》的劇情，發生在 15 年前，「當時想法很可笑，覺得開拓據點就能增加市佔率，有店面就開、有錢就去借，把營業額想像美化為收入，等到負債高達3000 萬，才驚覺來不及了。」

為了節約成本精簡人事，只能委屈家人。「我們是家族企業，太太、小姨子、小舅子、妹夫都在店裡工作，全家清晨 5 點多上班，半夜 11～12 點下班，最長半年領不到薪水。還記得小舅子曾經跟我說：『姊夫，小孩要繳學費有沒有錢。』我去把收銀機中零錢都拿出來湊學費給他的情景。」

### 2. 研發維也納牛奶麵包經過

研發麵包蛋糕是我們身為師傅的日常，當初會想要研發維也納牛奶麵包緣起於在 2002 年底，一位日本籍麵包師傅，應烘焙原料的廠商邀請，發表一系列的麵包，其中一款法國麵包夾奶油砂糖，很好吃！名稱是：甜奶油法式麵包。店裡的張智盛師傅參與這個發表會，覺得這個麵包可以在店裡販售，就開始製作，銷售量還不錯，一天

50～60 條。

後來我（高垂琮）感覺好像有些瓶頸，當時我覺得傳統法國麵包的口感，臺灣的消費者不太能接受，此外，因為我想要找一個能夠更熱銷的商品，當初這款麵包只能當天現吃，放到隔天麵包就不好吃，才想要做改變，也才開始與師傅一起研發適合臺灣人喜愛的口感。

2004 年研發改變這款麵包的口感，經過不斷的試吃、試做、重新調整再試做、試吃，從麵粉、奶油、糖、鹽、牛奶等原材料做調整，再重新改變發酵方式，約經過六個月的研發時間，才形成維也納牛奶麵包的雛型。2005 年並研發不一樣的夾餡，使用品質更佳，價格更高的比利時生產的奶油。

研發前的口感比較硬、脆、韌，研發後的口感軟 Q 更適合臺灣消費市場。2005 年改變麵包體的口感後，每日銷售數量往上衝至600～800 條。

整個過程由生產的師傅研發，提供給門市人員與客人試吃，提供試吃回饋意見，最後由我（高垂琮）來定案。研發過程主要還是以傳統經驗方式發想，沒有採用麼創新的技巧，也沒有找公司外的人或顧問參與。維也納牛奶麵包的配方及製程都由 2 位師傅掌握，公司保有製造 SOP、天然發酵工程所需菌種培養技術，以避免被模仿製造。

2007 年宅經濟興起，經媒體報導後熱銷程度幾近瘋狂，提升到每日銷售 6000 條，這個熱度一直持續不退到今天。

林永禎教授因緣際會吃到、聽到維也納牛奶麵包的故事，覺得很感動，於是反覆多次詢問高垂琮總經理故事的內容與澄清一些細節，讓高總經理自己也釐清了許多時間、數量、過程的細節，高總經理與

林教授對於能共同整理出維也納牛奶麵包完整清楚故事的內容與細節都很有成就感。

林教授雖然是教創新方法的，覺得有創新方法比沒有方法容易產生新產品，但是仍然覺得意願比方法更重要，所謂心法比技法重要，麵包師傅發覺需求，持續調整，不斷嘗試，是這次成功關鍵。雖然沒有使用創新技法，不過這個過程隱然有「設計思考」這創新法的精神，萬法歸宗，自然形成。研發完成後從原本每日 50～60 條的數量，到目前每日 6000 條的數量，雖然不是一下就達標，但累積出來的成果確實令人感到非常有威力。

## 3. 浴火重生

2006 年因擔心倒店，創辦人高垂琮總經理想以長年熱銷的維也納牛奶麵包當作謝幕作品，每日中午、下班時段放送試吃。想不到 1 條 39 元的麵包成了救命索，靠網路客口耳相傳、宅經濟推波助瀾，銷售量從單日 600～800 條，翻倍至最高 6000 條，在倒店最後一刻，演出逆轉奇蹟。

2007 年高總經理以「死馬當活馬醫」心態參加國際烘焙暨設備展。只不過當時其他商店都是琳瑯滿目的麵包產品來拼場，法蘭司公司卻只推得出 3 樣麵包產品，還被同業笑：「怎麼只有 3 種產品就來了？」誰知簡單反而吸睛，尤其維也納牛奶麵包大受好評，現場一天賣出 1500 條，「簡直是奇蹟！」

不過師傅手腳再快，也難應付現場眾多的訂單，只好硬著頭皮預先做好維也納牛奶麵包放冷凍，意外開發出「越冰越好吃」的 Q 韌

口感。那年，正是宅經濟崛起之際，不少網友到場開發新貨，他就在不知情的狀態下被推上合購版，訂單從此沒斷過。

從瀕臨倒閉到翻身再起，高總經理說：「我自己也覺得很神奇！」若要推論原因，應是 10 多年來堅持品質、沒認命倒閉，才得以「時機到了，（好運）就一次到位！」

## 8.1.3 對公司新創時很重要的需要做的事

### 1.「活下去」是唯一目標，活用資源才會有轉機

創業初期最主要是提升營業額，另外也要讓企業能夠提高知名度以及指名度，讓所創的事業能夠存活在市場上。運用各種資源來幫助提高聲量，早期會透過宣傳車、宣傳海報、電台廣告等方式，達到宣傳推銷的功能，近幾年來在科技的應用上就有了官網，社群媒體例如 Line、Facebook、IG 的運用，甚至是網紅直播的銷貨方式，提升企業的知名度，增加銷售量。但是相對的在運作社群媒體的部分，也必須投入費用和 IT 人員的需求，創業者也必須對於操作這個部分有所了解，避免造成過度的開銷。所有廣告宣傳、行銷作為最終的目的是提高營收，讓事業能繼續存活。

法蘭司草創初期，憑藉著創辦人掌握烘焙技術，在市場上闖出了名號。但是長久下來，對於資金的需求以及經營管理的能力，就變得更重要了，尤其是在資金的操作上，如何向銀行取得貸款，或者是募集資金的能力，在經營上都是需要具備相關的知識，也曾經經歷過營業額很高，獲利很好，但是資金卻是相當的短缺，最主要的原因就

是在於銀行的借貸比例過高，這就是在財務管理上很大的缺失。公司的體系越大，在經營與管理的層面上就必須再加強，這方面的能力不足，就會造成公司的運作失衡。

## 2. 創業是一條不歸路，只有不斷前行

許多人對於創業都懷有憧憬，認為自己當老闆就比較自由，但是創業者，必須要有一個體認，就是你不能再像上班族一樣朝九晚五，而是全天候 24 小時、一週七天、一年 365 天全年無休。公司裡面發生的所有事情，都是創業者的責任，每天思考的都是如何讓公司能夠更成長，同事們能夠更積極參與，如何提升營業額，如何降低成本，這些問題都不斷地循環，處理好了一件事另外一件事就來了。創業初期對於稅法、法規都不懂，常常會因為自己的不知道而受罰，就會付出許多的學費。

當公司經營不善、獲利不佳，必須思考如何改善這樣的狀況，從產品、服務層面、銷售的方式，利用各種可用的工具來改善，但千萬不能有負面的想法產生，面對問題而處理問題，不能有所逃避。

## 3. 要能堅持到底，必須保有信念與熱情

剛創業的期間，創業者一定有對於這個事業的想法，長時間累積下來就會變成一個品牌的企業文化，也就是創業者的信念與熱情，以法蘭司為例，「用心、誠懇、踏實，做好每一個產品，責任、精進、回饋，給你滿足的笑容」，這就是我們追求一個邁向百年品牌前進的企業文化，也是在我們每日的工作裡面都必須包含這樣的想法，持續

一點一滴的做，就成為一家企業的靈魂。

　　在烘焙的產業裡面，有人說我們是一個幸福的產業，但是我們卻是一群從不幸福原點出發的烘焙師傅[1]，而成就了烘焙這個幸福產業。我們的蛋糕師傅，每天製作許許多多的生日蛋糕，常常會忘記自己的生日在哪一天，我們的麵包師傅們，天還沒亮就已經在工作坊裡面，開始製作麵包，而這個時間通常是在清晨的四、五點，在充滿高溫、吵雜、緊張以及充滿食物香氣的環境裡工作，很辛苦但也是充滿幸福感。這樣的工作就必須要有熱情，渴望製作令人充滿幸福感的食物，是這個產業必須要有的信念。

## 4. 面對錯誤勇於承擔，尋求更完善的經營模式

　　經營事業的過程，總是會遇到許多的困境或是問題，尤其是在草創初期，外在的環境以及內部的結構，都是會造成不同的影響。以烘焙食品產業而言，食品安全的重要性不容忽視，因此對於原物料的選擇，就考驗著經營者的智慧，我們常常會提到降低成本，但是降低成本的同時，絕對不能降低食品的品質，創業以來也經歷過許多次的食安危機，都因為創辦人對於原物料品質更高的要求，不至於受到傷害，但是在原物料成本支出上就是一個很大的壓力。因此也透過不斷的學習調整，才讓成本與售價方面達到一個平衡。

---

1　「一群從不幸福原點出發的烘焙師」，這一段說的是早期很多烘焙師傅都是從貧苦家庭出身，或是一般民眾認為不愛讀書的小孩才加入烘焙產業。不過這種現象是越來越少了！現在加入烘焙產業的年輕人都是有受過專業訓練的，所以並不是為生活所逼，特別在此說明。

圖 8.2 蘋果日報採訪創辦人與產品照片

　　烘焙業是一個傳統的產業，在勞工的問題上常常會出現處理不當的狀況，因此在創業初期一直保有很傳統的思維模式，每天上班時間超過十二個小時，每個月只休五天，在節慶期間尤其是中秋節沒日沒夜的加班更是常態，這是二十幾年前烘焙業的實際狀況，也是我們法蘭司的操作模式，常常收到勞工局的關切與罰款，後來才知道勞基法只是照顧勞工的最低標準，因此也引進了勞資關係顧問，解決了在勞資方面的問題，也讓公司的經營更走向制度化。當制度面有缺陷就必須盡快的改善，不僅能讓公司的體質更為健全，也是提升公司競爭力的一個方式，這樣的改變在最近幾年，就產生了很大的效益，當許多

傳統經營模式的同業，還在擔心因勞基法而產生高額的費用，無法在人事成本與末端售價之間平衡，我們早就做好應變的措施。

## 5. 不斷努力學習並追求突破、不能只滿於現狀。

經營企業最大的好處就是能夠在經營管理的過程，透過所學習知識與實際操作面可以交互驗證與應用。大部分的創業者，對於所創事業的專業知識與技能都會相當的足夠，但是實際的經營與管理，包含了許多的面向，通常不會在創業前就已經具備所有需要的能力，必須透過不同管道的學習，才能獲得需要的技術與知識。

法蘭司創辦人專精在烘焙產品的製作技術，對於電腦、網路並不

圖 8.3　國際烘焙暨設備展超人氣商品第一名照片
（台北市糕餅商業同業公會舉辦）

熟悉也不會操作，經過不斷的學習與摸索，深入了解電腦的結構以及網路運作的模式，自己組裝電腦、架設官網。官網上所有的素材、照片、文宣都是自己一手完成，因此對於網路的運用以及網購宅配的邏輯概念能夠更深入的了解，在網路購物、團購、宅配盛行的時機點，造就了台灣第一個在網路上販售麵包的熱門商店。

## 6.財務是企業的血脈，不能不懂。

　　創辦人創業初期，資金都是來自於借貸，自有資金的成數很低，因此在財務的運作上相當的辛苦。烘焙店需要的不只是店面的裝潢，還要各種專業的烘焙設備以及器具，還有店面租金、人事成本、原物料的費用以及營運過程產生的水電瓦斯等等費用，不斷地累加超出了創業前所準備的資金，造成了很大的資金缺口，因此在整個創業計畫執行之前，對於財務的規劃以及資金的需求，都必須要事先準備好。

　　我們常常會覺得創業是要具備冒險的精神，但是冒險也要考量到現實面的問題。有多少資金做多少事，這是很常被提到的一句話，所以在法蘭司創業初期因資金不足，所造成的經營困難，會想要以最少的人力產生最大的效益，因此有很多必需的設備也都會被節省下來，所以造成整個製作流程以及人力的運用上產生很大的不利影響，就是節省設備反而是會花更多的資源（人力、維護等）在這上面，因此做好財務規劃才是經營策略上最重要的事情。

## 8.1.4 新創企業一定要避免的事

當公司不斷成長，店面數、員工、營業額、成本、費用等，以及任何經營上相關的人、事、物、數據也跟著增長。沉醉在追求高營業額的同時，卻在成本、費用方面漸漸失去掌控，悲劇就接踵而來……。

### 1. 一定要量力而為

在快速擴張的過程中，很容易忽略掌控成長速度，尤其公司已經增加到 5 個門市。雖然營業額有增加，但是抵不過各項成本增加的速度，尤其是原物料、房租、人事、設備裝潢等費用不斷堆高，對於財務會計、成本的控制，當時的創辦人高垂琮的財務概念比較薄弱。因此就不斷的向銀行信用貸款作為資金來源，雖然開店的速度有放緩，但是同時外在經濟大環境變差，更讓債務如雪球越滾越大，此時資金就轉向民間借貸。最終累積的債務高達三千多萬新台幣，這對當時一家資本額僅三百萬的公司是多麼沉重的一件事。高垂琮從創業以來總是認為烘焙食品只要做得好，客人就會主動上門，從沒有想過會每天追三點半的票款、利息等，幾乎被債務壓得喘不過氣來。當資金調度出問題，一個月裡面有 20 天在調度資金，當時最擔心債主來家裡討債，公司瀕臨倒閉。2000 年時研發了一款「維也納牛奶麵包」，一直以來都是店內的熱賣商品，2007 年宅經濟興起，從原本的每日銷售 600～800 條的量，經媒體報導後熱銷程度幾近瘋狂，提升到每日6,000 條並且成為網路名店，收入不斷倍增，資金缺口迅速消除，同時整理所有債務並清償還款，不到幾年的時間就把債務還清並購入數

筆房地產。

從這個經驗中學習到了經營企業一定要量力而為，不論營業狀況多好一定要有危機意識。每一個產業都有其生命週期，切勿太高估才不至於將自己逼到絕路。經營管理必須是全方位的，要瞻前顧後，否則陷入不可逆的境地，就會在市場上消失，沒機會重來了。

## 2. 新創企業一定要避免千萬不要做的事

(1)資金不足切勿貿然投入，資金必須以正常管道取得，以募資、銀行貸款、自有資金為主。需注意利息的支出會比企業的獲利高的狀況，倒閉的風險隨之堆高。創業初期經營者對財務結構不了解，很容易美化營業額，收入不等於獲利的觀念要正確，才不會出現財務結構失衡。

(2)對於投入新創的事業沒有深入的了解、相關的經驗不要涉入其中。每個行業有其特性，只有滿腔的熱血與理想無法支撐現實的狀況，很容易因對於產業現況誤判，而做出不正確的決策造成虧損。

(3)對於銀行貸款或是私人借貸的本金利息絕不能遲繳、拖延，與銀行往來信用的累積是非常的重要，是將來貸款額度增加或是募資時重要的指標，信用紀錄不良將來造成無法貸款、募資。

圖 8.4 創辦人送麵包到台大醫院關心醫護照片
（由公共事務室主任代表接受）

# 8.2 心澄山風企管顧問有限公司（葉樹正）

心澄山風企管顧問有限公司，是由葉樹正和張蘊心夫妻，於 2019 年 6 月成立的企管顧問公司。位於新北市三重區。公司提供的服務是行銷企劃、企業內訓、活動規劃、影像紀錄以及輔導顧問方面的服務。本案例撰寫人是總經理葉樹正，以下以葉總經理為第一人稱（我）的角度來描述內容。葉總經理過去曾在日本前四大化妝品集團 POLA-ORBIS 擔任 ORBIS 台灣分社的行銷部長（是該公司成立近百年來第一位台灣籍部長），曾帶領比其他日本競爭品牌晚十年進入台灣的 ORBIS 打造網路防曬品第一名的口碑，打造以小博大的成功

行銷實績。張蘊心是一位專業社工師，曾服務於家扶基金會、陽光基金會（負責八仙塵暴專案）、雙連老人安養中心，在服務經歷生老病死的弱勢族群的過程，學會了很多幫助心靈成長的專業，張蘊心希望這樣的經驗不單只在扶助弱勢，更能幫助企業的個人成長以及團隊建立。

## 8.2.1 創業理念與經過

在創業者的背景與初衷之下，公司的理念和使命是「希望能幫助企業更客觀地了解公司定位、員工特質、團隊向心力；並幫助他們找到對的趨勢和助力，乘風向前」，如同公司之名：心澄山風，替客戶的心中注入澄淨的水流，吹起讓企業起飛的山風。公司基於創業的理念，幫助理念相同的企業（尤其是中小企業），提供量身訂做的內訓課程，包含服務與行銷相關以及團隊建立課程。

想開創成為知識服務業的原因很簡單，因為這是固定成本最低的創業方式。一方面我當過新創醫療公司總經理，姑且不論進貨、專利申請、研發等開銷，光是租辦公室租金以及人事開銷，就足以燒光所有創業資金。可是若成為一個企管顧問則比較節省經費，只要把公司設在住處，也不用進貨成本等開銷，販賣腦力不用存貨、無須成本，對於沒有太多創業資金的我來說，是非常不錯的選擇。尤其在創業初期遇上了全球新冠疫情，舉辦大型活動（如學術活動）和承接廣告企劃面臨了更多不確定性。因此選擇專注於相對穩定且有需求的企業內訓，在向企業分享 know-how 的同時，也累積自己更多的經驗。

圖 8.5　心澄山風企管顧問有限公司服務案例照片

　　然而，靠腦力賺錢（成為顧問）並沒有那麼容易。台灣的內訓市場相當飽和，面對其他相對有經驗的企業講師，新的企管顧問公司（企業講師）要被市場看見並不容易。首先，必須觀察「誰需要我們的服務？」我發現對於服務零售業，本公司講師的滿意度較高。第一個原因是過去我在零售服務業，具有經驗並且能理解第一線服務人員的心理。再者由於我和我太太（張蘊心老師）的風格都較貼近年輕世代的第一線服務人員。所以，我們可以很快接到服務業（一般零售／餐飲等）的服務以及激勵課程。授課內容方向，由我教授較具有動態且符合潮流的行銷服務類課程，行銷服務類提供內容行銷以及手機影音製作。而我太太則教授專精的薩提爾家族治療，薩提爾家族治療近年來成為職場心理學上越來越被討論的話題，目前是導入企業內訓的最佳時機。課程會搭配一動（我）一靜（太太），有時搭配雙講師量身訂作課程。

圖 8.6　葉樹正總經理授課照片

　　除了營收主力企業內訓之外，本公司也有企業顧問、活動規劃
（學術研討會）以及和影音製作服務。在企業內部訓練淡季的時候，
作爲收入來源。

　　剛開始的一年，我們靠的是獨立接案。但觀察管顧業界的生態
之後，與其他管理顧問公司的合作是非常重要的。因爲它們有既有客
源，公司規模也較大。管顧公司的業務也能替自己推廣（等於是多了
非常多隻手幫忙推展）。但接下來更重要的工作，是累積公司的網路
軌跡（SEO 網路搜尋優化），讓公司所推行的服務和業務能夠被更
多人看見。

## 8.2.2 創業該做的五件事

　　我也只是一個創業的新手，不敢說能夠分享給大家什麼，但在疫情之下艱苦創業的這兩年間（加上曾擔任新創公司總經理）的經驗，可以和大家分享，一個創業者必須做到的事情：

### 1.想清楚公司的價值主張是什麼

　　創業的起心動念到底是什麼？能不能提供美好的價值給客戶？這是一定要一直問自己的問題。創業之前，我看過很多朋友的創業案例，失敗組在創業初期最常出現的起心動念是：我想搞一番事業、某某產業現在很夯，我想趁現在賺一把、算命的說我做這途會賺⋯⋯。我不會否認這些，畢竟每一種起心動念都是該被尊重的。但是創業是非常艱難的事，現在已經不是經濟起飛年代，是競爭者眾、大家都能做得出好商品的時代，創業者的服務很容易被模仿、競爭或打敗。面對現實無情的環境，能克服困難，從挫折中再站起來，除了創業者的毅力和抗壓力，對創業初衷堅信且熱愛是很重要的。

　　或許有人會質疑，就算不喜歡自己公司的商品，只要東西能賣、能賺錢，那不就好了嗎？或許這樣能創業是沒錯，因為這類型的創業者也已經提供客戶清楚的價值了。但若我自己是消費者，就不會讓這樣的公司服務。因為這樣的公司太無趣了，在相同的服務之下，我一定會選擇對我更好的服務廠商。所以如果我自己這樣想，就會期許自己的公司能是一個有熱情與靈魂的公司。

　　心澄山風企管顧問公司提供量身訂做且熱忱的企業訓練與顧問服務，我和共同創辦人張蘊心（太太），一直是用熱情服務具有相同理

念的企業，幫助客戶達成階段性的目標。抱持著這樣的熱忱，運作企業內訓或客戶服務，或許會花比別家公司更多的時間，卻能夠看到該企業顯著的達成目標及成長。因為獲得了好評價，所以獲得了更多機會。雖然跟大型公司比起來，這樣的成長不算什麼。但卻是我們最想要的，因為這才是一家有意義、有個性的公司。我們身為創業者內心的快樂也獲得了滿足。

## 2. 對的生意模式

　　創業初期，最難的事就是客戶在哪裡？怎麼找到客戶？定價要訂多少錢客戶才會買單？所有商品的訂價，除了必須考慮商品進貨或生產成本，更需要考量營運成本，不然就會賣一個賠一個。而若是服務，更必須計算投入服務的前置準備及協調時間。不賠錢，是最基本的。同時，找到對的通路，並且能夠用讓客戶接受的方式賣出。這個過程是很難的，尤其是對於剛開始從事服務業的人來說。你的服務到底值多少錢？客戶會買單嗎？很有可能推出某種服務的時候（例如募資簡報規劃），那並不是市場上常見的，很難像賣雞蛋或蘋果一樣，可以立即找到市場價格進行比對。在營業一年多之後，我的心得是「在不賠錢的前提下，提出能夠反映價值的價格。」意思是，勇敢提出價格！別擔心客戶不能接受！因為當客戶想找你的時候，價格已經不是最主要的議題，而是提供的價值。而且，當開較高的價格的時候，也代表著需要提高品質，有著一定要讓對方滿意的覺悟，這樣每次都可以得到雙贏的結果。

## 3.成本結構──減低固定成本／潛在成本的開銷

創業最重要的是能夠降低成本開銷。省錢是創業這件事情的重中之重。最不常被注意也必須要省下的，我認為是固定的開業租金和營業成本。很多人一開始，就希望能有好的辦公室和硬體設備，以及作業團隊。但在還沒賺錢之前，這些都會燒掉很多創業金。如果遇到像目前疫情（或其他意外）造成收入歸零，但仍然要負擔兩萬元的辦公室租金水電、雇員的薪資以及健保費，都會造成虧損或負債。目前我的公司地址設在家裡，也維持兩人（夫妻）公司，有需要人力的話，則用兼職人員協力合作。這樣實行之下公司很快就可以營利。經歷2020年三到五月以及2021年五月以後的新冠疫情，我們這樣的公司更能在這個時代生存，也更具有彈性以及轉型的條件。2020年三月全球疫情爆發，本來要承接的國際研討會以及其他活動企劃部分的訂單瞬間歸零。試想，若當時我租了辦公室，也聘了員工。在有限的資源之下，就會中斷創業的夢想。但幸好在那之前，已經排除了這些固定成本可能帶給我的風險，所以能生存下來。改變策略，從原本想做廣告行銷、活動的公司，轉型成收入相對穩定的企業內訓顧問。所以節省固定成本，是新創公司最重要的事。

另外以服務業來講一個最重要的成本就是時間成本。第一個忌諱就是勉強自己做不擅長的事。這樣最嚴重的後果，就是無法發揮規模經濟，用最少的時間做最多事。

以我們企業培訓界來說，我們的生產就是準備課程及授課。很多企業培訓老師只專精某個領域，例如簡報這樣的講師有一個好處，就是他只要準備一個領域，就可以上很多次。而且因為省下了很多準備

時間，就有讓自己可以專精的機會。不過缺點就是機會相對侷限，不容易接到其他領域的課程。

創業初期，爲了能夠掌握更多機會，接了非常多行銷相關的課程。從品牌銷售到電商以及內容行銷，各種領域包山包海。雖然這樣幫助我可以拿到更多合作機會，可是也花了非常多時間做課程準備。這樣其實會讓自己少了很多專精單一領域或開發業務的時間。

然而，我希望心澄山風的專精領域是行銷（也是我的領域），所以多準備各個行銷相關不同的領域，到最後還是會觸類旁通。對公司長期而言是非常有幫助的。

目前勇敢承接課程和努力備課，也反映到收入的正向回報。即使如此，我們仍然每隔兩個月會清點一次自己的時間管理狀況。畢竟時間就是金錢，能夠有效地利用時間，就更能夠有效創造收益。公司營運至今，滿意度最高的企業內訓強項，分別是薩提爾工作坊以及手機影音製作，會繼續朝這個目標繼續專精，提升規模經濟效率。

## 4. 整合資源

如何把公司的規模放到最小，讓彈性和速度發揮到極致？最重要的就是要整合外面可以支持這間公司的資源。

公司成立後，我最大的體悟就是：一個人不可能完成所有事情。舉設立公司爲例，會計財務面不是我的專業，所以一定要聘請會計師事務所幫忙。從申請公司到瑣碎的記帳，每個月替我至少節省了十多個小時的時間，委託會計師事務所，每個月只需付兩千元左右的記帳行政費。「外包」，能夠讓公司剩下時間，並且讓自己的產值發揮最

大的效益。在兩人公司的體制下，如果能讓自己專心一致專注公司的核心，就可以讓產品品質升級，發揮最高效益。

　　從一個受薪階級到一個創業者，該整合哪一些資源？我認為除了會計之外，像我們這樣的一個「兩人公司」，最基本的，就是行銷業務。

　　收入如同血液，如果沒有辦法為公司輸血，就無法生存。除了自己行銷推廣之外，同業管理顧問公司的合作，也是非常的重要的。目前也正在委外規劃公司網站，讓公司能夠被更多人看見。

　　另外行政和規劃，也是非常重要的。雖然沒有雇用正職人力，但是有固定合作的兼職人員，在舉辦研討會活動或者是舉辦獨立公開課程的時候，隨時可以動員一起合作。

　　心澄山風也開發了影音製作以及直播規劃的業務，比起由我自己一個人製作，找到好配合且優質的合作伙伴才是最重要的。目前，我有一到兩位影音製作夥伴和我一起努力。隨著接案量越來越多，團隊也越來越有默契。

　　規模更大的公司，可能會有法律（專利）、研發、生產、客戶服務等面向需要人才。在公司創立的初期，承接的業務量沒有到達到規模經濟之時，創業者更要在心中建構一個「供應鏈團隊」，且要非常清楚自己缺乏什麼？需要什麼？需要哪些資源的時候可以向誰尋求協助？除了能夠節省成本，最快能夠整合資源的公司，也就是能夠替客戶創造最大價值的公司。

## 5. 滾動式成長

　　這是一個創業最壞的年代，也是最好的年代。2020開始的全球新冠疫情不只重創全球的經濟，更讓無數的企業倒下。然而面臨危機之時，就是企業轉型的時候。

　　「窮則變」，心澄山風在剛開始規劃的時候，主要是要辦實體講座活動以及企劃。但是第一波的疫情，讓所有的實體活動都不能舉辦。當下深刻體會，實體的活動雖然一次可以帶來可觀的收益，可是在疫情造成延期或變動之下，會造成巨大的營收風險。為了獲得穩定的收益，本公司轉型成企業講師，專注企業內訓，這個痛定思痛的轉型，卻意外獲得了穩定的收入。

　　朝企業講師之路邁進，正要開始成功穩定之時，又碰到此次更嚴重的疫情擴散。我們相信這個時候更要思考，怎麼樣將公司的服務從線下轉成線上。目前客戶們都希望我們能有轉成線上課程的備案，因為去年開始我們就已開始承接線上直播的企劃，所以今年相信我們能夠做好準備。

　　再次重申心澄山風的願景，不只是成為一個用心服務客戶的公司，更希望在五年內成為業界的佼佼者。也因此，身為講師的我們會繼續努力進修學習，包含國際更專業的證照，讓自己在觀念技能上更精進。

## 8.2.3 創業千萬不要做的五件事

　　創業一定會犯錯，能在挫折跌倒之後的反省，才是最重要的。以

下，是我在創業的時候犯過的錯誤，經歷過慘痛的生聚教訓之後，我覺得創業一定要謹遵「四不一沒有」。

## 1. 不要光說不練

以前花了太多的時間在企劃。企劃當然是好事，不過最重要的，還是與創造收益高度有相關的執行。創業最重要的是盈利，每一個行動能不能為自己的公司創造收益是非常重要的！不要花太多時間在想規劃，Just do it！才能獲得立即的成效！

## 2. 不要製造「囤貨」

應該先創造訂單？還是先製造商品？答案絕對是要先創造訂單。因為有訂單就會有收益，有收益就會有利益。反之，若先製作商品再找賣家，不只對收益沒有幫助，還會有「囤貨」的麻煩。囤貨不只會占空間，還有庫存管理成本。萬一過期了，亦會損失進貨成本。服務類商品的囤貨，更會損失寶貴的時間。所以，依訂單進行生產，是最能夠獲得盈利的方式。「低庫存」、「零庫存」是非常重要的指標。

## 3. 不要衝動花錢

資金對於創業而言非常重要！除了可以讓企業活命，更能活化企業。但賺錢很難，燒錢很快。創業者要看守住每一分錢。並讓錢發揮最大效益。創業兩年，有時候會想要購置某項設備或決定投資某項花費。但往往在事後，總會發現有更便宜或有效率的選擇。可是錢花

了，就回不來了。創業的我，學會更謹慎的看守每一分錢。創業者在熱血沸騰之餘，更需要冷靜判斷！這是我相當重要的學習。

## 4. 不要固執己見

因為公司只有兩個人，難免會囿於過去的經驗。尤其是在去年陷入疫情危機之時，朋友（也是現在的合作伙伴）建議我轉型為企業講師。在此之前，我比較喜歡上台簡報或者是記者會發言，對於教學興趣缺缺。這次是在朋友的鼓勵之下接下課程，反而為自己開啟了另外一條寬廣的道路。

經營者不論企業規模大小，都必須要保持開放心態。抱持自信，但不固執己見。這樣會有更好的自己，更會有更好的公司。

## 5. 沒有不可能

(1)創業者必須要有想像力，敢夢想自己公司的未來到底是什麼樣子。

(2)每一個創意還未成型之前，必然會有人看不懂甚至看不起，創業者如果自我局限，好概念就不可能實現。

(3)在面對解決問題的過程中，更需要告訴自己一切都有可能。不管用討論或者是創意思考工具，都需要先擁有正面心態，才會得到答案。

(4)每次遇到困難，先會告訴自己「沒有不可能！」再大的難關，都能夠迎刃而解。

(5)或許在當下，不一定能想到最好的解決方法，但是回頭盤

點，自己和同事都早已翻山越嶺，看到不同的風景。

## 8.3 和敬堂中醫診所（王勇懿）

　　和敬堂中醫診所，是由王勇懿和郭翠菁夫妻經營，於 2009 年 10 月開幕的診所。位於台中市沙鹿區。診所主要服務對象是沙鹿區附近的媽媽與小孩。本案例撰寫人是王勇懿院長，以下以王勇懿為第一人稱（我）的角度來描述內容。

圖 8.7　和敬堂中醫診所照片

### 8.3.1 創業理念與經過

當一名醫師，若不在醫院工作，那一般大概就是進入診所了，只有極少數的人選擇了醫療之外的行業。而進入私人診所，工作一段時間後，很多醫師就會想要開業。為什麼呢？我想不外是金錢上的自由和時間上的自由了。金錢上的自由，不僅僅是指賺的比較多的錢，有的時候是支配金錢的自由。在外面上班，就必須適應別人的規則，有的時候，與自己所學的方式不同，則對待病人的方式也會不同，例如，我學習的老醫師是使用水藥來給藥，我如果依照那樣方式，在外面開業的診所上班，要使用水藥會比較困難，這樣就會與自己所學的有所衝突了。又或是很多醫師喜歡自然療法，不在自己的診所，很難實現自己的理想。每位醫師內心應該都會有自己想要實現的目標，我主要學習的是中醫內科，那麼我的理念就是好好的把中醫的概念帶給大家。以我自己對中醫的認識，就是讓身體能回到中間的康莊大道上。人體是一種變動的狀態，當超過了我們身體能容忍的狀態，身體就有了偏性，我們就處在耗損當中，這時我們就需要透過中醫來回到中道上。

這家診所，一開始是我和我的哥哥一起經營的，但後來因為太太要加入，我哥哥就決定退出診所，最後我與太太成為了合夥人。夫妻一起經營一家診所，問題比較少；但若是朋友一起合夥經營，那很多問題就需要釐清，特別是還沒有正式合夥前，就要把很多的事情想好，例如上班的診數為何？獲利及虧損時的狀況、如何分配、核心理念為何？報稅的分配等，必須要把很多的狀況模擬推演好，甚至於診

間規劃及空間的使用等，避免好朋友翻臉成仇人。只是一個人的獨資都是比較簡單的，若是要合資，那麼除了很多小細節要注意外，時時的溝通也是必要的。

　　我與太太的診所，主要在婦兒身上，一般，受到了媽媽們的肯定，那就很容易能擄獲一家子的心。接手後沒多久，我們開始在診所舉辦對外的義診以及演講，也做過週年慶。做這些的知識服務，可以有效的擴展客源，也讓自己的生活變得忙碌而有意義。當然在診所內很多事務的劃分也會變得比較明確，例如對外接待廠商等工作由我為主，對內的工作細項則以我太太為主，工作會比較有效率。當然夫妻一起工作也有不同的問題，例如，有了孩子，會因為需要帶小孩而重新調整診所的看診的時間，需要劃出家庭相聚時間，需要一起參加孩子的活動等。

圖 8.8　　和敬堂中醫診所 2011 週年慶講座照片

## 8.3.2 創業時需要注意的事

　　一間診所的成立，很重要的是醫生的技術、手上的資金，以及核心理念。醫師需要不斷地做自我的學術進修，這是無庸置疑的，而手上的資金則與自己想要開的診所有很大的關係。一個簡單的內科診所，需要裝潢的費用，就比要做美容的診所便宜很多。所以要開診所，很初始的設定就在你要開怎麼樣的診所。然後依循自己的需求去找店面。診所的店面，一般都在馬路旁。所以你可能需要觀察附近的車流與人流，是不是好停車等，這是一件蠻重要的事，下班空閒之餘，到處走走看看，多問房價也是蠻重要的。選址重要，但在房屋簽約前要先諮詢建築物是否符合衛生局與都發局建築消防法規後再決定租屋，此外如果原有兩戶打通擴大營業範圍（兩個門牌號碼），需要辦理合戶並至戶政事務所辦理門牌整併，千萬不能馬虎。若房子需要花大力氣裝修的，那麼就要與屋主好好的談合約期限，一般最好能簽到五年，而議約的年限最好也要大致談過，以防租金漲幅過大。進行選址與簽約前，要先了解開業的流程，若醫師有想簽約的藥廠或電腦公司，那麼可以請業務幫忙跑開業流程，雖然跑流程比較麻煩，但一般就是按照流程走而已。而房租合約一經簽定，裝潢一般很快就會進場。在裝潢之前一定要問清楚法規的規定，例如你想要裝招牌，這個城市是否對招牌有特殊的規定？房子內哪裡是可以設施的空間，有沒有特殊的規範，例如配藥室與掛號要分開，不要被人一眼看穿；室內的空間是否有涉及停車空間；又如建材需要有防火證明等，這些都是小細節，但沒弄好，很多時候可能會需要二次施工，會搞的頭很大。

有了概念後，就要與設計師好好的討論，若是設計師是經常設計中醫診所的，那當然是很好，但自己還是要清楚自己的動線規劃，例如你自己是使用哪一手把脈的，診間的桌子的方向就會因你使用哪手而變動，善加利用不能動的結構，如梁柱等，哪裡有插座？是不是要多牽 220v 線做薰蒸機的用途？冷氣要規劃幾台？如何配置才比較不會卡粉塵；電腦線要如何拉，才不會影響工作等。此外還有很多的小細節，例如放置藥物的櫃子要多高多寬，一般會備多少藥在診所；需要多少的儲物空間，細節的部分掌握的越好，未來診所的使用就會越順心。

　　新創的中醫診所，有幾件事情是很重要，我列舉了幾個重要的事項讓大家做參考。

## 1. 資金規劃

　　一般在創業時，除了裝潢外，像冷氣設備、電腦套件、包藥機器、招牌、看診的桌椅等都是比較大筆的錢，因為有不少的支出，你可以去銀行辦理支票，這樣會比較方便做事。此外與藥廠簽約的錢，也是一筆不小的數目，但一般這部分可以延後給。走到這邊之前，我們得先預估一個月的大致開銷為何？例如要給付的藥錢、房租、工作人員的薪資、勞健保、水電費等，大概的加總後，可以考慮抓個半年左右的預備金，或是貸款創業時就要先考慮進來，這是要避免診所開始營運後，若尚未上軌道或是遇到不可測的風險時，所預留的資金。

## 2. 人事安排

　　人員的招募很容易，但能不能留下來一直是一個很大的問題。若你手上有很有經驗的夥伴可以幫忙你運作這間診所，那就太恭喜你了。人員的穩定是很重要的，一個不穩定的夥伴，常常會搞的你頭很大。除此之外，你要對員工的薪資保險有所了解。這方面的法規因時間而有所變動。例如你新進了一位員工，若員工不適任時，你要怎麼處理。首先你要了解勞基法，接著你要以員工的立場去分析，儘量做到好聚好散的雙贏結果。無論是用勞基法第 11 條的哪一項理由資遣，或是要員工自己填離職單走人，都必須是員工同意簽名的，這樣才是符合規定的。不然即使依照規定用資遣方式，核發資遣費與預告工資、完成資遣通報（依就業服務法第 33 條第 1 項規定：雇主資遣員工時，應於員工離職之 10 日前列冊通報當地主管機關及公立就業服務機構），也還是常有勞資糾紛的。此外，請善用好「試用期」。實務中常見的試用期是 3～6 個月，一般是勞資雙方協調好就可以。若要延長試用期，這算是另立新的勞動契約約定，必須雙方再次同意，建議也讓員工簽署書面同意書，並約定好具體的考核事實與依據。至於資遣費怎麼算就上網查一下吧。這方面的觀念還是要了解的，千萬不要用自己的想法來看待這件事，不然很容易出狀況的。

## 3. 稅務安排

　　關於國稅局的部分，也是要了解，因為我們對這些業務都不熟，所以一旦踩到雷，都會很麻煩的，光是要跑國稅局，你就需要來來回回很多次，心情保證變的很糟。因此開業前一定要好好請教學長

或專業人士。在 1 月時，需要報繳「各類所得扣繳暨免扣繳憑單」，最主要的是員工薪資申報及房屋租賃申報。五月份有「所得結算申報」，簡單的說就是診所收入的部分，主要是由健保收入＋自費收入＋掛號收入，減除各項成本及費用，詳細計算出收益。在 4 月份你就需要從健保網站下載「全民健康保險特約醫事服務機構申請醫療費用分列項目表」以做為健保收入的依據。約 11 月上旬過後，一般會收到國稅局的資料，請你填寫「年度醫療院所等執行業務狀況調查紀錄表」，這會關係到自費收入的申報，一般是在 12 月前寄出。到了一月時報繳「各類所得扣繳暨免扣繳憑單」時，順便繳交「年度減免掛號費總表」，這些都關係到診所收入的部分，所以請特別留意。

### 4. 獨資或合夥

　　若要成立一間診所，最簡單是獨資，盈餘與虧損都是由自己承擔，因為只有自己，不會發生合夥人理念不合或股東糾紛等問題。而合夥與獨資之差別 就在於出資的人數，合夥人間存有「出資比例」。除非另有約定，一般盈虧都是依比例來處理。而出資合夥事業有虧損先由合夥事業之財產支應，若有不足，就由合夥人負「連帶清償責任」。合夥人對合夥事業所負的責任，是一種「無限責任」，也就是合夥人所負的責任直到債務全部清償完畢才能結束，若合夥的財產不足以清償合夥的債務，合夥人必須要以「自己的財產」清償合夥的負債，直到債務還清為止，並沒有上限，也不以當初加入合夥時之投資金額為限。列了這些東西，就是要告訴大家，合夥除了互相的信任外也要了解法律層面。這是一種「無限責任」，光是這一點就要很小

心。若是經營不善或遇不可抗力因素，那當然是沒辦法。但很多的細節和流程都要搞清楚，以防資金白白流失，例如主要的經營者虛報了支出，或是設立了很多的名目，把合夥事業財產給吃掉。在社會上經營，這部分還是要很小心的。合夥的診所產生的糾紛還是時有耳聞的。

## 5. 人員招募

人員的招募，與診所的經營業務有關，人員比較充裕，當然會比較好營運，至於要多少工作人員，這與工作的時間、項目、能否排班有很大的關係，考量過營運成本後可以做調整。人員的管理是一門學問，新開業的醫師可以與開業的學長們多聊聊，待人以誠是很重要的。診所工作人員的異動，往往是經營層最頭大的問題。所以如何營造一個好的工作環境是很重要的。而診所的一切，一開始主事者最好能全盤了解，再把所需要的項目教給診所的工作人員，等工作人員上軌道了，可以從工作人員中找一個組長來統整這一切，主事者就能退到第二線，這樣做比較不會直接與工作人員不斷的衝撞，避免人事不斷的異動。當然若有已經營運上軌道的診所，可以幫你稍微訓練工作人員，就更好了。新進的員工，一般是由經營者招募，把需要的人才類型透由刊登廣告，不管是網路、報紙都是可以的，面談時可以把診所的工作內容、薪資、休假、試用期多長等狀況說清楚，這些都很重要。

## 6. 廣告推廣

現在的世界網路很發達，可以有效的利用網路做一些推廣，若

是有「診所網頁」或「個人網頁」，當然是很好。或者你也可以經營
Facebook 中的「個人檔案」或是「粉絲專頁」。若更簡單一點，你
可以用「google 我的商家」，把診所的一些簡單資訊公布在網路上，
例如什麼時候會放假，比較特別的時間會有營業等，可以方便大家了
解。現在是一個知識大爆炸的時代，許多人面對專家建言也往往很不
屑，人們對專業採取不信任甚至是鄙視的態度，面對這樣的世界，人
們拒絕學習，懷疑專業。因此要得到大家的高度肯定是很難的，大部
分都是毀譽參半，因此能透由網路來推廣自己並得到同溫層，也是很
好的一個方式。至於寫作能力，就要看個人天分了。有位史蒂芬教授
說：「寫作之難，在於把網狀的思考，用樹狀結構，展現在線性開展
的語句裡。」在這裡雖然討論的是開業，事實上網路的時代裡，也有
不少的醫師跨業轉行成網路的新寵兒或變為作家，不試試看，你怎麼
知道呢？也許你也有這種天分呢？

## 8.3.3 開業千萬別做的事

### 1. 千萬別使用已被政府禁止的藥物

　　例如礦物類中藥，例如：硃砂（HgS）、雄黃（As2S2）。其中，
在台灣，近幾年常看到的鉛汞中毒，來源於五寶散加味（或民間流傳
的驗方—八寶散，又稱作小兒萬病回春丹），因含硫化汞，已於民國
94 年被禁止使用，但在坊間許多來路不明的粉末或草藥仍可看到。
另外，許多有錢人會買安宮牛黃丸、牛黃清心丸、紫雪丹、至寶丹及
朱砂安神丸等名貴中成藥服用，其中亦含有朱砂成分，長期服用容易
造成慢性汞中毒。事實上八寶散或上述名貴方劑沒有含鉛物質，但有

些中藥店可能會爲了節省成本或是不小心混用，以另一種礦物藥—黃丹作替代，而黃丹就是鉛丹（Pb3O4），這也是爲何含硃砂的中藥方會造成鉛中毒的原因之一。千萬謹記：凡所有的治療，都要先講求不傷身，再講求療效。不要爲了高價藥物的獲利而做了違紀犯法之事。

## 2. 每個成功的開業醫都有一本「祕笈」

「祕笈」往往是自己付出高昂代價換取的，除了不輕易傳授外，也有他的時空背景，因此想要獲取「開業術」，可以先去受雇，在各項小細節上多留意，多與人交流並蒐集資訊，不然，等到錢花下去了，診所開始營業了，才發現問題，會是一件很頭痛的事。

## 3. 找到適合自己的財務管理方式

無論如何，開業前要先了解自己合適那種開業方式，要了解自己的個性，要知道開業的成本。搞不清楚狀況，口袋空空，輕易的向銀行或親友借錢開業，比較不推薦，過大的財務壓力容易導致錯誤的決策。沒有足夠的存款開業，往往不是太資淺，就是財務管理不佳等，這都不利開業。畢竟現在的環境，幾步路就有診所了，因此對成本要很有概念。成本分爲 6 類：

(1)開業成本：這些都會耗損、折舊，如電腦、看版招牌、包藥機器、冷氣機等，十年後大概也得重新換新。

(2)固定成本：如房租、水電、電腦軟體年費、公會費用，還有最燒錢的人事成本。大門開著，一個月就得先燒掉不少資金。

(3)耗材：酒精、棉籤、消毒水、衛生紙、擦手紙、桶裝飲用

水、藥袋／門診表／病歷紙本／衛教單張的費用、床單／病床隔簾／毛巾的送洗，還有一堆的中藥粉（很大一筆錢）……，項目很多，無法一一羅列。上面都是基本成本，一個月不管做多做少，這些錢你都得花。

(4) 健保給付點值，是被打折的：健保制度的運作，你要大致了解，有年度抽審、立意抽審的，實行放大回推，被刪是正常的。而且，現在你做的治療，一個多月後才會給你錢，健保署規則是如此，不習慣也得趕快習慣。

(5) 風險成本：就像遇到特殊疾病，遇到醫療風險，遇到病人來亂的，社會新聞也常有報導有些醫師遭受魚池之殃的。除此之外，去領口罩途中工作人員發生事故，或是你的僱用人員來上班途中摔車，病人的小孩在診所跑來跑去而跌倒的，這些通通都有可能發生，這些都是潛在成本，皆需要做好風險管理。其中還有個風險既高但又無法預防的，那就是請到居心不良的員工，診所當自己家，什麼都自己拿；至於素質不良的，你只是頭大在要多給試用期還是給予離職，這是所有老闆都可能遇到這種問題。俗話說請神容易送神難，如果運氣不好碰上，真的是又傷本又煩心。

(6) 時間成本：時間就是金錢，但金錢卻買不到時間，花了很多時間在診所上，那能給予家人的時間就變少了，一天就是只有 24 小時。像我們是夫妻一起開業，診所只設一個診間，不是我在診所就是我太太在診所，只有星期日可以全家一起做一些事，若遇到特殊狀況，如小孩畢業典禮、親戚的婚喪喜慶等，還得公告關診，這些都是不能不面對的事。因此你要了解清楚自己想要的是什麼生活。如果成

立診所是身爲醫師的最終目標，即使沒有賺大錢，那至少圓了一個人生夢想；如果只是爲了賺更多的錢而想開業，萬一財富上沒有很大的收穫，那某天回頭來看這些經歷，會不會很後悔呢？

　　所以無論如何，你的內心都應該有一根秤，不論是自己開業還是在私人機構上班，醫療的本質就是提供服務。患者不一定是對的，但讓患者滿意總是對的。醫療就是一種服務，自己內心要很清楚，然後鍛鍊好體力、蒐集好資訊、把技術磨練好，再由此展開你的未來道路，在創業上會更美好。

## 8.4 創創文化科技股份有限公司（郭芝辰）

教育是永遠的課題，玩是人類的天性
邊玩邊學，未來教育的面貌

### 8.4.1 創業起心動念

　　創創文化科技股份有限公司創辦人爲陳彥睿及郭芝辰夫妻。一個從土木跨領域到法律，一個一心從事教育，但是爲了找到努力的方向一路從雙語教學、觀光最後來到數位教育遊戲學習。有了理想更需

要方向跟目標，落實執行，最終希望藉由遊戲為我們下一代盡一份心力，讓他們比我們更好。本案例撰寫人是共同創辦人兼營運長郭芝辰，以下以郭芝辰第一人稱（我）的角度來描述內容。

在學習階段，常有人問為什麼要念書？為什麼要學習？還沒找到答案，我們按部就班地完成國小、國中、高中然後大學。然後呢？我們再進入職場，我們為了工作而工作。常常回頭想，我到底想要什麼？喜歡什麼？我對什麼是有熱情的，且願意投入進去。當用履歷表的每一條經歷去找尋熱情，卻發現現實是殘酷的。那履歷表裡的每一次自我探索及尋找熱情，在面試官眼裡呈現的卻是這個人的不穩定。我很普通，我還有機會嗎？

學習本來是充滿樂趣的，曾幾何時讓人感到壓力且痛苦。自我探索及尋找熱情，可以不可以早點開始，可不可以不要再用履歷表換了，是否有機會為了自我的熱情而活。在我和彥睿遇到臺灣科技大學侯惠澤教授，他帶我們進入教育遊戲的領域後。我們看到了可能。

玩是人類的天性，我們本來從小就是從玩中學習成長。遊戲讓艱澀的知識變得平易近人，遊戲讓原本枯燥的單向學習變得有更多互動跟可能，遊戲讓人不知不覺地展現自己。在臺灣科技大學迷你教育遊戲團隊辦的教育遊戲年會及嘉年華中，我們看到原本內向怯懦的國中女孩，站在許多陌生老師面前對於自己設計的遊戲侃侃而談，有的同學參加國際研討會用英文介紹遊戲，有的帶者自己的成功經驗回到小學母校跟學弟妹分享，有的在遊戲過程中找到自己的興趣和人生方向。他們不是明星學校也不是資源充足的學校。參加比賽對外發表，不再只有優秀學生的權利，而是只要我想也可以。

　　進入了臺灣科技大學念博士班，更清楚體會到一款教育遊戲要好玩有趣又有效其實是一門專業，關鍵是認知設計。當遊戲不再只是遊戲，學習也不再只是學習，而是真的能在遊戲中達到做中學、玩中學，我深深受到這門專業的吸引。研究室裡許多來自不同專業的同學聚集在一起，在學校階段不斷地透過研究跟產學案提升認知設計專業。但是，目前沒有專門以認知設計為主的教育遊戲產業，即便他們在這裡找到職志跟熱情，但是沒有學以致用的地方，英雄毫無用武之地，只能用大學的專業找工作，回到原點。難道他們努力了這麼久，真的只為了那張畢業證書嗎？

　　認知設計導向的教育遊戲，這樣好東西不該只有我們知道。應該要有更多人知道。可是沒有產業鏈、沒有平台、沒有舞台、沒有推廣，這該怎麼下去？如果可以為我們的下一代多做一點努力，為這個產業付出一點心力，我們願意，這是我們的熱情所在。所以我跟彥睿決定創業，建立產業鏈、平台，推廣教育遊戲 3.0。

## 1. 公司理念

　　在教育學習上，學生缺乏學習動機、缺乏因應時代潮流變遷的各項素養能力、缺乏客觀成效評估及評鑑制度是目前大家所面臨的問題。因此，各種創新方式應運而生。但往往發現「參加完滿滿的感動，回去後通通沒有行動！」學生真的開心的上課了，但是真的學到東西了嗎？可以真的應用了嗎？這是值得我們省思的問題。所以我們推廣教育遊戲 3.0，以認知導向為基礎。遊戲或是遊戲主題，不應該只是外衣，而應該是主體及引擎，認知設計則是如同方向盤及導航，

相輔相成的搭配才能帶我們到想去的地方，落實好玩又學到。知識類型不同屬性不同，所以要設計相應的機制才能玩中學。試想，當一種機制不變可套換不同主題知識類型時，總是有不合腳或是卡卡的地方。並不是只要是遊戲就一定能學到。

對於我們來說，雖然我們說教育遊戲。在這裡我們所說的「教育」，其實不單純教育場域，其實就是「訊息傳遞」，舉凡教學場域、企業形象或是概念傳達、政令宣導、文化觀光推廣及商品行銷都是教育的一環。運用好方法將好東西留給我們的下一代。

### 教育遊戲 3.0

　·玩是人類的天性，將遊戲做對外溝通傳達訊息的管道

　·以遊戲機制為載體及引擎，認知設計為方向盤及導航

　·Learning goal=game goal

## 2. 公司目標

創創文化以推動教育遊戲 3.0 為基礎，將遊戲化的概念帶入各行各業的角落，讓更多人受惠。我們以下三個目標進行：

### (1)教育遊戲產業鏈

我們以內容創作結合不同主題為主力。剛開始就發現，首先要了解且認同這樣的推廣理念及專業，是用人的關鍵。所以開始人力擴編時，我們就延攬了許多從同一個研究室出來的學弟妹們，除了像之前所提的，他們經歷兩年的專業專案及研究的洗禮，都在累積教育遊戲設計及執行的實力，但是目前沒有所謂的教育遊戲產業，他們的實力跟專業沒有辦法展現和受到重視。若是如此，他們必須用大學學得的

專業找工作，過去兩年的學習無法學以致用。學的東西與產業脫節，這不是我們一直不樂見的嗎？這個情況，是因為沒有產業鏈。所以我們致力推動這個產業鏈的建立及被看見被重視。我們也發現，因為了解且認同我們的企業文化價值及專業，少了很多伙伴們溝通及專業教學成本。我們一起為喜歡且認同的事一起努力邁進。

公司營運內容包含教師增能活動及親子共學等各種活動課程、專業遊戲化教具或遊戲產品、遊戲化觀光導覽行銷系統、數位遊戲（包含 AR 桌遊、行動載具上的學習 App）、桌遊、實境解謎遊戲、培訓課程、企業內訓課程（公開班、包班），對象涵蓋政府合作或是私人企業。藉由多角化經營除了可以觸及到不同族群也增加現金流。

我們在開發各項產品，包含數位遊戲、實體遊戲或實境解謎時，除了考量遊戲本身的娛樂性之外，亦能兼具教育意義，並能在看似位於天平兩端的兩個特性中，取得絕佳的平衡。我們妥善運用認知設計與遊戲化理論的結合，並搭配心流理論，及深厚的遊戲經驗及和研究實務，這些都是我們能達成目標的特色。甚至，我們完成的遊戲還會委託專業研究單位，進行前後測等實測研究，希望證實我們的遊戲對於遊玩者（學習者）來說，是真的具有成效的，而非只是單純地玩遊戲而已。

由於本團隊在教育遊戲的深耕努力，於 2020 年獲得國立故宮博物院的青睞，進而委託本團隊設計開發國立故宮博物院的第一款桌遊「巡覓尋祕──乾隆皇帝要出巡」。

圖 8.9　創創文化相關產品照片

圖 8.10　2020 國際遊戲化跨屆高峰會照片

**(2)教育遊戲推廣平台**

　　產業要真的建立，除了有先驅者。也要有這個產業的價值被看到被重視被使用。有更多人的參與，就會有更多的投入。經由臺灣科技大學侯教授及許多種子老師們的努力，人才培育在慢慢發芽。所以產業開始進行後，我們舉辦「全球華人教育遊戲大賞」，除了推廣教育

遊戲 3.0 的理念，也讓更多人可以參與。並將成果被看到，對於已成熟的作品成為推廣行銷作品的管道，而對於學生可以促成後續出版媒合或是從中獲得成就感及找到人生方向熱情。這個大賞將我們的教育遊戲 3.0 觸及更多人。「台灣毒蛇使者」即為大賽的第一屆的金獎作品，該作品除具備教育意義，亦具備好玩的性質，經本團隊調整認知設計後，已經出版販售，並獲得大眾的認同，對於遊戲能兼具教育意義都讚譽有加。毒蛇或許不是討喜的題目，但是我們覺得認識毒物及了解正確的處理方式是很有意義且重要的。

圖 8.11　全球華人教育遊戲設計大賞活動現場照片

### (3)推動台灣為全球教育遊戲發展中心

我們也秉持著在臺灣科技大學所學之精神，一遊戲一研究，跟臺灣科技大學迷你教育遊戲團隊藉由產學合作緊密連結專業，包含實習、人才培育及教育推廣等。將遊戲產出後，也進行實證研究參與國際研討會。故宮的遊戲今年也入圍歐洲教育遊戲決選。最終，希望以認知、遊戲及心流理論為出發，遊戲為載體及引擎，打造出玩到老、

學到老，好玩又有效的遊戲於知識學習、觀光休閒、行銷及其他各領域。建立台灣教育遊戲產業鏈、推動台灣為全球教育遊戲發展中心。

有了理想和目標，我們不能吃理想過活。要真的達成目標，前提是我們必須活下來。所以下面我們分享了活下來必須要做的事。

## 8.4.2 對新創公司時很重要的需要做的事

### 1. 資金及成本控管商業模式驗證

在共同創辦人努力籌措下，公司用一筆為數不多的資金開了門。我們以遊戲、遊戲化為引擎的主體進行多元的發展，如同公司目標中的項目維持公司營運。除此之外，也利用政府相關方案作為公司運營的維他命，如青創貸款等相關政府機構補助案。

在有限資源下確立自己公司的商業模式及驗證，即便沒有強大的資金在初期投入，也能自給自足。藉由驗證過的獲利商業模式也是獲得投資的墊腳石。在創業初期，資金不多都要花刀口上，試驗型的花費要減少，這些花費都要可以轉換回來成為獲利。所以專案內的成本結構都要分析拆細，做仔細精算。當然，有時候在案子獲利及先求有再求好的狀態下，也是一番取捨。所有的人力投入在我們自己的專業上，人力配置相互補位也可以相互支援的系統執行。

### 2. 人脈及廣結善緣

對於新創公司來說，每一次的機會都很重要。但是怕的是沒機會、沒案源、沒有後續結果。所以人脈及廣結善緣會是敲開大門的重要關鍵，也會是後續繼續營運的金鑰。有些人脈是來自對於教育事業

或是企業社會責任有興趣的人、有些人脈是來自於對於文化推廣有需求的人、有些人脈是對於跨領域整合行銷有興趣的人、有些人脈是來自於過去合作單位，由於我們對於知識內容專業傳遞的堅持，也都受到合作單位的認同，因為如此也常會有下一個合作機會或是轉介的機會。如果沒有人脈就主動出擊毛遂自薦，製造機會。

## 3. 人力資源

員工是公司重要的資產，有幾項是我們在員工遴選上的評估：

(1) 了解公司傳達的理念：認知設計為基礎，以遊戲為引擎之遊戲。

(2) 彼此專業獨立，但需要也可以互相補位。

(3) 創始階段必須的即戰力。

(4) 獨立思考能力，工作時也不易受外在因素或是環境影響的工作者。

(5) 公司是員工的第二個家。

(6) 在創業初始階段，需要在產品服務上，有一定的品質及內容符合公司秉持的以認知導向的遊戲設計。量體不需要大，一步一步在每個細節上展現我們產品服務的創新性。

所以，內容設計師、遊戲機制設計師、美術設計師及遊戲工程師，我們目前的員工配置都有即戰力。彼此雖然專業獨立，但是必要時，大家的斜槓能力卻可以在內容、程式、美術相互緊急補位。遊戲機制設計師可以補位遊戲工程師，遊戲工程師可以補位美術設計師，產品經理可以補位內容設計師，具有員工專長相互支援的能力。目前

的伙伴多為同一個研究室的畢業生，所以對於認知設計也有一定的共識。創創文化當初也是因為希望這些畢業生能學以致用並且發揮所長，對於下一代及社會有所貢獻所創立。另外，在疫情期間，因為員工多為具有獨立思考能力，工作時也不易受外在因素或是環境影響的工作者，即便遠距工作，也不減效率。公司就是員工的第二個家，所以在這樣的感受下，員工確實很為公司著想。常會以這樣方案、作法、案子是否對公司有益的立場，提供不同的建議。

公司管理方式採權力下放，給予各位員工自由發揮跟決策的能力。管理階層亦能大方地接受員工的建議及想法，旨在打造出一個敢言並肯言的工作環境，大家能一起成長。讓利也是我們很重要的元素，公司規模不大，我們人人皆業務，只要有辦法接案子進來，回饋利潤給夥伴們是一定要的。我們是同一艘船上的人，每個人都能成為這台車往前走的引擎，我們這台車才可以走得更久更遠。所以我們認為我們跟員工是一家人、是一條船上的人、是教育遊戲 3.0 推動者。

圖 8.12　2021 親子天下 Maker Party 活動現場夥伴合影

## 4. 不用做到最大，但是要做到最好

識別度差異性是我們在業界被看見的競爭力。從堅持內容本體及使用者為中心出發，以遊戲為載體引擎，認知設計為方向盤。不讓遊戲喧賓奪主，引起動機。藉由疊代過程，讓服務或是產品協助，即便硬知識也能平易近人，更需盡完善，並能促進思考。既然以遊戲為引擎，我們選題都以重要但是不好操作議題為主。因為有些重要議題，不用遊戲也能被大量傳遞學習。不是會一開始就大鳴大放，但是我們努力做一份我們喜歡做應該做的。我們沒有別的想法，專一心志。我們說的做的都連結回溯到我們的理念。其實也在時時刻刻提醒自己，我們有沒有走偏。我和彥睿最喜歡三個傻瓜電影裡的一句話：追求卓越，成功就會自然而來（Chase excellence, Success will follow）。

## 5. 持續堅持的決心

曾有人問特斯拉執行長馬斯克（Elon Musk）：「你會給創業者怎樣的鼓勵？」馬斯克回答：「如果你是需要鼓勵的人，不要創業。」這代表了創業的決心。這條路一定不好走，但是沒有做不到的事，只有想不想做。快速應變轉型因應面臨的困境。特別是這個疫情猖獗的時刻，生命會自己找出路。好的東西要跟好朋友分享。

以上是公司我們經營公司繼續的核心概念。

### 8.4.3 新創公司一定要避免的事

### 1. 不要自我感覺良好的獨角戲，說人話很重要

我們的產品好服務好，但是重點不在一直強調好的地方，而是這

些好的內容可以爲合作方創造什麼樣的價值。其實也是換位思考同理心的概念的出發，不是說我們想說的而是對方想聽的，當然本質還是我們的專業優勢爲後盾。

這也是歷經多次的提案失敗後，我們分析檢討後的結果。我們每次提案結束，都會向對方了解我們不足之處或是需要改善的地方。失敗沒關係，但是需要知道爲什麼失敗，從中調整成長。不然這次的失敗就沒有意義了。

## 2. 不要當無頭蒼蠅亂衝：了解生態資金及投資者補助案

在眾多合作機會中，有些投資夥伴是玩眞的，有些是玩玩的。但對於一開始的我們，每件事都會全力以赴全心投入，然而最終結果會發現我們的投入，與預期落差很大，造成資源投入沒有回收。因此，對於可能的投資夥伴的深入討論了解，經由分析評估，再確立投入的資源，是我們會先進行的步驟。

就補助案而言，經過幾次的經驗可以了解，新概念新服務固然重要，但是委員們更在意商業模式是否能運行。當了解委員們在意的點，我們就重新在呈現及溝通方式上做修正。

## 3. 不要什麼都攬在身上：專業分工包含共享或是外包

對於目標客群的深入分析，是我們一開始沒有通盤研究的。所以，在產品設計及價格設計上，我們的預期與客戶的預期有些落差。因此現在我們對於目標客群生態、行爲模式、需求分析、常用平台，都會做較深入的分析及追蹤驗證。加上目前數位行銷平台管道多元，

社群媒體的演算法也常常變動。上個月的操作方式，可能到這個月因為新的改動，同樣的操作方式就不得效果，要重新了解制定。所以如果我們對目標客群的了解程度不夠，行銷花費多會付諸流水。所以從一開始的了解目標客群習性，行銷方案平台搭配選擇，到根據運算法動態調整行銷設定。才能在狀態不如預期時知道癥結點在哪，並做相應的動態調整。

初期，我們確實在以上三個層面上手忙腳亂，無所適從。要不沒有合適的行銷方案提出，就是使用的行銷方案結果不如預期。專業的事情如果人力不夠，還是交給專業的來做。

### 4. 不要不拘小節：客戶關係，處理的不夠細緻

凡事都有第一次，但是在客戶關係及客戶服務行政上若有缺失，非常容易有負評，包含用字遺詞或是處理方式。如何在合理範圍內做適當的的回覆，這都是在之後我們設置 SOP 及範本，謹慎處理每一個細節的原因。當然，目前可能沒有完全百分百做到，但是我們都逐步精進。

前面所寫的，看似很細節枝微末節，但是魔鬼藏在細節裡。以上是公司我們經營公司的核心概念，其實很多如老生常談，但是真的如人飲水冷暖自知，沒有經歷過不知中間的懂與痛。

### 8.4.4 研發國立故宮博物院第一款桌遊案例

### 1. 故宮博物院是世界各地旅客來台必看的經典文化場所

國立故宮博物院位於台北市士林區，簡稱臺北故宮或臺灣故

宮，爲台灣最具規模的博物館以及台灣八景之一，也是古代中國藝術史與漢學研究的機構，更是世界各地旅客來台必看的經典文化場所。中國宮殿式建築的故宮，一至三樓爲展覽陳列空間，四樓爲休憩茶座「三希堂」，藏有全世界最多的中華藝術寶藏，收藏品主要承襲自宋、元、明、清四朝，幾乎涵蓋了整部五千年的中國歷史，收藏品數量高達65萬多件，這也讓故宮有著「中華文化寶庫」的聲譽。

## 2. 故宮博物館商店豐富每位參觀者的文化體驗

臺北故宮一年可接待超過614萬人次的參訪旅客，曾位列2015年全球參觀人數第六多的藝術博物館。爲了讓參觀者留下寶貴紀念體驗、增加對文化的印象，臺北故宮也販賣書籍、文具、仿古制品等商品。博物館商店不只是一般零售商店，故宮商品對公眾承擔更多責任，並延續博物館功能中的每個環節，更期待能豐富每一位使用者的經驗！

## 3. 百年傳承，不斷創新，研發桌遊、投入資源

百年傳承富有盛名的故宮，也隨時代潮流不斷創新，最近更委託創創文化科技股份有限公司開發桌遊。創創文化研發故宮博物院第一款桌遊，參與決策者有歷史文物專業研究員、故宮行銷推廣專員、臺科大認知設計研究專家。創創文化設計團隊歷時8個月，開發費用約新台幣100萬。希望故宮文物以更多元的方式進行推廣，觸及不同的族群，不只好玩也學到。

### 4. 研發桌遊之創新技巧、專業性與智慧財產保護機制

開發桌遊所運用到的創新技巧主要為腦力激盪法，這個方法強調過程中不批評、不打斷、結合前面點子，以激發創新的點子，過程中鼓勵想法多多益善，最後再對每個點子一一評估，從而產生嶄新的觀點與創意。

開發過程有找臺科大認知設計研究專家參與，以確保內容可以有效傳達給玩家。如果開發遊戲遇到其他不同的專業，也會邀請相關專業的主題專家加入協助遊戲設計，以達到內容專業性及正確性。

遊戲開發時，多會簽屬保密協定。另外由於遊戲目前在法律上僅能有新型保護，無專利先例。即便是新型也非保護機制或是內容。因此，被模仿製造確實是遊戲界的一大風險。

### 5. 故宮博物館桌遊績效表現亮眼

故宮博物院這款遊戲是委託創創文化的設計案，因此故宮專售且擁有所有收益。不過聽故宮相關人員表示，不到一年的時間，原本印製的 1000 盒，每盒售價 880 元的桌遊，已快售罄，剩不到 50 盒。在這疫情爆發的時候，沒有外國觀光客，還能有這樣的銷量，表現算是極為亮眼的。

## 8.5 廣色域印刷設計有限公司（杜建緯）

廣色域印刷設計有限公司（PanColor Printing & Graphic Design Company）位於台北市南港區，創辦於 2008 年。主要服務的對象是

中小企業、電子業及生技業等需要印刷包裝的企業客戶。

　　公司經營的目的是提供客戶的一站式印刷包裝的服務，經營項目為專業彩盒製作、行銷文宣印刷、手工硬殼禮盒印刷、精裝禮盒印刷以及藥廠仿單說明書印刷。

　　本案例撰寫人是公司負責人杜建緯老闆，以下以杜老闆為第一人稱（我）的角度來描述內容。

## 8.5.1 公司介紹

### 1. 創業團隊介紹

　　一開始的創業團隊只有我、業務、內勤 3 個員工。我主要負責生產事務及業務，業務同事主要是開發客戶，偶爾幫忙出貨處理；另外一個內勤同事則是包辦公司內部大小雜事。我們 3 個人在一起的工作型態，維持了兩三年左右。我在公司擔任的角色是創辦人。我們公司算是傳統產業，也算是微型企業。

圖 8.13　廣色域印刷設計有限公司店面照片

## 2. 經營的理念

公司經營理念是希望能夠協助到中小企業，讓他們的產品透過我們提供的包裝印刷服務，來讓他們的產品能夠增加品牌價值及美觀度，並且更能順利地開拓市場及帶來更多的主要客戶的購買及喜愛，希望能增加市場能見度。期盼在合作中可以達到彼此互助共贏，利用我們提供的服務，甚至可以協助客戶把原本內銷市場的部分，更進一步的協助銷售到不同的國家進而打開外銷販售市場，增加客戶的產品能見度以及廣度，帶來更不一樣的新契機，這是我們一開始的經營目標。

公司以「品質、服務、責任、體貼」這四大理念為企業信念，也期盼能夠將這四要素帶給信任我們的客戶們，能讓客戶擁有最好的購買體驗。

另外我們也以「服務客戶、共創雙贏」這二大精神作為企業精神及信念象徵，努力協助將客戶的產品以及品牌理念傳達到每一個角落及客戶所在乎的地方。

在符合環保規範的印刷流程中，不管是紙張、油墨、製版甚至是使用的包裝紙箱等等一貫化流程，都有符合環保規範的認證及檢驗報告書。

我們希望的是能夠提供客戶擁有最具競爭力以及符合規範的環保印刷，還有最重要的優良品質產品，為客戶創造價值，持續獲利，永續經營。

圖 8.14　廣色域印刷設計有限公司 2020 年週年慶員工合照

## 3. 產品及服務之創新性

我們把產品及服務分為兩個部分：

第一部分，將印刷與設計結合在一起。比較起其他同業來說，我們這是創新的一步，這個創新的結合是提供我們的客戶，擁有更全面及完善的服務，從印刷到內襯結構設計甚至是外盒圖面外觀設計，只要客戶有 IDEA 及創意，交付給我們，透過溝通及討論，我們就能夠完成客戶的託付，甚至連最後的產品都能夠一併包裝成銷售商品，直接上架銷售，為客戶節省很多時間及來回奔波的麻煩。

第二部分，整合一站式印刷包裝服務。意指客戶想要包裝自己產品的包裝盒，但苦於找不到有一個專業的包裝顧問可以詢問，這心聲我們聽到了，我們為此而存在。不管是平面印刷的文宣品或者是包裝

材料類，甚至是名片、DM、貼紙、紙盒、筆記本到甚至是藥廠仿單說明書，這些印刷品我們全部都可以提供客戶需求，我們提供的印刷服務是包羅萬象非常多元化的。

圖 8.15　廣色域印刷設計有限公司的包裝產品

## 4. 營運模式

我們會主動去找尋客戶聯繫及親自拜訪，並且再鎖定電子業或者是生技業的中小企業或中大型企業，鎖定的客戶層面級別大多為採購、行銷人員、平面設計師、中小企業主們。我們會親自到訪客戶公司，直接面對面跟他們對談及討論，透過討論，更能夠了解客戶想法以及找出不同屬性客戶的需求，進而理解客戶想解決的痛點，並且從中提出我們專業的建議，讓客戶信任我們，並完成溝通到報價。

　　與客戶討論溝通並確認達成雙方共識後，取得客戶的訂單後，經過一連串的打樣及檔案溝通完後，確認印刷製作物確實爲客戶想要的樣式時，我們進而再轉成生產工作單。正式進入生產流程，透過我們的協力廠商一起生產，整個包裝印刷的製作物透過生產流程生產出來，最後我們會驗貨ＱＣ製作物的生產品質後再出貨給客戶，透過我們的層層把關，並且確保客戶收到的包裝印刷品是有優良的品質，以上這是我們的營運的模式。

## 5. 經營策略及核心競爭力

　　有關於經營策略的部分，我們主要是提供一站式印刷包裝服務：ONE STOP SHIPPING，無論客戶要求什麼樣的包裝形式，我們都能提供給他們最好的服務並且滿足他們的需求。

　　我們甚至遇到一些中小企業主，他們其實沒有太多的資源與時間來處理他們的產品包裝盒，所以我們的存在其實是幫助他們解決這些問題，舉凡客戶所需要的印刷品全都統一性整合性的提供，讓客戶可以快速解決他們的需求，我們的角色就是提供最實惠的價錢及品質優良的產品，讓客戶們去推廣自己所開發出來的產品，進而推銷到市場中。

　　我們的核心競爭力是「服務」，我們提供良好的服務，一站式的購足更能夠加速解決客戶的包裝的需求，以及更加簡化中間的繁瑣流程，並且縮短這當中的溝通時間，尤其是更針對在客戶的準備時間不充裕或者是有一次印刷需求量大者更有幫助。假設今天客戶找不同廠商去處理，第一是價格優勢小；第二則是在服務成果中無法達到他們

的要求及想法，又或者是沒有一個可以信賴的人幫他控管品質；第三則是客戶在拓展市場時、在規劃上市時間時無法如期上架販售，種種不便的因素都會造成無法順利開啟產品能見度。

另外我們也有在網路上做曝光行銷的動作，此點更是有別於其他同業，原因是爲我們帶來新高度同時也提高我們被客戶看見的能見度，這當中包含 SEO 網站的優化甚至是參考 SEO 權威級網站帶來的數據參考，讓我們可以適時調整體經營策略及動向調整。

## 6. 經營管理的特色

首先在網站部分是打主要關鍵字就會很容易搜尋到我們，「包妝盒」包裝的包、妝點的妝、紙盒的盒，一開始就清楚的告訴客戶我們主要提供的服務，這是我們主要經營的核心目標。另外我們也分類不同消費屬性的客戶，提供不同解決方案。希望能夠提供全面性的需要印刷包裝的客戶。

我們先分類爲三個等級客戶，初等客戶預算只有一兩千塊，又迫切需要包裝服務，我們有提供現貨包裝盒，讓客戶可以馬上下單購買，完成商品出貨。

中等客戶有較高一點的預算，需求數量 500 個以內，需要自製品牌包裝，我們提供少量訂製的方案，250 個即可起訂，比較起一般業界訂製彩盒都要 500 個以上，我們把數量壓到 250 個，甚至 100 個也是可以，讓客戶減少庫存堆積及減少成本花費。

高等客戶的話，則是屬於有編列一定預算者，並且想要製作屬於自己的品牌包裝者，並且將自己的產品推廣到市場中，需求數量大多

為 1000 個以上，在市場上的能見度已經有一定的存在，需要再更大量的將自身產品包裝並銷售推廣出去，並且很有機會成為我們的再次回購的客戶，我們提供優質訂製的方案，針對這群客戶量身打造他們想要的包裝盒並且提供最好的品質，以利他們市場開拓。

　　同時我們也發現在少量生產試單時，讓客戶初步了解我們提供的服務，在二次下單後客戶可以告知我們他的包裝盒想要做到哪種程度，我們就會去滿足他們的需求。最後我們也提供客戶外觀圖文設計服務，當客戶沒有設計想法時，我們可以引導他，激發客戶想法並且實踐他的構思。

## 7. 競爭差異分析

　　我們在網站服務上是提供三種全面性服務，讓客戶同時滿足。同時我們也提供更多的附加價值，不管是包裝還是協助客戶產品曝光，我們創造彼此雙贏的策略。

　　首先我們會把客戶的產品寫成一篇產品見證文，在這見證文的當中，我們會連接到客戶的產品，把客戶訂製的包裝盒照片進行拍攝跟撰寫此產品的使用方式，甚至到我們包裝盒內襯特殊結構設計都一併呈現，把這些所有資料透過整合變成一篇精彩的見證文並且放到網站上，客戶可以藉由我們的推廣獲得更多曝光，進而引流到更多屬於他自己的目標客群。

　　舉例來說，我們有製作過果乾的包裝盒，其他客戶看到我們的照片後被吸引，或者客戶可以從我們製作過的果乾包裝盒去做調整及修改，用原有的尺寸盒子只需要修改外盒外觀設計轉化成是自己的品牌

包裝。而我們從中獲得流量及曝光，讓整體網站的排名更高，所以界於第三方的我們取得一個平衡。

## 8. 目標市場

我們的目標市場有客戶分析跟行銷策略這兩大主軸，主要目標市場是針對包裝的品牌及產品部分，目標客戶群是少量訂製紙盒的客戶、創業家或者是中小企業主，他們沒有太多預算去做包裝，但想做一個屬於自己品牌產品包裝，或者有些傳統產業需要重新設計外觀包裝去推動產業轉型，甚至想把現有產品包裝去做更新打造企業新標竿，這也是我們的目標客戶之一。

另一種則是中大型企業採購，因為我們做的彩盒相當多，有成本上的優勢，所以藉由跟我們採購去降低包裝成本，在這兩個部分我們的成績表現是相當不錯。

最後就是有創意想法的客戶，比如它的產品外觀是比較特殊形狀，我們公司有包裝紙盒結構設計師，可以幫客戶把產品設計並得到最合適的結構，這些特殊內襯結構會協助產品在運送途中更安全，或者是讓整體包裝更美觀，進而可以達到更好的銷售成績及產品推廣，這是我們針對 3 個目標客戶客群去做區隔及販售。

## 9. 行銷策略

我們主要行銷策略是透過網站讓大家能快速了解我們，因為之前主要是以親自拜訪、電話接單等等為主，但在三、四年前我們開始產業轉型後，開始著重在網路曝光行銷，我們先以官方網站為主，再

來搭配 FB 跟 IG 去做推廣行銷，同時搭配這三個部分去做曝光引流的動作，客戶可以從我們發表印刷產業新聞或者是官網上面定期分享「加速了解我們到底可以提供哪些印刷包裝服務」。

我們的產品都有做定期發表，在網站上面可以看到我們製作過的包裝盒，社群平台上也會有產業訊息，甚至包裝盒的介紹，以及客戶給我們的回饋也會呈現在社群上。

我們也很常拍照記錄製作過的包裝盒們，透過社群平台及網站上的定期分享，讓大家知道說我們做過什麼樣的包裝。

這一切讓我們的服務或製作的產品同時達到很大的曝光量，然後讓客戶感受到我們的用心，同時這也是增加客戶好感度的關鍵點，然後進而到網站裡面去選擇他喜歡的東西，去做購買的動作。

## 8.5.2 對公司新創時很重要的需要做的事

### 1. 控制人事成本

我覺得創業最重要的第一件事情是「控制成本」。前面有提到在一開始時我們只有 3 個員工，剛開始創業資金不足，所以我們都每一個人就身兼數職，沒有很明確地去做職責劃分，大家都想 cover 對方工作，如果對方有什麼忙不過來，我們可以去隨時支援對方讓事情完善解決，所以我覺得第一件事情是控制人事成本。包含固定支出部分我們盡量節省，因為沒有很多預算的情況之下，這樣才能維持更久。由於人數少的關係，其實同事之間也容易互相支援、容易溝通，加速彼此理解及互動，更快解決事情。

## 2. 全力開發客戶

　　新創第二件重要的事情我覺得就是全力開發客戶！我們會盡量的去多接觸不同產業的客戶，然後找出客戶的痛點，並且同時也滿足痛點，一開始需要大量開發客戶，因為畢竟公司的營運，要有一定的業績去支撐，才能維持生計。所以一開始時先尋找大量客戶名單，然後從這些客戶名單裡面大量開發拓展，介紹自己的產品及提供的服務，把自己的公司名字打響，並且把名聲傳播出去！這是一開始創業很重要的事情。

## 3. 定期的溝通

　　第三件重要事情我覺得就是定期的溝通，尤其是內部的溝通，對於公司的執行方針跟營運方向或者是其他狀況，盡可能都讓公司成員清楚理解原因及透明化，真的遇到困難的時候，坦誠地述說困難點，同事都還蠻能體諒的，而且解決困難點時，大家一起去努力解決的過程中，也發現反而激發出更多的戰鬥力，或者是找到更多不同的解決方法可以前進，這也讓我相信一開始創業，這些創業夥伴是非常重要的，所以對我而言全然地花時間去跟同事溝通及討論，然後我們有一致的方向，彼此間也有共識是透過溝通所帶來的價值，我覺得定期溝通是最重要的第三件事情。

## 4. 經營客戶關係

　　第四件重要事情應該就是跟客戶的關係吧，不論何時，永遠是先了解客戶的需求，然後試著去滿足他，當客戶做任何印刷品就會先想

到我們！因為我們主要以服務生產為主的企業，在服務的過程之中，其實客戶可能有一些要求在不合理及合理性的情況之下產生，對於不合理的要求，真的沒辦法也不用勉強答應要求，可是在合理的範圍之內，我們會盡力做好客戶交辦的事情，然後真誠告知他說這個過程中遇到的困難點，然後客戶會理解，我們為了這件事花多少心力，這是對於客戶的一個承諾，讓客戶知道我們是信守承諾及負責任的公司。

## 5. 慎選合夥人與合作模式

合夥人的選擇及合作模式討論很重要，大多數的新創家都是由一群夥伴所組成，好處當然就是創業資本可以分攤掉，然後出主意大家一起構思，創業時遇到狀況也都可以討論解決。

但是我發覺還蠻多的問題發生是在剛設立時，不管是朋友或夥伴裡面，常常因為經營方面的問題或者是風險的承擔發生摩擦，比如說有些人不想要承擔風險，這時另外一個人想要大力地擴展市場，把整個賺的錢拿去再投資新產品線或者把業績倍數放大，這時候就會產生很大的摩擦及衝突。當然有可能有一個領導的人，他說做就去做這件事情，但是其他人是否能夠同意接受仍是問題。所以創業時慎選合作夥伴，可能一開始做好職責劃分，這樣能減少上述所說的摩擦，所以慎選或討論清楚合作模式也是很重要的！

## 8.5.3 新創企業一定要避免的事

這是以我的經驗新創公司千萬不要做的三件事情。

## 1.設備裝潢成本太高

像我遇過客戶，他想要開咖啡店，覺得一定要有很高級的設備並且是有質感的裝潢，就會投入很多成本在裝潢上。

如果你的裝潢跟大多數客戶愛好相異，是必須要再額外支出成本去做裝潢上的調整的，當你花費成本比較高的時候，勢必你的定價或者其他部分都要增加，這時就要看市場的接受度到哪裡，以及客戶對你訂的產品販售價錢的敏感度是高還是低，所以一開始我覺得在成本上面一定要控制得宜，把錢花在主要銷售產品上，營運後期如果有盈餘的話再去處理裝潢部分！

## 2.沒有經過市場測試推出大量產品

這我也看過很多例子，有些客戶一開始為了降低生產成本，會把彩盒的數量開得很高，例如幾千個盒子進行生產，這會有兩個問題，第一個問題是可能會花費大多數的資金在包裝紙盒製作上。第二個問題是如果你在製作過程之中發現產品有問題，根本沒有時間改善產品，因為你把大部分的資金或者是資源都壓在這個產品上面，導致資金一下子就用完了。所以新產品最好經過市場的測試或者是調查，或是先投資較少的資金去測試市場反應，這樣才有空間及資源去做修改。

## 3.為了得到客戶的業績，而沒有把生產品質顧好

這件事我覺得是新創者或者其他的企業主都會犯的問題，我在剛創立時也有過類似情況發生。

　　客戶在製作前有生產品質上的疑慮或是要求，這時候就據實以告，或者是在生產過程之中發生什麼問題我覺得都要誠實以對，告訴客戶或者是直接跟客戶溝通，不要去隱瞞問題，避免造成更多問題。

　　尤其是一開始發現問題的時候，小問題就算是賠本的情況之下，為了承諾、信用，要把產品在生產時或者是把問題解決後再出貨，若一開始只想得到客戶業績，而沒有把品質顧好，出的貨產生問題的話，很可能就會讓剛開發的客戶，一下子就因為這個案子毀掉，同時可能也會對我們留下不好的印象，公司的商譽可是無價且珍貴的！

## 8.6 直誠企業管理顧問有限公司（李雅筑）

### 8.6.1 公司介紹

　　直誠企業管理顧問有限公司以會計為基底提供顧問諮詢服務，專為新創公司及中小企業解決財會、法務及人資等的營運困擾，讓公司

負責人及管理階層能專注處理研發及業務等本業工作，具有外部顧問的專業實力兼具內部人參與運作的溝通能力，使得直誠得以協助業主提前發現行政營運問題並對症下藥，解決業主營運痛點。直誠提供會計專員、會計主管、財務分析師的專業服務陣容，替業主降低內部會計人員出錯率或會計流動率高的問題，除了省下會計招募及訓練成本外，服務收費更是較業主聘請全職會計低廉。直誠藉由定期與業主開會報告財務報表及分析公司營運實際面與預設發展規劃的變動性，使業主更有信心地跑在理想的軌道上。

圖 8.16　直誠企業管理顧問有限公司辦公室入口

直誠英文譯為 Orange Tree，誠諧音同橙，而直表直立，直誠能如橙樹一般擁有許多功能：橙葉紓緩外在的緊張壓力、橙花安撫人心

及橙子生津解渴。我們期許自己發揮所長爲業主服務，使會計人能實踐及貫徹自己所堅持的理念，協助有志於創業或調整公司營運方針的業主解決其面臨的管理及行政難題。回首過去，我們感謝所有的夥伴都能莫忘初衷地堅持，並打造能提供中小型企業全方位的營運方案，同時兼顧 Orange Tree 賦予的意義——以人爲本、以專業爲手段解決問題。

　　隨數位科技的普及，傳統的會計師及記帳士事務所等會計產業面臨數位轉型，包含以憑證掃描器（掃描憑證後可產生數位檔案，並將進項電子發票資訊帶入營業稅申報及傳票摘要，節省人工登打時間）及流程機器人（RPA, Robotic Process Automation，將重複性高且勞力密集的事務性作業流程自動化，且 24×7（一週 7 天每天 24 小時）不間斷的工作，可提升作業處理速度，縮短公司擬定決策的所需時間，提升公司營運的反應速度）等自動化作業用以取代傳統人力，故直誠致力於將會計工作細拆不同工作模組並建立 SOP（Standard Operating Procedures，標準作業程序），使用自動化工具簡化並加速工作流程，而會計人才則以過往經驗及眼前數據進行分析判斷找出關鍵趨勢及數據，再與產業專家（包含產品顧問及行銷顧問等等）討論出企業決策。由此，我們渴望打造會計、資訊及產業專家三足鼎立的直誠，以期不只替客戶解決繁瑣的帳務登載作業，更能從數據中找出公司能調整體質、解決現有困難或增強競爭力的線索。在此同時，同事的職涯規劃亦不再侷限只是基礎會計，大量與客戶討論實務議題及與不同領域同事切磋，除原有的行政能力累積外，更使同事的管理能力及業務能力不斷提升，進而能讓會計人實踐將數據分析應用的價值。

　　以上便是我（在本節指創辦人李雅筑，以下相同）與兩位共同創辦人於十年四大會計師事務所生涯後期待自己能追尋的方向，且經過了市場驗證及同事共同努力下，如今更確信這條路是我們共同的使命。

圖 8.17　直誠公司內部工作討論

## 8.6.2 公司初創時期很重要且需要做的事

　　在我的創業生活及服務新創客戶時，我認為在服務業中，創業家最需要做的三件事分別是 (1) 盤點自身籌碼及資源；(2) 重視使用者體驗；(3) 找到適合的同事，而需要擁有最重要的心態是「總做最壞的打算並往最好的方向走去」。

### 1.盤點自身籌碼及資源

　　創業家跟在大公司裡工作最大的差別就是資源，但若創業者認為自己沒有什麼資源，所有項目都要完全重新開發，那麼若不是代表這個創業方向自己十分不熟悉，就是自己對自身擁有的籌碼及資源不甚理解。若為前者，那麼創業家真的要再三思考創業目的，如果只是靈機一動卻缺乏可行的方案及資源，著實應該再累積更多籌碼和資源後再行創業；若為後者，那是時候盤點自身擁有的資源，包含專業能力、過往成功經驗、人脈、資金、創業夥伴以及藉由盤點市場上的競品，決定我要開創一個新市場需求，還是與其他競品共同競爭固有市場等等。在盤點完自身籌碼及資源後，便能更有信心地找到自己的存在價值，以及與市場上缺乏某些資源的公司，找到供應鏈關係或是客戶關係，或可能一起聯盟開創新的產品；同時也能更謙虛地回過身把自知還缺乏的角度及能力補足，扎實耕耘以等待下個機會出現。

　　舉我的例子來說，剛創業時審視自己所擁有的資源，因為自認擁有很強的財務數據分析能力，且市面上找不到類似的產品，所以我一心想做一套具管理分析功能的會計系統。但因為我缺乏寫程式能力，且在翻閱程式語言書籍、報名上程式語言課及與系統程式專家討論完後，我確定這個產品離我還很遙遠，連已知的困難都很多的狀況下，更別提尚未發生的未知難題，所以掙扎兩個月後我就告訴自己「務實點吧，厚植實力才能築夢踏實。先把根扎好，我才有作夢的本錢。」

　　盤點籌碼及資源須每間隔一段時間即進行，並且扎實檢討自己預期公司狀態與實際的差異，並穩下心來調整公司發展的速度，包含人力搭配及產品進程等等，這點著實讓我在創業路上能夠更安定更有信心。

圖 8.18　直誠公司團隊共識營活動合照

## 2. 重視使用者體驗

　　輔導新創幾年下來，常常感受到創業家活力滿滿的創意思維，以及要改善人類使用的熱情奔騰，但是往往進一步聊到使用者反饋時，創業家會表示「還沒開發完成還不能找使用者，但是我們這個產品就很適合某類型的使用者，妳看如果妳是他們，妳會不會想用？」我可能會想用，但如果我不是那類型的使用者（目標受眾），在不知道價格以及使用感受的狀況下，我永遠無法判斷正確。

　　所以在我創業時，我們非常重視業主的體驗感受，每個月都盡可能與客戶開會聽取客戶的回饋，雖然花的時間很長，且不見得當下我們的能力即可滿足業主，但是這些無法滿足的業主回饋，也許就是我們未來的市場競爭力，不斷地積累實力之後，就會是我們擴大收入的

來源。根據我的經驗，大多數業主提供的體驗回饋都是好的（有可能是受台灣重禮文化的影響），也因為彼此交流感受及想法進而增進合作默契及業主使用者體驗。若業主提出負面體驗回饋，我們公司都會當週約相關同事會議，並評估如何因應調整，在當週回應客戶未來調整方法。而若可能影響全體客戶服務，亦會於最近一次公司全員月會向大家公告因應該次客戶體驗討論的最新版 SOP 以及注意事項。

### 3. 找到適合的同事

　　有句話是「一個人可以走得快，一群人可以走得遠。」而到底何時需要一個人？何時需要一群人？何時又需要哪群人？這些絕對都是創業家的考驗。由於新公司的風險高名氣小，一般來說需要花比大公司更高的薪水或更好的員工福利才能招攬到員工（剛創業時平均要面試二十個人才能錄用一個人，但可能將近一半面試結果都是公司被面試者淘汰），但員工訓練又需要時間（員工有可能來兩三個月覺得新創公司速度快、要學的技能多，但主管不能時時關注照顧等等而自請離職）。在創業初期一人要當三人用的狀況下，的確分身乏術，很難取捨到底要不要把時間投入在找尋一個虛無縹緲不見得可以穩定合作的夥伴。當我回想創業這段時間，最難的絕對不是找到客戶，而是找到志同道合的夥伴。

　　找到適合的同事，同事也得留得下來才行，新創公司的離職率絕對也是公司重要的管理指標，一個願意加入的同事究竟是什麼原因要離開，在會計產業中的人才多存在安定意識，若同事加入後不是真的遇到很大的心理障礙，多半就會續留，所以要離開很有可能是抱持著

委屈。若能重視公司內部的使用者體驗（員工工作感受），就能讓公司人事招募及訓練的整體成本下降，也能讓同事整體安定感提升，同事間能互助影響形塑公司文化，而這時才能說稍稍達到「一群人一起走」的狀態。

### 4. 最重要心態：總做最壞的打算並往最好的方向走去

我認為重要的創業思維是「總做最壞的打算並往最好的方向走去」，因為要創業就代表決定好要面對很多的未知數，想要減少未知數的衝擊當然最好能多增進實力、多與專家或有經驗的人士請益及做好縝密規劃等等，但無論做的準備再多，還是會遇到未知數。若能在遇到未知數時，細細盤點自身有的籌碼和資源，想著最糟的狀況可能會如何，而我們能夠如何因應。若實際因應時遇到比設想最糟的狀況都還要更糟時，那就代表自己對於問題的規劃能力尚不夠周全，可以再更精進；但若實際因應時遇到狀況其實沒有像原本規劃的狀況差勁時，反而就能夠鬆一口氣，以更舒服自在的方式應對。有人說創業家都是一群過於樂觀的傻子，但我反倒覺得因為我們面臨的困境及問題可能頻率較高又性質細雜，所以大家練就一身處理問題的好功夫，這也是創業前我始料未及的收穫。我們公司在遇到困難時，大家問我說「雅筑，妳怎麼還笑得出來。」我都會想：「如果你前幾天晚上就已經想過好幾輪，還半夜被嚇醒，現在事情發現沒這麼嚴重當然笑得出來。」當然，這些就藏在心裡無須與同事道，做為創業家共有的祕密。

### 8.6.3 新創企業曾經跌倒的經驗

　　我認為新創公司沒有一定不能做的事，反倒覺得都是觀念問題，只要觀念對了，任何看起來不好的事情有可能都只是表面操作，而不是實質的成果展現。但若要提曾經跌倒的經驗，我倒是能舉出一個「團隊建立」的經典例子。對於新創公司來說，創辦人一個人當三個人用，工時長、事情雜、將生活融入工作（而非將工作融入生活）都是常態，當日事當日畢，或至多一週就得解決該問題，否則問題雪球會越滾越大，可能就難解決。所以，對剛創業的我最困難的，莫過於「找到適合的同事」以及「形塑團隊文化及制度」，以下就分享我創業頭一年遇到最煩人的問題。

　　前文提到找到適合的同事非常重要，而我一直秉持信任同事的原則「疑人不用，用人不疑」。曾經找到一個面談非常愉快、有專業實戰經驗且應答流暢的小橘（化名）同事，我們想當然爾覺得自己太幸運了。但是接下來合作中，我們卻開始發現小橘很常加班，心情很差，工作很容易延遲交付且品質不佳；但小橘也有展現得非常棒的地方，包含是公司的開心果、也能適時分享專業經驗給其餘同事。面談了幾次之後我們才認清，其實小橘雖溝通反應能力佳，但缺乏工作穩定性及無法專注，所以我們為了配合小橘個人狀況，開始要求全數同事寫每日工作排程，並要求主管每日分別與個別同事面談，理解實際與預計排程的差異原因，以及覆核完個別同事工作後隨即就訂下完成日期等等。但即便如此，小橘仍然無法在與主管及客戶約定的時間內完成工作，且開始出現失眠等壓力症狀。

　　除了從推導工作排程制度，試著讓小橘可以控制工作節奏之外，主管也嘗試同理小橘，包含支持小橘休假、聆聽小橘私人生活規劃、討論如何分解工作壓力來源、分擔小橘工作，甚至是放下手邊工作，在旁陪同小橘完成工作，以期能建立穩定的工作進度增加小橘自信心，但事實證明這些做法效果並不彰。雖然小橘曾反覆提起「有感覺狀況越來越好」或是「現在壓力比較小」等等正向回饋，但其實小橘時好時壞的情緒及工作反應也影響著全體同事，甚至有相對資淺的同事直接跟我反應「為什麼小橘來了之後，我們制度都改了？為什麼要配合他？」譬如公司以誠相待的基本精神卻開始轉變成緊迫盯人，大家說好的管理規範卻開始因人而異等等。

　　「小橘有棒到我們需要做這麼多的調整嗎？」「小橘雖然使客戶滿意度下降及引發同事矛盾，但小橘也有諸多優點，且招募新人及新人訓練成本如此高昂，在現行人力吃緊狀況下我們是否妥協？」三個創辦人開始坐下來細談這個惱人的人事問題，我們花了超過三週時間幾乎每天都在討論，模擬思考包含同事「留」、「置換工作內容」及「不留」的人力安排對應做法；協同主管做好心理建設「雖然花了很多時間在小橘身上，但現階段公司的確不適合小橘，也許等公司體制更健全後，小橘再加入會更好。」我們決議重塑公司基本管理制度，包含彈性又明確的工作排程制定方式及審核機制；建立定期追蹤同事心理素質的軟性關懷制度等等。當想完這些對策，真有種鬆口氣的感覺。新創公司資源雖少，但是適當準備做得好，亦能勇敢輕裝上陣。也是因為這些制度，讓之後的離職率大幅下降。

　　而在我們訂定好上述的方案希望能夠讓同事滿意度提升時，小橘

卻提出了離職申請，而離職的理由當然也不是因為委屈，而是非常喜歡公司但有私人因素不得不離開公司。雖然替代人力還沒找到，但因這時我們已經想好對應方式，也清楚小橘的離職理由是很有禮貌地給我們台階下，心中已然清楚公司未來的布局，便沒有太多心理負擔，可以讓小橘依著心中想法離開。

　　與小橘三個月的共事，讓我們發現剛起步的新創公司存在許多不穩定性，在這摸索與調整建立制度的過程中，我們了解一個小波瀾也有可能引起滔天巨浪。由小橘故事也可見證「總做最壞的打算並往最好的方向走去」的心態重要性。

## 重點摘要

1. 了解六個不同類型創業案例：有首創冷凍麵包網購宅配商機與國際烘焙暨設備展超人氣商品第一名的法蘭司蛋糕有限公司、服務零售業講師滿意度超高的心澄山風企管顧問有限公司、長期深耕中部海線地區社區，受到當地媽媽們肯定的和敬堂中醫診所、將遊戲化的概念帶入各行各業讓更多人受惠並獲得委託設計開發故宮博物院第一款桌遊的創創文化科技股份有限公司、提供客戶擁有最具競爭力優質產品並為客戶創造價值的廣色域印刷設計有限公司、致力推廣會計專才於財務分析並協助業主制定經營策略的直誠企業管理顧問有限公司。這些案例都是由創辦人或共同創辦人所撰寫，是第一手的資料，介紹公司經營目標、領域及理念，創業團隊介紹，產品或服務之創新性，營運模式、經營策略及核心競爭力、經營管理特色及與競爭者差異分析、目標市場分析與

行銷策略等資訊。

2. 創業案例中隱含創新的元素：例如：法蘭司蛋糕公司研發維也納牛奶麵包是該公司重要的轉捩點，研發完成後業績從原本的每日銷售 50～60 條的數量，增加到目前每日 6000 條的數量，累積出來非常可觀的威力，讓瀕臨倒閉的公司在最後一刻逆轉，顯示一個有競爭力的創新商品可以讓公司起死回生！同時維也納牛奶麵包以限時、限量、限地銷售，並以冷凍配送的方式，完全顛覆傳統麵包店的商業模式。創新商品與商業模式相輔相成，非常值得借鏡。心澄山風企管顧問公司創立時，台灣的內訓市場已相當飽和，面對強大競爭，公司必須觀察「誰需要我們的服務？」，提供量身訂做且熱忱的企業訓練與顧問服務，並持續問自己能否提供美好的價值給客戶；遇到疫情擴散時，將公司的服務從線下轉成線上。這當中有設計思考與商業模式的元素。和敬堂中醫診所主要服務婦女與兒童，觀察診所附近的車流與人流，舉辦對外的義診、演講以及週年慶這些的知識服務，可以有效的擴展客源，這當中有設計思考與商業模式的元素。

3. 創創文化科技公司在開發各項產品時，除了考量遊戲本身的娛樂性之外，亦能兼具教育意義，在娛樂與教育的兩個平常不同方向的特性中，取得絕佳的平衡。公司妥善運用認知設計與遊戲化理論的結合，搭配心流理論，及深厚的遊戲經驗及和研究實務，這些都是公司能達成目標的特色。廣色域印刷設計公司的創新，一是將印刷與設計結合在一起，能提供客戶更全面及完善的服務，為客戶節省很多時間；另一是整合一站式印刷包裝服務，無論平

面印刷的文宣品或者是包裝材料類，公司全部都可以提供客戶需求，提供包羅萬象非常多元化的印刷服務。直誠企業管理顧問公司致力於將會計工作細拆不同工作模組並建立標準作業程序，使用自動化工具簡化並加速工作流程。公司不只替客戶解決繁瑣的帳務登載作業，更能從數據中找出客戶公司能調整體質、解決現有困難或增強競爭力的線索。創業時，公司非常重視業主的體驗感受，每個月都盡可能與客戶開會聽取客戶的回饋，以提昇未來的市場競爭力。前面這些創業案例當中大都有設計思考與商業模式的元素。

4. 歸納這些創辦人所認爲企業新創時很重要的需要做的幾件事爲：正確與驗證過的商業模式、想清楚公司的價值主張、財務規劃成本控管與稅務安排、愼選合夥人與合作模式、適當的人事安排與控制成本、讓員工成爲公司重要的資產、全力開發客戶、重視使用者體驗、整合與活用資源、定期的溝通、以識別度差異性增加競爭力、累積人脈及廣結善緣、堅持到底、不斷努力學習、總做最壞的打算並往最好的方向走去。這些與一般管理上的產、銷、人、發、財有共通之處又不盡相同，可以互相參照。

5. 這些創辦人所認爲企業新創時千萬不要做的幾件事爲：不要違反法令、不要爲業績疏忽生產品質、不要忽略客戶關係、不要設備裝潢成本太高、不要製造「囤貨」、不要光說不練、不要衝動花錢、不要過度擴張、不要涉入不熟領域、不專業的工作不攬在身上、不能遲繳借貸本息、勿忘記跌倒的經驗。其主要精神爲不要不擇手段賺錢，要腳踏實地做生意。

## 習題

### 一、基礎題

1. 以 200～300 字描述本章一個案例的重要特色與成功之道。

2. 讀完本章六個案例，你最喜歡哪一個？並說明你為什麼最喜歡那個？

3. 讀完本章你認為企業新創時最重要的需要做的 3 件事是什麼，並說明你為什麼這樣認為。

4. 讀完本章你認為企業新創時千萬不要做的 3 件事是什麼，並說明你為什麼這樣認為。

### 二、進階題

1. 以 200～300 字描述一個自己找的案例之重要特色與創業成功之道。

2. 如果你創業，你可能會新創哪種企業？說明主要的服務對象？主要的服務內容？公司的特色是什麼？

3. 你覺得為什麼常常見到新開的飲料店？為什麼新開的飲料店常沒有兩年就關閉？

家圖書館出版品預行編目資料

刊新與創業管理／林永禎，賴文正，劉基欽，
林秀蓁，王蓓茹，高垂琮，葉樹正，王勇
懿，郭芝辰，杜建緯，李雅筑著. -- 初版.
-- 臺北市：五南圖書出版股份有限公司，
2022.04
　　面；　公分
　ISBN 978-626-317-193-0（平裝）

1.創業　2.企業管理　3.創造性思考

94.1　　　　　　　　　　110014968

5AD7

# 創新與創業管理

作　　　者 ― 林永禎（119.8）、賴文正、劉基欽、林秀蓁、
　　　　　　　王蓓茹、高垂琮、葉樹正、王勇懿、郭芝辰、
　　　　　　　杜建緯、李雅筑

發 行 人 ― 楊榮川

總 經 理 ― 楊士清

總 編 輯 ― 楊秀麗

副總編輯 ― 王正華

責任編輯 ― 金明芬

封面設計 ― 鄭云淨

出 版 者 ― 五南圖書出版股份有限公司

地　　　址：106台北市大安區和平東路二段339號4樓

電　　　話：(02)2705-5066　　傳　　真：(02)2706-6100

網　　　址：https://www.wunan.com.tw

電子郵件：wunan@wunan.com.tw

劃撥帳號：01068953

戶　　　名：五南圖書出版股份有限公司

法律顧問　林勝安律師事務所　林勝安律師

出版日期　2022年 4 月初版一刷

定　　　價　新臺幣500元

# 經典永恆・名著常在

## 五十週年的獻禮 —— 經典名著文庫

五南，五十年了，半個世紀，人生旅程的一大半，走過來了。

思索著，邁向百年的未來歷程，能為知識界、文化學術界作些什麼？

在速食文化的生態下，有什麼值得讓人雋永品味的？

歷代經典・當今名著，經過時間的洗禮，千錘百鍊，流傳至今，光芒耀人；

不僅使我們能領悟前人的智慧，同時也增深加廣我們思考的深度與視野。

我們決心投入巨資，有計畫的系統梳選，成立「經典名著文庫」，

希望收入古今中外思想性的、充滿睿智與獨見的經典、名著。

這是一項理想性的、永續性的巨大出版工程。

不在意讀者的眾寡，只考慮它的學術價值，力求完整展現先哲思想的軌跡；

為知識界開啟一片智慧之窗，營造一座百花綻放的世界文明公園，

任君遨遊、取菁吸蜜、嘉惠學子！

500 X
20231102